21 世纪高等学校精品教材

计算机辅助设计与绘图实用教程
——AutoCAD 2009

主 编 曾 刚

副主编 黄大昌 刁 昕 李芳玲

中国水利水电出版社
www.waterpub.com.cn

内 容 提 要

　　本书从 CAD 工程师设计机械产品的工作方式与流程出发，按国家职业技术职称 AutoCAD 高级绘图人员技能标准组织内容，采用"案例驱动"编写方式，以工程实践项目为中心，讲述使用 AutoCAD 2009 进行机械设计的方法与操作技巧。全书共 12 章，主要内容包括：预备知识、基本绘图技能、制定样板图形文件、应用图层与在线计算功能、绘制总装配图、标注尺寸与公差、应用块与属性、插入表格与字段、打印图纸与输出图形、绘制与应用三维图形、绘制三维实体与程序化绘制图形、课程总结。读者按照本书提供的操作步骤一步步地进行练习，便可轻松而快速地学会应用 AutoCAD 2009。通过各章配置的大量测试题，还能有效地对所学知识查漏补缺，顺利通过考试。

　　本书配套的《计算机辅助设计与绘图实用教程学习指导与实践——AutoCAD 2009》包括各章学习辅导与实践、主教材测试题和参考答案，以及 5 个综合应用案例的设计方法与操作步骤。

　　本书可作为本专科院校学生的 AutoCAD 教材，也可作为 AutoCAD 技术培训教材，还可供工程技术人员、AutoCAD 考试人员参考。

　　本书配有用 PowerPoint 制作的电子教案，任课教师可根据教学实际任意修改，需要者可以从中国水利水电出版社网站（http://www.waterpub.com.cn/softdown）下载。使用本书的老师也可以与作者联系（280990@QQ.com），索取更多相关教学资源。

图书在版编目（CIP）数据

计算机辅助设计与绘图实用教程：AutoCAD 2009 / 曾
刚主编. —北京：中国水利水电出版社，2008
21 世纪高等学校精品教材
ISBN 978-7-5084-6228-8

Ⅰ．计… Ⅱ．曾… Ⅲ．计算机辅助设计—应用软件，
AutoCAD 2009—高等学校—教材　Ⅳ．TP391.72

中国版本图书馆 CIP 数据核字（2008）第 214215 号

书　　名	21世纪高等学校精品教材 **计算机辅助设计与绘图实用教程——AutoCAD 2009**
作　　者	主　编　曾　刚 副主编　黄大昌　刁　昕　李芳玲
出版　发行	中国水利水电出版社（北京市三里河路 6 号　100044） 网址：www.waterpub.com.cn E-mail: mchannel@263.net（万水） 　　　　sales@waterpub.com.cn 电话：（010）63202266（总机）、68367658（营销中心）、82562819（万水）
经　　售	全国各地新华书店和相关出版物销售网点
排　　版	北京万水电子信息有限公司
印　　刷	北京市天竺颖华印刷厂
规　　格	184mm×260mm　16 开本　20 印张　490 千字
版　　次	2008 年 12 月第 1 版　2008 年 12 月第 1 次印刷
印　　数	0001—4000 册
定　　价	32.00 元

前　言

本书从 CAD 工程师设计机械产品的工作方式与流程出发,按国家职业技术职称 AutoCAD 高级绘图人员技能标准组织内容,采用"案例驱动"编写方式,以工程实践项目为中心,讲述如何使用 AutoCAD 2009 进行机械设计的方法与操作技巧。并以让读者即学即用作为教学目标,阅读本书后读者不但能快速掌握应用 AutoCAD 软件的方法和技巧,还可以将本书中提供的实例稍加修改后用于自己的课程设计项目中。

全书共 12 章,各章主要内容及读者学完各章后要达到的能力要求如下:

第 1 章　预备知识。做好使用 AutoCAD 开展机械设计的准备工作,掌握应用 AutoCAD 的基本知识,使用各种方法执行 AutoCAD 命令并输入参数,绘制与应用直线,输入与应用相对坐标值,编辑移动图形对象,设置与应用捕捉与方式,定制用户操作界面。

第 2 章　掌握基本绘图技能。掌握绘制二维图形的技巧,设置与应用辅助线,掌握夹点编辑功能,设置与应用对象捕捉功能,使用 PLINE 命令绘制复杂图形,设置线宽值并用指定的线宽值绘制直线与圆弧线,快速移动、复制、镜像对象。

第 3 章　制定样板图形文件。设置与应用 AutoCAD 绘图环境,制定用户的样板图形,使用图形模板绘制新图形,设置文本样式,在图形中输入中文文字,排列文字对象,在 AutoCAD 中应用不同的比例绘制图形,设置与应用栅格工具绘制图形,绘制有宽度的矩形线框,查阅与修改对象的图形数据和属性。

第 4 章　应用图层与在线计算功能。详细了解图层的概念,创建图层与设置当前图层,使用在线计算功能做矢量运算,使用辅助线快速而精确地绘制图形,掌握在线计算功能及其使用特点,设置与使用 AutoCAD 线型库,定义线型与颜色并命名图层,应用在线计算结果绘制图形。

第 5 章　绘制总装配图。掌握绘制总装配图中各零部件的图形,运用辅助线设计零部件的安装位置,绘制剖视面,选择填充图案,绘制手绘线,在绘图区域中布置二维视图,从一个视图中获取另一个视图中的相应投影点,练习应用辅助线绘制各投影视图中的图形,练习设置与应用图层、颜色、线型、线宽,定义图案的填充方式并填充图案,制定填充边界与绘制剖面线,按机械设计技术要求倒角、圆角处理图形。

第 6 章　标注尺寸与公差。创建与修改标注样式,应用标注样式标注尺寸,标注直线尺寸,设置与修改尺寸对象,标注水平与垂直尺寸、圆的直径尺寸及在非圆视图上标注直径尺寸,自动标注尺寸值与设置尺寸值。

第 7 章　应用块与属性。了解属性与块的概念,定义块、属性与插入属性块,掌握定义与应用图形块、属性块的方法,应用与编辑属性的技巧,为装配图标注零部件编号。

第 8 章　插入表格与字段。定义表格样式,在表格中输入文字与特定的文字字段,设置与修改表格的列数与行数,插入与调整表格宽度、单元格高度与宽度,应用图形文件属性,在装配图中标注零部件编号,插入用于零部件明细表的表格。

第 9 章　输出图纸与输出图形。为输出图纸准备各种输出设备,设置笔式绘图仪的物理笔参数，将图形文件压缩打包归档，使用图形文件中的图形制作 Web 页面，设置绘图比例与输出比例的关系，打印输出图纸，使用模型空间与图纸空间。

第 10 章　绘制与应用三维图形。了解 AutoCAD 的三维标高与拉伸的概念，定义三维正交投影视图，定义与应用 UCS（用户坐标系统），绘制、编辑三维图形，掌握三维正交投影与观察点的概念和应用方法，掌握创建与应用 UCS 的方法与时机，拉伸二维对象建立三维曲面，了解视口与视图的关系，掌握视口与三维正交投影视图的概念，设置多视口操作环境，设置与应用三维正交投影视图，三维绘图、三维编辑及拉伸对象，在复杂的图形中应用 CAL 命令与表达式，捕捉"中点"、"端点"等特定的坐标点。

第 11 章　绘制与应用三维图形。设置与使用三维工作空间与控制台，应用 AutoLISP 程序绘制图形，绘制与编辑三维实体图形，应用十字中心线使图纸空间中各视图的图形正交对齐，编写绘制渐开线齿廓线程序，建立与应用"截面平面"，掌握设置辅助线绘制三维实体图形的操作特点，绘制圆柱斜齿轮三维实体图形。

第 12 章　课程总结。总结课程内容，学习独立开展设计与绘图工作，制定设计内容、要求、目的、项目、策划设计与绘图步骤，撰写设计说明书，掌握应用 AutoCAD 进行机械产品设计的基本步骤，通过实际绘图操作研习 AutoCAD 功能，撰写《设计报告书》并掌握答辩技巧。

本书配套的《计算机辅助设计与绘图实用教程学习指导与实践——AutoCAD 2009》包括各章学习辅导与实践、测试题和参考答案，以及 5 个综合性设计应用案例。

本书由"AutoCAD 前沿应用教程编委会"组织编写，由曾刚任主编，黄大昌、刁昕、李芳玲任副主编。参加本书编写的还有：严康强、黄有娟、陈新峰、谭静、徐君、何峰、陈子、唐耀东、马向辰、毕首全、于美云、李翔龙、叶楠、宁宇、赵腾任等。

本书配有用 PowerPoint 制作的电子教案，任课教师可根据教学实际任意修改，需要者可以从中国水利水电出版社网站（http://www.waterpub.com.cn/softdown）下载。使用本书的老师也可以与作者联系（280990@QQ.com），索取更多相关教学资源。

AutoCAD 前沿应用教程编委会

2008 年 12 月于四川大学

目　　录

第 1 章　预备知识

在计算机中绘制工程设计图形，首先要做的工作是安装好相关的软件，并且努力了解这些软件的功能与操作特点。使用 AutoCAD 开展工程与绘图工作，不但能让用户甩掉图板，而且还能实现无纸办公。为此，用户需要按本章所述内容做好各种相关的准备工作，并掌握一些预备知识。

本章内容

- 认识 AutoCAD。
- 选择第三方软件。
- 设计并绘制机械传动简图。
- 了解 AutoCAD 的使用与操作特点。
- AutoCAD 命令的使用特点。
- 绘制机械设计图形的操作特点，编辑、修改图形的操作特点。

本章目的

- 做好使用 AutoCAD 开展机械设计的准备工作。
- 掌握应用 AutoCAD 的基本知识。
- 做好设计机械产品的准备工作。

操作内容

本章的操作结果将绘制一个一级齿轮传动简图中的部分图形，如图 1-1 所示。涉及的操作内容包括：

- 执行 AutoCAD 命令。
- 绘制直线。
- 输入相对坐标值。
- 移动图形对象。
- 设置捕捉方式。
- 定制用户操作界面。

本章涉及的 AutoCAD 命令与功能有：

- LINE 命令，用于绘制直线。
- ORTHO 命令，用于控制使用正交方式。
- MOVE 命令，用于移动用户选定的图形对象。
- COPY 命令，用于复制用户选定的图形对象。
- 精确定位坐标点，自动引用上一个坐标点。

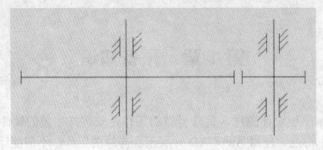

图 1-1　正在绘制的一级齿轮传动简图

1.1　安装相关软件

在计算机中设计机械产品，必须要安装如 AutoCAD 这样的绘图软件。此外，还可以可以采用一些辅助软件，如《机械零件设计手册》软件版、各种专业设计软件，如齿轮设计与绘图、有限元分析、强度与应力检验等。在实际应用中，AutoCAD 是各类用户首选的工程设计与绘图软件，为了使用好它需做好下列准备工作。

1. 将 AutoCAD 安装进计算机中

AutoCAD 从诞生以来已经发布了几十种版本，安装时屏幕上将显示安装向导，用户在它的引导下即可完成操作。初学者需要注意中文 AutoCAD 2009 对计算机操作系统的组成要求较高，应当满足的条件是：

- 计算机操作系统必须是 Windows XP，Service Pack 1 或 2、Windows XP Tablet PC、Windows 2000 Service Pack 4 以上。
- Microsoft Internet Explorer 6.0 Service Pack 1，或者更高版本。
- CPU 不低于 Pentium III　800 MHz，建议高于 1GHz。
- 内存不低于 512 MB 内存（RAM）。
- 硬盘空间不低于 800 MB。
- 显示适配器支持 Windows，1024×768 VGA 真彩色（最低要求）。

2. 安装辅助设计的工具软件

如果用户需要做大量的机械设计工作，可考虑在自己的计算机中安装一些辅助设计的工具软件，如齿轮设计、有限元分析、结构与应力分析，以及《机械零件设计手册》电子版都是很不错的选择。

当用户熟练掌握了 AutoCAD 及该软件的编程语言后还能自己开发这些软件。对于绝大多数用户来说，仅《机械零件设计手册》软件版具有较强的实用性，其他的工具软件可有可无，无足轻重。顺便说一句，《机械零件设计手册》可以与 AutoCAD 同时运行，当用户需要查询某个设计参数时，可以通过它快速达到目的。

3. 安装文本处理软件

在机械设计中，可为编写《设计说明书》、《课程设计》、《毕业设计》这类文档安装文本处理软件，如 Microsoft Word 就是这种常用软件，用户可用它为设计蓝图与产品设计数据库准备好数据，如图 1-2 所示。此外，为了应用 AutoCAD 的表格功能，特别要注意安装 Microsoft Office 软件包中的 Execl 程序。

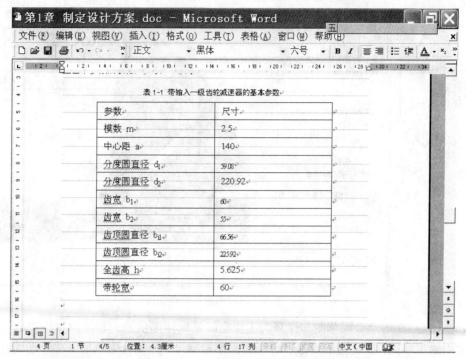

图 1-2　一级齿轮减速器的基本参数

　　按上述内容安装好 AutoCAD 与文本处理软件，用户就能够实现无纸办公设计机械产品了，这也正是本书要采用的工作方法。

　　4. 安装数据库管理系统软件

　　今天，协同制造已经成为了一种趋势，因此安装数据库管理系统软件是必要的。协同制造需要由专业人员来搭建其工作平台，若用户将要设计的是一个大型工程项目，特别是将要由多人来完成的工作，或者要将设计的结果、技术数据保存起来，以备查询，仅安装一种用于个人计算机的数据库管理系统软件即可。在这类软件中，Microsoft Access、Microsoft Excel 都是不错的选择。AutoCAD 自 R12 版本开始，也提供了应用数据库管理系统的功能，用户若想使用它，还可以在外部使用 Visual FoxPro、Microsoft Excel，或者文字编辑处理等软件来创建数据表。

　　注意：数据库管理系统是一种专业性很强的应用软件，需要参阅 AutoCAD 以外的教材学习其使用方法。

1.2　启动 AutoCAD

　　AutoCAD 不只是一个绘图软件，还是一个计算机辅助设计软件，可以让用户通过网络开展设计工作，本书将基于中文简体正式版 AutoCAD 2009 讲述这个软件的机械工程设计应用步骤。安装后这个软件后，按启动 Windows 应用程序的方法启动它，屏幕上将显示一个介绍新功能的对话框，单击"以后再说"单选按钮，然后单击"确定"按钮，如图 1-3 所示，即可看到这个软件的"二维草图与注释"工作空间，本书将由此开始讲述应用这个软件的操作步骤。

图 1-3　单击"以后再说"单选按钮

　　AutoCAD 2009 的"二维草图与注释"工作空间是软件提供的一种用户操作窗口，它提供了一些常用的工具栏，以及位于屏幕右边缘的操作控制台。控制台中包括一些浮动面板，用于快速选择某些常用的操作工具，如图 1-4 所示。

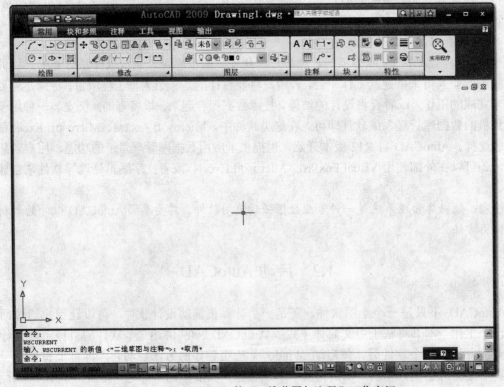

图 1-4　AutoCAD 2009 的"二维草图与注释"工作空间

1.3　设置屏幕显示方式

由图 1-4 可见，AutoCAD 的操作窗口由菜单栏、工具栏、绘图工作区、选项板、命令窗口等构成。在默认状态下的绘图工作区背景为灰色，这与图板上的白色图纸截然不同，显示在 AutoCAD 操作窗口中的光标线是一个十字架，用户若想像使用图板与丁字尺那样绘制图纸，则需要修改它的大小尺寸，下述操作就将达到此目的。

步骤 1　在位于屏幕底部的状态栏中右击"捕捉"按钮，如图 1-5 所示。接着，从快捷菜单中选择"设置"命令，如图 1-6 所示。

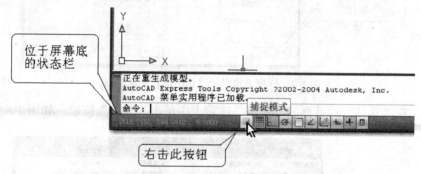

图 1-5　在位于屏幕底部的状态栏中右击"捕捉"按钮

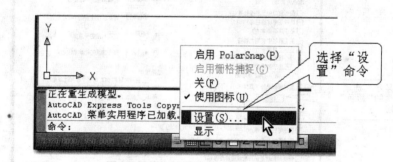

图 1-6　从快捷菜单中选择"设置"命令

通过状态栏，可以看到当前坐标点值与一些功能的当前设置状态，以及对这些功能进行设置操作。如这里的"捕捉"按钮用于控制使用 AutoCAD 提供的"捕捉"功能。

注意：打开"捕捉"功能后，状态栏中的"捕捉"按钮将突出显示出来，说明此时"捕捉模式"已经开启，这是 AutoCAD 提供的一种辅助绘图功能，可让用户在屏幕上移动鼠标器即可自动捕捉到图形中特定的坐标点。这些所谓的特定点将由 AutoCAD 的特定命令设置，本书将在后面的章节中详述它。

此后，屏幕上将显示"草图设置"对话框，如图 1-7 所示。在这个对话框中，可设置使用 AutoCAD 所提供的辅助绘图功能。单击该对话框中的"选项"按钮，将设置使用更多的功能。

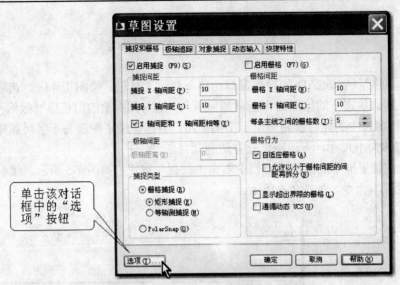

图 1-7　屏幕上将显示"草图设置"对话框

步骤 2　在"选项"对话框的"显示"选项卡中单击"颜色"按钮，如图 1-8 所示。

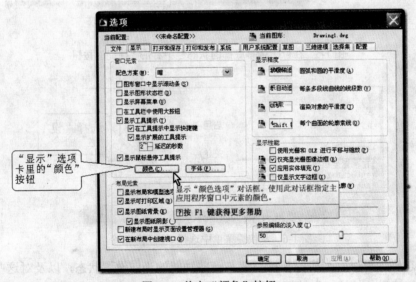

图 1-8　单击"颜色"按钮

步骤 3　进入图 1-9 所示的"图形窗口颜色"对话框后，从"上下文"列表中选择"二维模型空间"，在"界面元素"列表中选定"统一背景"，然后单击"颜色"下拉按钮，接着从"颜色"下拉列表中选择白色。

"图形窗口颜色"对话框用于为 AutoCAD 操作窗口中的各种元素设置颜色。初始时，此对话框中的模型空间窗口元素处于选定状态。模型空间是 AutoCAD 用来绘制图形的工作模式，因此这一步操作将设置绘图工作区域的显示颜色，单击"应用并关闭"按钮后，就将在屏幕上看到这一步操作的结果。

步骤 4　返回"选项"对话框中的"显示"选项卡后，向右拖动"十字光标大小"区域中的滑标，将它的值修改成 100，结果如图 1-10 所示。

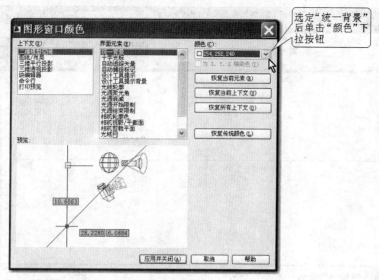

图 1-9 "颜色选项"对话框

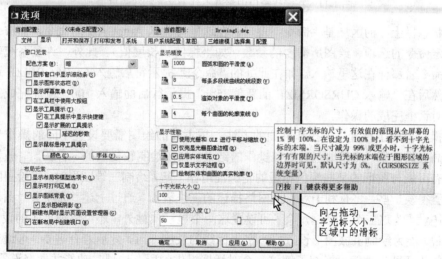

图 1-10 将它的值修改成 100

操作时，将鼠标指针对准这个滑标，稍后可看到屏幕上显示了描述"十字光标大小"这个选项功能的文本信息。此信息说明这一步操作实际上是在修改 AutoCAD 中的 CURSORSIZE 系统变量值。为了设置与控制 AutoCAD 的工作环境，以及完成一些特定的任务，AutoCAD 软件提供了数百个系统变量。这里的 CURSORSIZE 系统变量用于设置光标线的大小尺寸，可用的取值范围为 5~100。若设置一个小于 100 的值，修改此值就能改变十字光标线的大小尺寸，即可以在屏幕上看到十字光标线的尾端。若将此值设置为 100，在操作窗口中将看不到十字光标线的尾端，即十字光标线始终横过操作窗口，单击"确定"按钮结束在各对话框中的操作，即可看到此结果，如图 1-11 所示。一旦修改了 CURSORSIZE 系统变量的值，十字光标线的大小尺寸将立即更改。此后，若用户想恢复默认的十字光标线的大小尺寸，可将该系统变量的值修改为 5。

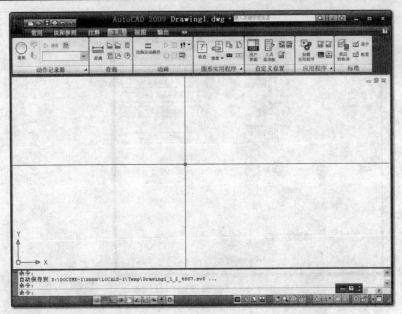

图 1-11　在操作窗口中将看不到十字光标线的尾端

位于状态栏上方的区域是"命令"窗口。在这里可输入 AutoCAD 的命令，并按命令的提示信息指定命令的选项、绘图所需要的参数（如坐标值、长度值）。此外，许多系统变量名也可以如同命令名那样在这里输入。如在此处的"命令:"提示符后输入 CURSORSIZE 这个系统变量名，然后在"输入 CURSORSIZE 的新值<5>:"提示行后面输入 100，就能完成上述通过"选项"对话框完成的操作。

上述操作说明了设置用户操作界面的方法。按不同的绘图需要设置不同的操作界面，可有效地提高操作效率，清楚地观看当前操作的结果。如在绘制较复杂的零件图时，较短的十字光标线就有可能与图形的某些颜色相近的轮廓混淆在一起；绘制三维图形时，将绘图区域的背景颜色设置得淡一些，将有利于观看由网格描述的三维表面。通过上述"选项"、"图形窗口颜色"、"草图设置"这三个对话框，除了可设置这两个显示属性外，还可以做更多的设置。对于初学者来说，能为绘制机械图形设置好十字光标线的长度即可，此后若有需要，可通过这三个对话框中的"帮助"按钮，详细了解这三个对话框提供的所有选项与功能并做好设置工作。

注意：与模型空间相对应的是图纸空间，通过 AutoCAD 操作窗口底部的"模型"选项卡可进入前者，单击"布局"选项卡则进入后者。参阅本书后面的内容，可进一步了解它们各自的用途。尽管 AutoCAD 提供的系统变量很多，但用户不必一一记住它们，而且它们中的某些是只读的，有些将随用户在相关的对话框中所做的操作自动变更。不是所有的系统变量都能在命令行上或对话框中修改其值。初学者也不必去了解 AutoCAD 的所有系统变量与各自所控制的范围。而且，任何用户都不可能将所有的系统变量功能都弄明白和记忆下来，许多老练的用户也可能从来没有去深入研究过系统变量，本书在这里也仅作为一种概念性知识来讲述。

1.4　执行 AutoCAD 命令

AutoCAD 预设的绘图单位是毫米（mm），这正是我国机械设计中采用的单位。因此，用户可在完成上述操作后立即执行 AutoCAD 命令展开设计工作并绘制图形。而且，执行 AutoCAD 命令是使用这个软件的重要操作。初学者需要注意到，绝大多数的命令被调用时会在"命令"窗口中的命令提示区里显示一行或者多行提示信息来引导用户完成操作。许多 AutoCAD 命令提示行中都有一些供用户选择使用的操作项，它们被称为"选择项"，简称"选项"，用于完成用户指定的，由该命令提供的特定任务，下面的操作将绘制一个由六条直线段构成的矩形，将执行一条 AutoCAD 命令，并使用此命令提供的选项。

注意： 命令提示区是"命令"窗口的一部分，这是 AutoCAD 的一个文本窗口中，用户通过它可输入并执行命令，AutoCAD 也将在此区域显示一些与当前操作相关的提示信息，以及让用户输入相关的参数来回答提示信息。下面的操作将通过"常用"菜单执行命令，在命令提示行后输入执行命令所需要的参数。

步骤 1 在功能区中选择"常用"标签，然后从"绘图"面板中选择"直线"工具，如图 1-12 所示。

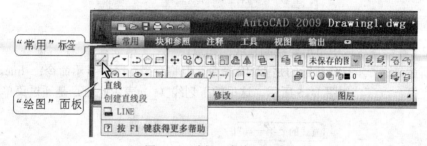

图 1-12 选择"直线"工具

AutoCAD 自 2009 版本开始，将与当前工作空间相关的命令、工具分类放置于功能区内，以避免采用复杂的方式显示多个工具栏，这样就能通过单一而紧凑的界面使得操作界面变得简洁有序，同时使可用的绘图工作区域最大化。操作时，在功能区中选择不同的菜单，即可让相应类别的面板显示出来。若单击图 1-13 所示的最小化按钮，即可在屏幕上隐去功能区，从而让绘图工作区域最大化。再一次单击此按钮，功能区又将显示出来。

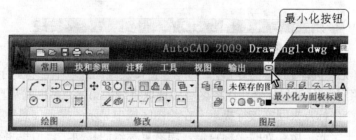

图 1-13 单击最小化按钮

AutoCAD 的命令在功能区的面板内是以工具按钮的形式提供给用户选择的，当鼠标器的指针移入某一个按钮后，屏幕上将显示一个信息框提示该工具的名称与功能，以及相应的命令名。如图 1-12 中说明当前选择的工具是"直线"，用于"创建直线段"，命令名是 LINE。稍后，还将以更加详细的文本与图例说明该命令的功能特点，如图 1-14 所示。

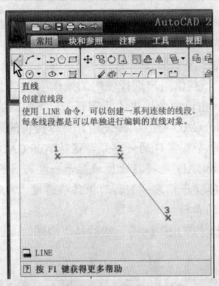

图 1-14 更加详细的文本与图例

步骤 2 在绘图区域中单击要绘制直线的起点。

如上所述,这一步操作执行的是 LINE 命令,但将在提示区中显示命令:_line,以及提示信息"指定第一点:",如图 1-15 所示。这里的下划线(_)表示此命令是通过菜单栏执行的。

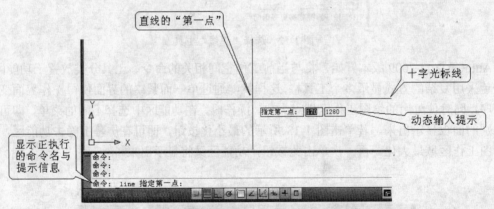

图 1-15 命令提示区中将显示命令:_line

由图 1-15 可见,执行 LINE 命令后,"命令"窗口及绘图区域中都将显示提示信息"指定第一点:"。此时用户可移动鼠标器在绘图区域中选取直线的第一点,也就是直线的起点,或者从键盘上输入一个坐标点来回答该行提示。在绘图区域中显示的提示信息称为动态输入信息,该信息包括当前十字光标所在处的坐标点值,随着鼠标器的移动,该值也将相应地发生变化,并在状态栏中的左边缘显示相同的坐标值。

注意:AutoCAD 对命令名没有大小写的限制,但不同的执行途径会在"命令"提示符后显示不同的书写格式(包括参数),如这里的_line 就是通过"常用"菜单操作的结果。本书对在"命令"提示符后输入命令的操作,将给出大写的命令名,以示区别。

步骤 3 从键盘上输入@225.92<0,并按下键盘上的 Enter 键。

AutoCAD 提供有"动态输入"功能。在默认状态下此功能已经处于打开状态,从而使得用户执行 AutoCAD 的绘图或编辑命令时，光标附近会出现动态提示框，以便帮助用户专注于绘图区域中的操作。在这里，一旦指定了直线的第一点（即起点），动态提示框与命令提示区中都将显示"指定下一点"提示信息，如图 1-16 所示。

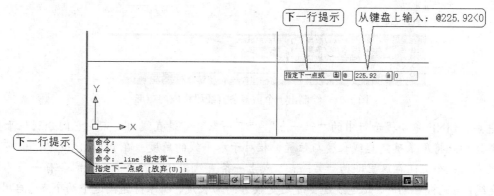

图 1-16　动态提示框与命令提示区中都将显示"指定下一点

注意：在做这一步操作时，可先从键盘上输入字符@，让这个操作提示框变成图 1-17 所示的模样后，接着输入 225.92<，如图 1-18 所示。

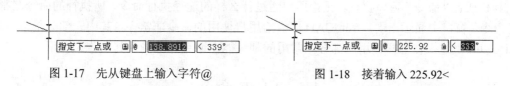

图 1-17　先从键盘上输入字符@　　　　　　图 1-18　接着输入 225.92<

最后，输入角度值 0（如图 1-19 所示），从而完成了输入 225.92<0 这个极坐标值的操作。接着，按下键盘上的 Enter 键，一条直线就绘制好了，结果如图 1-20 所示。

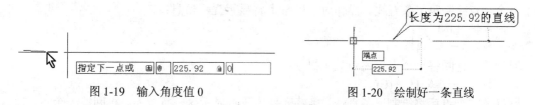

图 1-19　输入角度值 0　　　　　　　　　图 1-20　绘制好一条直线

接着，用户可参照这一步操作，以及图 1-2 中所列出的设计参数，依次输入坐标点：@60<90、@225.92<180、@66.56<180、@60<270，最后输入字母 C，并按下键盘上的 Enter 键。最后输入的字符 C，将指示 AutoCAD 绘制一条连接最后一点与起点的直线，因此上述操作将绘制出一个由多条直线段构成的矩形，如图 1-21 所示。

在上面输入参数的操作中，0、90、180、270 表示的是角度值。在默认状态下，AutoCAD 将正东方，也就是屏幕的水平右方定为角度的起始值，即 0 度方向，90 度指向正北方，即屏幕的上方，水平左方为正西方，它将作为 180 度方向，垂直向下的正南方则为角度的 270 度方向。@符号表示将要输入的是相对坐标值，紧跟在后面的为相对坐标值中的长度值，<符号后面的数字就是相对坐标值中的角度值。初学者需要注意到，这种坐标输入方法将频繁地用于机械绘图操作中。

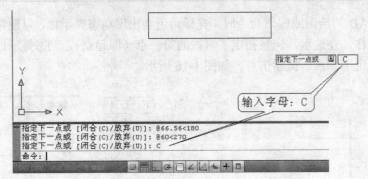

图 1-21　绘制出一个由多条直线段构成的矩形

注意： LINE 命令提示行中的"第一点"、"下一点"都是直线的端点，它们分别位于直线的两端，因此将用来确定直线长度与位置、相对于水平线的角度。在 AutoCAD 中，当前光标所在处与上一个点（在这里即为"第一点"或上一条直线段的第二个点）之间会有一条"橡皮筋"连线。当光标移动时，此连线还会随之变换方向与长度，以保持连接这个两个点。启用"动态输入"后，显示在光标附近的提示信息随着光标移动而动态更新。AutoCAD 还将用虚线来标明没有测量长度起始点与终点，以及测量角度的两条边线。

本节的操作说明了从功能区执行 AutoCAD 命令方法。在这个软件中还有许多命令需要通过工具栏或者"命令"窗口执行。无论用户通过什么样的途径执行命令，所执行的命令名都将在"命令"窗口中显示出现。AutoCAD 提供给用户使用的命令非常多，其中一部分是常用的，它们可以如上述操作那样调用，部分不常用的则只能在命令行上输入其名称来引用。

1.5　LINE 命令

LINE 是一条常用的 AutoCAD 命令，能让用户通过指定两个端点绘制一条直线，然后指定下一个端点绘制第二条直线。操作时，屏幕上将显示提示信息：

　　命令: LINE
　　指定第一点: 选择一个点

对该提示行回答一个点后还将显示提示：

　　指定下一点或 [放弃(U)]:

回答第二个点后将绘制一条直线。接着屏幕上还将显示这一行提示，再回答一个点，提示就将变成：

　　指定下一点或 [闭合(C)/放弃(U)]:

此时，回答一个点将绘制下一条直线，回答 C 则将第一个点作为终点来绘制一个闭合区域，用户与 AutoCAD 的操作对话过程也就结束了。图 1-22 说明了该命令的使用特点，其对话过程如下所列。顺便说一下，若使用提示行中的 U 选项来回答将取消上一步操作，这是一种常用的操作，利用它可一步一步地回退绘制各直线段的操作。

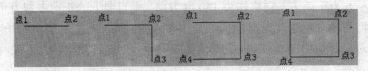

图 1-22　LINE 命令的用途

命令: LINE
指定第一点: 回答点 1
指定下一点或 [放弃(U)]: 回答点 2
指定下一点或 [闭合(C)/放弃(U)]: 回答点 3
指定下一点或 [闭合(C)/放弃(U)]: 回答点 4
指定下一点或 [闭合(C)/放弃(U)]: C

1.6　输入坐标值

上述操作说明了执行 AutoCAD 命令的操作特点，以及输入相对坐标值的方法。其操作过程称为与 AutoCAD 的对话过程，此后按下键盘上的 F2 功能键，还可以在"文档窗口"中看到 AutoCAD 记录到的对话过程，如图 1-23 所示。

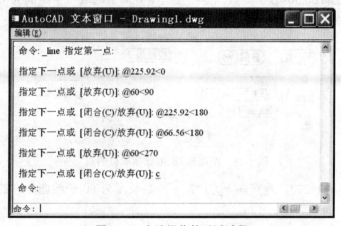

图 1-23　上述操作的对话过程

用户与 AutoCAD 的对话过程可以作为一个文本序列来看待。在上述对话过程中，用户通过键盘输入一系列的坐标值，它们都是由相对极坐标值来描述的坐标点。如前所述，符号@表示输入的是一个相对坐标值，符号<表示输入的是一个极坐标值，其中<符号前面的数字表示长度，后面的数据表示角度（以当前坐标系统中 X 轴为参考角度）。分析对话框序列中的记录可知上一节的操作步骤与结果如下：

步骤 1　指定直线的起点，如图 1-24 所示。

步骤 2　使用@225.92<0 坐标点指定一个位于起点右边正东方向，距离为 225.92 个绘图单位的点。这一点将与起点共同定义第一段直线。

在默认状态下，AutoCAD 将水平向右方向定为 X 轴角度正方向，这也是 0 度所在线，反时针旋转方向定为角度的正方向。因此，这一步操作将绘制出如图 1-25 所示的直线段 1。

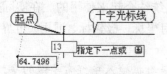

图 1-24　指定直线的起点

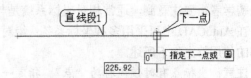

图 1-25　与起点共同定义第一段直线

步骤 3　接下来输入的@60<90 参数，将选取一个位于@225.92<0 点垂直上方，距离为 60 个绘图单位的点，绘制出的直线如图 1-26 所示。

步骤 4　使用@225.92<180 参数，在水平左方向上选取一个距离为 225.92 个绘图单位的点，绘制出的直线如图 1-27 所示。

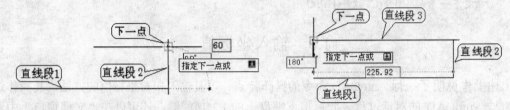

图 1-26　距离为 60 个绘图单位的点　　　　图 1-27　距离为 225.92 个绘图单位的点

步骤 5　输入的@66.56<180 参数，继续在这个方向上选取一个距离为 66.56 绘图单位的点，绘制出的直线如图 1-28 所示。

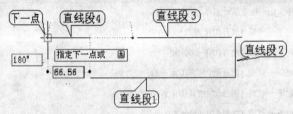

图 1-28　距离为 66.56 绘图单位的点

步骤 6　输入@60<270，垂直向下方绘制了一条长度为 60 个绘图单位的直线，结果如图 1-29 所示。

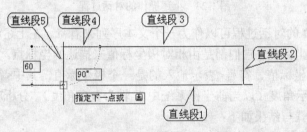

图 1-29　一条长度为 60 个绘图单位的直线

步骤 7　输入字符 C，并按下键盘上的 Enter 键。

完成这几步操作，将得到图 1-21 所示的一个矩形，并结束执行 LINE 命令。在 AutoCAD 中，许多命令可以使用字符 C 来建立闭合的图形。"闭合"的意思就是用一条直线连接图形的起点与最后一个点。

初学者需要注意到，通常相对坐标系统是与极坐标系统结合起来使用的。在实际操作中，用户在 AutoCAD 中可采用多种坐标系统：绝对坐标、相对坐标、极坐标、通用（世界）坐标，它们的使用特点如下所述。

注意：坐标点有时候简称为"点"。指定一个坐标点是数据输入中经常要做的事。用户可以使用自己定义的坐标系统或者通用（世界）坐标系统作为当前位置参照系统来确定点的坐标值,也可以使用高度来隐含三维坐标中的 Z 坐标值。坐标原点位于屏幕的左下角，X 轴的正方向指向右方，Y 轴的正方向指向上方，Z 轴的正方向指向用户自己。

1. 绝对坐标

输入一个点的绝对坐标值的格式为：X,Y,Z。可以在命令行上或者在对话框的文字编辑框中直接输入。如果要指定一个二维点可以使用格式：X,Y。如 5,5、10,11、100,120、120<270，这些都是绝对坐标值。

2. 相对坐标

相对坐标是指相对于前一个点的坐标矢量位置。如果前一个点的绝对坐标为：X0,Y0，新的点可以用格式：@X1,Y1 来指定。这样新的点的绝对坐标将为：X0+X1,Y0+Y1。这种定点操作的实质是指定某一点与前一个坐标点的相对距离和位置。用户只能针对前一个指定的坐标点来设定相对坐标点。

如@5,5、@10,11、@100,120、@120<270，这些都是相对坐标值。

3. 极坐标

从前一个指定的坐标点出发指定一个距离与角度的坐标点值称为极坐标。其使用格式为：@距离<角度。@字符的使用相当于输入一个相对坐标值：@0,0，或极坐标：@0<任意角度，它指定与前一个点的偏移量为零。例如：若只输入@，而上一个指定的坐标点值为：10,10,10，则表明新的点坐标值仍为：10,10,10。系统会自动把最后指定点的坐标值保存起来。

4. 球坐标与圆柱面坐标

这两种坐标的使用很少。它们的定义方式与数学上的球坐标与圆柱面坐标的定义方式相同。

5. 通用坐标

该坐标将使用一个星号（*）来表示所指定的坐标点为世界坐标下的坐标点，而与当前用户定义的坐标系统无关。其使用格式如下：

* 5,5,5
@ * 5,5,5
@ * 5<90

1.7　自动引用"上一点"

在 AutoCAD 的绘图操作中，自动引用"上一点"是时常要做的操作。与使用传统图板绘图操作一样，在 AutoCAD 中绘制图形时也需要随时编辑图形，自动引用"上一点"可减少编辑与修改图形的操作，因为这种引用可准确地将线段首尾相连在一起，下面的操作就将说明这一点。

步骤 1　参照前面的操作选择"直线"工具，并在屏幕上指定直线的起点。

步骤 2　从键盘上输入@225.92<0。

步骤 3　按下键盘上的 Enter 键。

这几步操作将绘制一条长度为 225.92mm 的直线，对话过程如下述所列：

```
命令: _line
指定第一点: 指定一个点
```

　　　　指定下一点或 [放弃(U)]: @225.92<0
　　　　指定下一点或 [放弃(U)]: Enter

　　这是 AutoCAD 教材中常用的一种讲述操作过程的方法,本书也将在随后的章节中采用它。这里的 Enter 表示按下键盘上的 Enter 键。AutoCAD 将这种操作称为给出一个空回答。在实际应用中, 对提示信息做回答时, Enter 键与空格键是等效的, 因此按下键盘上的空格键, 也是对提示信息给出一个空回答。

　　步骤 4　执行下述对话过程:

　　　　命令: Enter
　　　　命令: _line
　　　　指定第一点: Enter
　　　　指定下一点或 [放弃(U)]: @66.56<0
　　　　指定下一点或 [放弃(U)]: Enter

　　在这个对话过程中, 首先对"命令:"提示给出了一个空回答, 这种操作被 AutoCAD 认作重复执行上一命令, 这是一种常用的操作技巧。接下来, 对"指定第一点:"提示行的空回答则表示要引用上一次操作所指定的点, 这里也就是刚才执行 LINE 所绘制直线的终点。最后一个空回答表示结束执行当前命令。由该图可见, 两次执行 LINE 命令绘制的两条直线是首尾相连, 水平排列在一起的, 此时移动鼠标器, 将光标对准后一条直线, 结果如图 1-30 所示, 可以看到它的位置与长度, 以及它的部分图形信息。

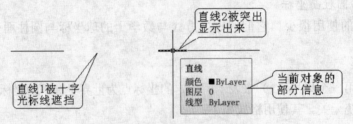

图 1-30　将光标对准后一条直线

　　步骤 5　单击直线 2, 选定它, 结果如图 1-31 所示。

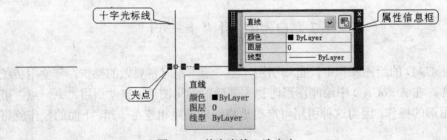

图 1-31　单击直线 2 选定它

　　AutoCAD 的十字光标线中央处有一个小方框, 它称为"靶框", 移动鼠标器, 将此靶框对准某一个图形对象后按下鼠标器上的选取键(通常是左键), 就是这里所说的"单击"。此后, 该对象上将出现一些小方框, 它们称为"夹点"。对于直线对象来说, 夹点将出现在直线的两个端点与中点处, 如图 1-31 所示。

　　注意: 由图 1-31 可见, 一旦选定了直线, 屏幕上还将显示当前对象的部分信息框与属性信息框，后者能提供比前者更多的信息，并让用户修改部分信息，从而达到编辑修改对象的目的，这也是在 AutoCAD 中编辑修改对象的一种常用方法。

步骤6 从"修改"面板中选择"移动"工具，如图 1-32 所示。接着，按下键盘上的 Enter 键，然后从键盘上输入@4<0。

图 1-32 选择"移动"工具

这一步操作执行的是 MOVE 命令，对话过程如下所列。这里按下键盘上的 Enter 键，目的是要对此命令的第一行提示给出一个空回答。此后，当前被编辑修改的对象将以虚线显示，如图 1-33 所示。

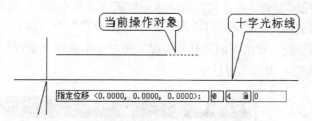

图 1-33 当前被编辑修改的对象将以虚线显示

```
命令: _move 找到 1 个
指定基点或 [位移(D)] <位移>: Enter
指定位移 <4.0000, 0.0000, 0.0000>: @4<0
```

对话中的"找到 1 个"是一条操作结果信息，用于表示当前找到了一个选定的对象，即图 1-33 中选定的对象。接下来给出的空回答用于指定刚才绘制的直线终点为移动对象的基点，对下一行提示回答的相对坐标点值表示水平向右移动 4mm。

此后，将鼠标指针对准直线 1 与直线 2 之间，转动鼠标器上的滚轮，即可放大显示此处的图形，看清楚移动后的结果。

注意：转动鼠标器上的滚轮改变图形的显示大小尺寸，是一种在 AutoCAD 中时常要做的操作。向鼠标器的前端转动滚轮，将放大显示当前鼠标指针所在处的图形，向后转动则缩小显示此处的图形。

1.8 MOVE 命令

MOVE 是一条常用的 AutoCAD 命令，用于平移用户选定的对象。若用户没有如同上面的操作那样事先选定一个对象后才执行此命令，命令行上将使用下述对话过程：

命令: move

选择对象: 选择

……

选择对象: Enter

找到 n 个

指定基点或 [位移(D)] <位移>: 指定基点或输入 d

指定第二点或 <使用第一点作为位移>: 指定点或空回答

在回答"选择对象:"提示行时,用户可采用不同的方法选择已经存在的对象(参阅本书后面的内容),选择结束后,可对最后一行"选择对象:"提示给出空回答。随后,用户指定"基点"与"第二点"将定义一个矢量,以便指明选定对象的移动距离和方向。

如果对"指定第二点:"提示给出空回答,第一点将被认为是相对的 X、Y、Z 位移。例如,如果指定基点为 20,30,然后对下一行提示给出空回答,选定的对象就从它当前的位置开始在 X 方向上移动 20 个绘图单位,在 Y 方向上移动 30 个绘图单位。

1.9　精确定位坐标点

上述输入坐标值与引用"上一点"的操作都是在为 AutoCAD 确定坐标点参数。AutoCAD 软件还提供了"对象捕捉"功能,通过它也将快速而精确地定位坐标点,其应用方法如下所列。

步骤 1　接着前面的操作,进入图 1-7 所示的"草图设置"对话框。

步骤 2　在"草图设置"对话框的"对象捕捉"选项卡中选中"中点"复选框,如图 1-34 所示。单击"确定"按钮,关闭此对话框。

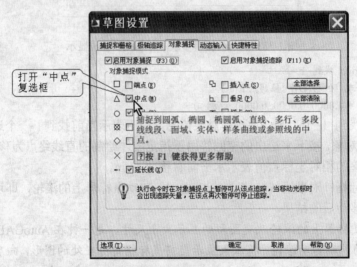

图 1-34　"对象捕捉"选项卡中打开"中点"复选框

AutoCAD 的"对象捕捉"是一种非常有用的图形绘制辅助工具,通过它可精确地将坐标点定位在图形对象上的某些特定位置,如这里选中"中点"复选框后,在下面的操作中就能准确地将坐标点定位在直线的中点。"草图设置"对话框的"对象捕捉"选项卡里列出了 AutoCAD 提供的各种对象捕捉方式。在默认状态下,只有"端点"、"交叉"、"延伸"这三种方式处于打开状态,为了使用其他的对象捕捉方式,就需要按这一步操作,进入该选项卡后打开相应的复选框。表 1-1 列出了各种方式与所捕捉的坐标点，一旦设置了捕捉方式，就将持续有效，直至下一次在"草图设置"对话框中修改设置。

表 1-1   AutoCAD 所提供的各种对象捕捉方式与所捕捉的坐标点

对象捕捉方式	所捕捉到的坐标点
端点	圆弧、椭圆弧、直线等线条的端点，或最近的顶角点
中点	圆弧、椭圆、椭圆弧、直线、多线、多段线线段、面域、实体等线条的中点
圆心	圆弧、圆、椭圆或椭圆弧的圆心
节点	点对象、标注定义点或标注文字起点
象限点	圆弧、圆、椭圆或椭圆弧的象限点
交点	线条的相交点
延伸	对象临时延长线或圆弧上的一个点。此点由用户指定
插入	属性、块、形或文字的插入点
垂足	圆弧、圆、椭圆、椭圆弧、直线、多线、多段线、射线、面域等线条的垂足。当正在绘制的对象需要捕捉多个垂足时，AutoCAD 将自动打开"递延垂足"捕捉模式。此时就能快速绘制垂直线
切向	圆弧、圆、椭圆、椭圆弧或样条曲线的切点。当正在绘制的对象需要捕捉多个功点时，AutoCAD 将自动打开"递延切点"捕捉模式，让用户快速绘制出切线
最近点	圆弧、圆、椭圆、椭圆弧、直线、多线、点、多段线、射线等线条上的最近点
外观交点	不在同一平面，但是可能看起来在当前视图中相交的两个对象的外观交点。"延伸外观交点"不能用作执行对象捕捉模式。"外观交点"和"延伸外观交点"不能和三维实体的边或角点一起使用。注意：如果同时打开"交点"和"外观交点"执行对象捕捉，可能会得到不同的捕捉结果
平行	无论何时提示用户指定矢量的第二个点时，都要绘制与另一个对象平行的矢量。指定矢量的第一个点后，如果将光标移动到另一个对象的直线段上，即可获得第二个点。如果创建的对象的路径与这条直线段平行，将显示一条对齐路径，可用它创建平行对象

若在状态栏中右击"对象捕捉"按钮，可通过图 1-35 所示快捷菜单临时设置一种捕捉方式，但只对随后的一次选择坐标点的操作有效。

图 1-35　右击"对象捕捉"按钮

从一个对象以外引向此对象的垂线时，就需要此对象上有一个"递延垂足"点，以便绘制这一条垂直线。同理，对于圆弧线来说，从外部引至圆弧线的切线时，需要该圆弧线上有一个"递延切点"，以便绘制这一条切线。"外观交点"属于不在同一个平面的点，"延伸外观交点"是对象延伸后的外观交点。捕捉对象时，靶框将显示在十字光标的中心，其大小尺寸可在"选项"对话框的"草图"选项卡里设置。

步骤3 参照前面的操作，执行 LINE 命令。接着，移动鼠标器，将光标对准某一条直线的中点，让屏幕上显示出"中点"提示，如图 1-36 所示。

图 1-36 将光标对准某一条直线的中点

步骤4 按下键盘上的 F8 功能键，打开"正交"方式，然后在屏幕上选取一个点，如图 1-37 所示。

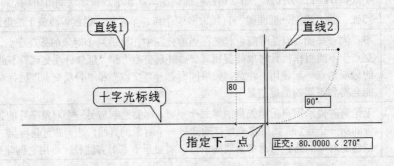

图 1-37 在屏幕上选取一个点

接着，按下键盘上的 Enter 键，结束执行 LINE 命令。上述操作的对话过程如下所列：

命令:_line
指定第一点: 按下 F8 功能键
指定下一点或 [放弃(U)]: <正交 开> 选取一个点
指定下一点或 [放弃(U)]: Enter

此对话过程中的"<正交 开>"是按下 F8 功能键后，AutoCAD 显示的信息，说明已经打开了"正交"方式。此信息在状态栏中显示的结果如图1-38 所示，若再一次按下 F8 功能键则将关闭"正交"方式。打开此方式后，在屏幕上使用鼠标器选择坐标点时，只能选取到相对于当前坐标点水平或垂直方向上的点。因此，上述对话将以一条直线的中心作为起点绘制一条直线，而且由于打开了正交方式，使得随后轻而易举地选取到了一个垂直于该中点的下一个点，其结果就是绘制出一条过此点的垂直线，如图 1-39 所示。

注意：上面的实例演示了设置与使用捕捉方式、正交方式的操作方式，这些是 AutoCAD 中的常用操作。

图 1-38 在状态栏中显示的结果

图 1-39 绘制出一条垂直线

1.10 ORTHO 命令

上述操作中，按下键盘上的 F8 功能键，即执行了 AutoCAD 的 ORTHO（正交）命令。该命令用于控制使用这个软件的正交方式。在正交方式下，十字光标线只能在当前位置的上下左右移动并选取到水平或垂直方向上的坐标点。移动时，光标也将被限制在水平或垂直方向上移动。在默认状态下，正交方式处于关闭状态。除了使用键盘上的 F8 功能键外，通过状态栏上的"正交"按钮，也能打开或关闭正交方式。还有，在命令行上输入命令 ORTHO 也可以完成相同的操作，其对话过程如下：

命令:ORTHO（或'ORTHO，用于透明执行此命令，参阅后面的讲述可了解"透明"的含义）

输入模式[开(ON)/关(OFF)]<当前模式>: 输入 on 或 off，或按 Enter 键

1.11 复制图形

上一节讲述了移动图形与设置和使用对象捕捉的操作步骤，它们是在 AutoCAD 中绘制与编辑图形的基本操作。在机械设计中，许多图形需要通过这些操作，以及复制等方法来得到，如下面的操作就将应用 AutoCAD 的复制功能。

步骤 1 接着上面的操作，从"修改"面板中选择"复制"工具，如图 1-40 所示。接着，对"选择对象:"提示回答 L，即按下键盘上的 L 键。

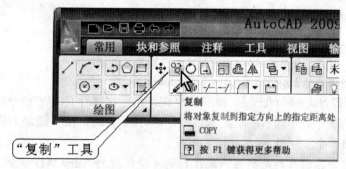

图 1-40 选择"复制"工具

按下键盘上的 L 键表示将使用 AutoCAD 的"上一个"对象选择方式，因此这里将在屏幕上选择到上一节绘制的直线，使它在屏幕上显示为虚线，如图 1-41 所示。

注意："上一个"对象选择方式是 AutoCAD 提供的众多方式中的一种，它与上面使用的捕捉方式一样，都是 AutoCAD 中重要的辅助绘图工具。初学者需要注意到，不可以在"命令:"提示符下输入 L 来使用这种选择方式。

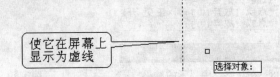

图 1-41　选择到上一节所绘制的直线

步骤 2　对下一行"选择对象:"提示给出空回答。

步骤 3　选定图 1-36 中所示的"中点"。

步骤 4　向右移动鼠标器,选定另一条直线的"中点",如图 1-42 所示。

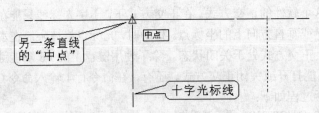

图 1-42　选定另一条直线的"中点"

上述操作执行的是 COPY(复制)命令,对话过程如下所列。操作的结果将是复制了上一节绘制的直线,并将它准确地定位在图 1-43 所示的位置上。

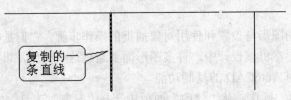

图 1-43　操作的结果将是复制了上一节绘制的直线

```
命令:_copy
选择对象:L 找到 1 个
选择对象:Enter
指定基点或 [位移(D)] <位移>: 选取图 1-36 所示的"中点"
指定第二个点或 <使用第一个点作为位移>: 选取图 1-42 所示的"中点"
指定第二个点或 [退出(E)/放弃(U)] <退出>: Enter
```

步骤 5　按下键盘上的 Enter 键,或者空格键,再一次执行 COPY 命令并完成下述对话。

这一步操作是在"命令提示区"显示"命令:"提示符时,按下键盘上的 Enter 键,也就是对该提示符给出一个空回答。

注意: 这种空回答的目的是要再一次执行刚才使用过的 AutoCAD 命令。

```
命令: COPY
选择对象:L 找到 1 个
选择对象:Enter
指定基点或 [位移(D)] <位移>: 选取图 1-44 所示的"端点"
指定第二个点或 <使用第一个点作为位移>: 选取图 1-45 所示的"端点"
指定第二个点或 [退出(E)/放弃(U)] <退出>: 选取图 1-46 所示的端点
指定第二个点或 [退出(E)/放弃(U)] <退出>: Enter
```

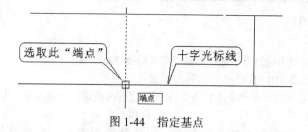

图 1-44 指定基点

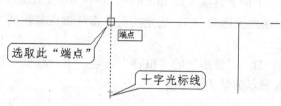

图 1-45 指定第二个点

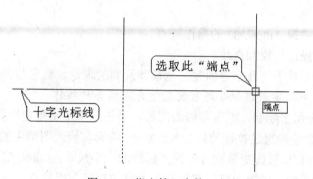

图 1-46 指定第二个第二点

这一段对话复制出两条直线，结果如图 1-47 所示。

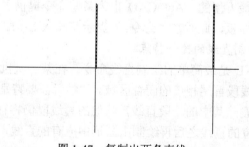

图 1-47 复制出两条直线

1.12 COPY 命令

这是 AutoCAD 的一条常用命令，通过它可以将选定的对象复制在指定的位置 。除了从
"修改"工具栏中选择"复制"工具，以及在命令行上输入命令名来执行它外，还能选择要复
制的对象后，在绘图区域中单击鼠标右键，然后从快捷菜单中选择"复制"命令。操作时，用

户需要完成的对话过程如下。

　　命令: COPY
　　选择对象: 使用对象选择方法选择对象，完成后按 Enter 键
　　指定基点或 [位移(D)] <位移>: 指定基点或输入 D
　　指定第二个点或 <使用第一个点作为位移>: 指定的两点定义一个矢量，指示复制的对象移动的距
　　　　　　　　　　　　　　　　　　　　　离和方向

　　此命令要求用户指定复制时的位移基点，以位移的第二点，也就是位移的目标点。如果在"指定第二个点:"提示下按下键盘上的 Enter 键，将被 AutoCAD 理解为相对 X,Y,Z 坐标点的位移。例如，如果指定基点坐标为 2,3，选定的对象将从该点复制到 X 方向 2 个单位，Y 方向 3 个单位的坐标位置上。

　　若对第二行提示回答 D，即使用它的"位移"选项，下一行提示将是"指定位移 <上一个值>: "，此时，可输入表示矢量的坐标值。

1.13　复习

　　本章重点内容是掌握 AutoCAD 的操作特点。

　　本章应当熟悉的操作是绘制直线。

　　学完本章后，需要从下列几个方面复习全章涉及到的理论、概念与操作。

　　1. 在 AutoCAD 中需要通过命令与系统变量完成的各种操作

　　AutoCAD 的命令用于绘制、编辑和修改图形，系统变量用于指定绘图环境，以及控制图形的显示方式。如本章绘制直线执行的是 LINE 命令、编辑与修改图形用的是 COPY 与 MOVE 命令，通过 CURSORSIZE 系统变量则可设置光标线的大小尺寸。AutoCAD 提供的命令与系统变量很多，初学者随着学习的深入即可掌握它们各自的功能使用特点。

　　2. 可采用多种方式执行 AutoCAD 命令与修改系统变量值

　　AutoCAD 的命令很多，其中绝大多数可通过功能区、状态栏执行，有时在"命令:"提示符后输入其名称执行才是最方便的，AutoCAD 也为某些命令提供了缩写字，如当功能区显示的菜单不是绘制图形时的面板，此时在"命令:"提示符输入 L，即可快速执行 LINE 命令。

　　3. 使用 LINE 命令绘制直线的操作特点

　　在 AutoCAD 中，LINE 是最简单的绘制直线命令。在某一次执行该命令期间，可绘制多条直线，并可绘制出各直线段首尾相连的闭合区域。初学者需要特别注意到，这些直线段是各自独立的。换句话说，若删除其中的一段直线，其他的直线段仍将存在。利用 LINE 命令的这一特点，可以绘制辅助定位的直线之后再绘制出图形中应有的直线，本书的操作实例就将应用这一点。

　　4. 输入相对坐标值是常用的操作

　　使用二维图形绘制机械零部件时，时常需要输入相对坐标值。通常，可采用两种格式输入这种坐标值，如@10,10、@10<45。其中，后者是用极坐标表示的相对坐标值，也是比前者更常用的输入方式。

　　5. 复制移动与图形对象是编辑修改图形的基本操作

　　这两种都是 AutoCAD 中的常用操作，它们都需要指定基点与目标点，这些点可由特定的

捕捉方式在图形中选取，也可以由键盘输入坐标值来确定。

6. 捕捉方式是非常有用的辅助绘图工具

设置适当的捕捉方式可快速而准确地选定坐标点，本章的实例就说明了这一点。AutoCAD 提供了多种捕捉方式，但常用的仅为几种：中点、端点、交点、圆心。应用时，除了可以事先设定使用其中的部分捕捉方式外，还可以通过状态栏临时设定使用某一种捕捉方式。值得一提的是，设定使用 AutoCAD 提供的所有捕捉方式是没有必要的，而且也不利于在复杂的图形中完成捕捉操作。

1.14　作业

上述内容不难理解，下面的作业则需要精心思考后完成操作。

作业内容：接着图 1-47 所示的操作结果，绘制图 1-1 所示的图形。

操作提示：绘制斜线时，可采用相对坐标值：@5<45。

1.15　测试

时间：45 分钟；满分：100 分。

一、单项选择题（每题 2 分，共 40 分）

1. 若要在执行 LINE 命令后，紧接着再一次执行它，如何操作最省事？（　　）
   A. 按下键盘上的 PgUp 键
   B. 按下键盘上的向上方向键（↑）
   C. 在"绘图"面板中选择"直线"工具
   D. 按下键盘上的空格键或 Enter 键

2. 在对话框的某一组选项中，只能选择其中的一个选项，这些选项称作（　　）。
   A. 文本框　　　　　　B. 复选框　　　　　C. 单选按钮　　　D. 滚动条

3. 下述不能用于执行命令的操作是（　　）。
   A. 展开菜单　　　　　　　　　　　　B. 在功能区中打开面板
   C. 在功能区中选择工具　　　　　　　D. 输入@

4. 下述不用于执行 AutoCAD 的绘图与编辑方法是（　　）。
   A. 选择菜单命令　　　　　　　　　　B. 选择工具按钮
   C. 从快捷菜单中选择命令　　　　　　D. 从键盘上输入数字

5. 下述操作不能用于在屏幕上放大或者缩小显示图形的是（　　）。
   A. 转动鼠标器具的滚轮　　　　　　　B. 使用状态栏中的工具
   C. 执行 ZOOM 命令　　　　　　　　　D. 拖动鼠标指针

6. AutoCAD 的功能区不提供的操作是（　　）。
   A. 执行命令　　　　　　　　　　　　B. 输入命令选项
   C. 输入绘图参数　　　　　　　　　　D. 打开与保存图形文件

7. 在十字光标处通过右击鼠标器上按键的方法调用的菜单称为（　　）。

　　　A．鼠标菜单　　　　　　　　　　　　B．十字交叉线菜单

　　　C．光标菜单　　　　　　　　　　　　D．快捷菜单

8．为了在以后的绘图操作中使用如捕捉、栅格等设置，应当（　　　）。

　　　A．创建一个宏　　　　　　　　　　　B．创建一个样板文件

　　　C．执行保存图形的操作　　　　　　　D．执行保存设置的操作

9．为了取消执行 AutoCAD 命令应按下键盘上的（　　　）键。

　　　A．Ctrl+A　　　　　B．Ctrl+C　　　　C．Alt+A　　　　　D．Esc

10．SAVE 命令不能完成的操作是（　　　）。

　　　A．保存当前图形　　　　　　　　　　B．保存当前打开的所有图形

　　　C．更名保存图形　　　　　　　　　　D．选择保存图形的文件夹

11．执行 AutoCAD 命令时，不可以采用的方法是（　　　）。

　　　A．选择功能区中的工具

　　　B．选择"菜单管理器"中的命令

　　　C．使用 Windows 系统的"开始"菜单

　　　D．使用状态栏中的工具

12．第一次启动 AutoCAD 2009 时，将在屏幕上看到（　　　）。

　　　A．一个用户信息表　　　　　　　　　B．一个用于新建图形的对话框

　　　C．自动新建的图形窗口　　　　　　　D．一个介绍新功能的对话框

13．"图形窗口颜色"对话框的用途是（　　　）。

　　　A．设置图形的线条的颜色　　　　　　B．设置图形窗口的颜色

　　　C．设置操作窗口中各元素的颜色　　　D．设置模型空间窗口的颜色

14．模型空间的用途是（　　　）。

　　　A．绘制二维与三维图形　　　　　　　B．建立三维物体的模型体

　　　C．绘制三维图形　　　　　　　　　　D．绘制二维图形

15．AutoCAD 提供的系统变量很多，它们的使用特点是（　　　）。

　　　A．所有的变量都能修改其值　　　　　B．所有的变量都能由用户修改其值

　　　C．用户应当熟悉它们各自的功能　　　D．用户必须记住个别系统变量的功能

16．执行 AutoCAD 命令的操作包括（　　　）。

　　　A．必须从键盘上指定选项　　　　　　B．输入命令后紧跟选项

　　　C．由关键字选择选项　　　　　　　　D．由鼠标器指定选项

17．为了使用 AutoCAD 2009 提供的"动态输入"功能，可（　　　）。

　　　A．设置相关的系统变量　　　　　　　B．在状态栏中打开 DIV 按钮

　　　C．通过"选项"对话框做好设置　　　D．重新启动 AutoCAD

18．通用坐标系的使用特点是（　　　）。

　　　A．原点始终位于屏幕的左下角　　　　B．X 轴的正方向可以修改

　　　C．Y 轴的正方向可以修改　　　　　　D．Z 轴的正方向可以修改

19．如第一个坐标点值是(X0,Y0)，输入相对于它的另一个坐标点(X1,Y1)时可采用的格式是（　　　）。

　　　A．X0,Y0　　　　　　　　　　　　　B．X1,Y1

C．X0+X1,Y0+Y1　　　　　　　　　　D．@X1,Y1

20．下面表示相对极坐标的是（　　　）。

A．@2,2　　　　　B．@2,2,2　　　　　C．@2<2　　　　D．2<20

二、填空题（每题 4 分，共 40 分）

1．AutoCAD 是一个计算机_____软件。操作时，能绘制_____与输入_____，并能打印输出_____。

2．构成 AutoCAD 操作窗口的元素有_____、_____、_____。默认状态下的绘图工作区背景为_____。

3．在默认状态下，显示在 AutoCAD 操作窗口中的光标线是一个_____，用户若想按使用图板与丁字尺那样绘制图纸，则可以修改它的_____。为此可在状态栏中右击"_____"按钮，进入"_____"对话框进行操作。

4．通过 AutoCAD 中的 CURSORSIZE 系统变量，可控制十字光标的_____，可取用的值范围为_____。若设置的值小于_____，即可以在屏幕上看到十字光标的尾端。若将此值设置为_____，在操作窗口中将看不到十字光标线的尾端，即十字光标线始终横过操作窗口。

5．AutoCAD 的许多命令需要通过功能区或者"_____"执行。所有执行的命令名称都将在"_____"窗口中显示出来，若所显示的命令名称有下划线（_）前缀，说明此命令不是经由_____输入而执行的；若自动显示出大写的命令名，则表示这是经由对"命令:"提示符给出_____重复刚才执行的命令。

6．命令提示区是_____窗口的一部分，这是一个_____，用户通过它可输入并执行_____，AutoCAD 也将在此区域显示一些与当前操作相关的_____，以及让用户输入相关的参数来回答提示信息。

7．在默认状态下，动态输入功能将处于_____状态，使得用户执行 AutoCAD 的_____命令时，光标附近会出现一个动态_____。该动态提示框可通过状态栏激活或_____它。

8．坐标点有时简称为_____。指定一个坐标点是数据输入中经常要做的事。用户可以使用自己定义的_____或者_____作为当前位置参照系统来确定点的坐标值，也可以使用高度来隐含三维坐标中的_____。

9．输入一个点的_____坐标值时不需要使用@前缀，而且可以在命令行或者_____的文字编辑框中直接输入。如果要指定一个二维点，可以使用格式：_____。如 5,5、10,11、100,120、120<270，这些都是_____。

10．从前一个坐标点出发指定一个_____的坐标点值称为极坐标。其使用格式为：_____。@字符的使用相当于输入一个_____：@0,0，或极坐标：@0<任意角度，它指定与前一个点的_____为零。

三、问答题（每题 5 分，共 10 分）

1．简述 LINE 命令的功能。

2．简述上述练习中绘制直线、移动直线、复制直线的操作特点。

四、操作题（每题 2.5 分，共 10 分）

1. 执行绘制一条直线后，再一次执行命令，并让第二条直线的起点自动引用"上一点"。
2. 绘制两条相互垂直的直线，并让它们的"中点"重叠在一起。
3. 绘制一个边长为 10 的正方形，而且四条边与 XY 坐标轴呈 45 度的夹角。
4. 为边长为 10 的正方形添加两条对角线。

第 2 章　掌握基本绘图技能

AutoCAD 的基本绘图技能指的是绘制与编辑二维图形，机械设计中常用的传动简图就需要用这种技能来绘制。这类图形通常由直线与圆弧线构成，操作时可指定直线与圆弧线的宽度，还将应用 AutoCAD 提供的预置选择集、夹点编辑等功能来快速完成这一项任务。

本章内容

- 绘制机械传动示意图。
- 使用 PLINE 命令。
- 绘制有宽度的直线段与圆弧线。
- 将 AutoCAD 图形应用于设计文档中。

本章目的

- 做好使用 AutoCAD 开展机械设计的准备工作。
- 做好机械产品设计的准备工作。
- 详述绘制二维图形的技巧。
- 说明辅助线在绘图操作中的重要性，以及它的应用方法。
- 掌握夹点编辑功能。
- 应用对象捕捉功能。

操作内容

本章的操作结果将绘制一个一级齿轮传动示意图，结果如图 2-1 所示。涉及的操作内容包括：

- 执行 PLINE 命令。
- 设置线宽值，用指定的线宽值绘制直线与圆弧线。
- 快速移动对象。
- 快速复制对象。
- 快速镜像对象。

本章涉及的命令与功能有：

- PLINE 命令，用于绘制多段线。
- SNAP 命令，设置与控制使用的捕捉模式。
- F3、F8、F9 三个功能键。
- 夹点编辑命令与功能。

注意：初学者可在学习中对比前一章的内容，深刻领会 PLINE 命令与 LINE 命令的不同之处。

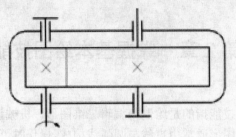

图 2-1　本章的操作结果之一

2.1　绘制指定宽度的线段

在默认状态下，AutoCAD 的绘图命令绘制的线段宽度为 0，显示在屏幕上或由打印机输出至图纸上将为细实线。若要绘制具有一定宽度的线段，可按下述步骤操作。

步骤 1　在"绘图"面板中选择"多段线"工具，如图 2-2 所示。接着，完成下述对话过程。

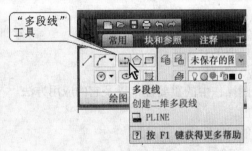

图 2-2　选择"多段线"工具

```
命令: _pline
指定起点: 在屏幕上选择一个坐标点
当前线宽为 0.0000
指定下一个点或 [圆弧(A)/半宽(H)/长度(L)/放弃(U)/宽度(W)]: W
指定起点宽度 <0.0000>: .8 (省略了小数点前面的 0)
指定端点宽度 <0.8000>: Enter
当前线宽为 0.8000
指定下一个点或 [圆弧(A)/半宽(H)/长度(L)/放弃(U)/宽度(W)]: @225.92<0
指定下一点或 [圆弧(A)/闭合(C)/半宽(H)/长度(L)/放弃(U)/宽度(W)]: @60<90
指定下一点或 [圆弧(A)/闭合(C)/半宽(H)/长度(L)/放弃(U)/宽度(W)]: @225.92<180
指定下一点或 [圆弧(A)/闭合(C)/半宽(H)/长度(L)/放弃(U)/宽度(W)]: @66.56<180
指定下一点或 [圆弧(A)/闭合(C)/半宽(H)/长度(L)/放弃(U)/宽度(W)]: @60<270
指定下一点或 [圆弧(A)/闭合(C)/半宽(H)/长度(L)/放弃(U)/宽度(W)]: C
```

上述操作绘制的图形将是一个线宽为 0.8mm 的矩形，选定它后，在"快捷属性"面板的"全局宽度"栏中，即可看到该矩形的线宽信息，如图 2-3 所示。

AutoCAD 提供有控制显示线宽的功能，若完成上述操作后，没有在屏幕上看到有宽度的矩形线框，可以打开状态栏中的"显示/隐藏线宽"按钮，如图 2-4 所示，然后稍稍转动一下鼠标器上的滚轮，刷新显示图形，就能在屏幕上看到有宽度的线条了。

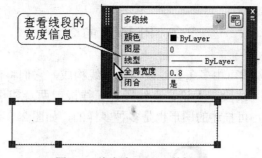

图 2-3　线宽为 0.8mm 的矩形

图 2-4　打开状态栏中的"显示/隐藏线宽"按钮

步骤 2　执行下列对话过程:

命令: Enter
命令: PLINE
指定起点: 选定图 2-5 所示的"中点"
当前线宽为 0.8000
指定下一个点或 [圆弧(A)/半宽(H)/长度(L)/放弃(U)/宽度(W)]: 指定图 2-6 所示的正交点
指定下一点或 [圆弧(A)/闭合(C)/半宽(H)/长度(L)/放弃(U)/宽度(W)]: Enter

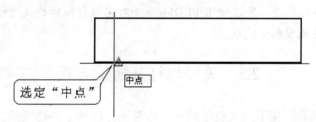

图 2-5　指定起点

上述步骤 2 的操作说明一旦在 PLINE 命令中设置好线宽,就将持续有效,AutoCAD 将一直使用设置好的线宽值绘制后面的多段线,到下一次执行此命令时重新设置新的线宽值。

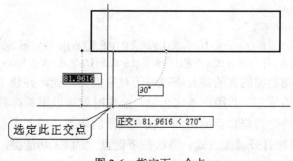

图 2-6　指定下一个点

2.2　PLINE 命令

用此命令绘制的多段线可由多条直线段与圆弧线构成，它们将作为单个对象存在于图形中。这些相互连接的序列线段，无论是直线段、弧线段或两者相组合而形成的线段，都是 AutoCAD 中常用的图形，可描述的图形也是多种多样的，如图 2-7 所示。

管道符号　不同的宽度　　变宽度　　　　等宽度

图 2-7　几种不同的多段线

该命令的提示行与对话过程为：

　　命令：PLINE
　　指定起点：指定点
　　当前线宽为 <当前值>
　　指定下一个点或 [圆弧(A)/关闭(C)/半宽(H)/长度(L)/放弃(U)/宽度(W)]：指定一个点或输入选项

这些选项的功能为：A，绘制圆弧线；C，绘制一条直线段来闭合图形；H，绘制一条半宽度的线段；L，绘制指定长度的直线；U，回退操作；W，定义多段线的宽度。

注意：多段线与上一章使用的直线不同，它具备编辑功能。例如，可以调整多段线的宽度和曲率。创建多段线之后，可以使用 PEDIT 命令对其进行编辑，或者使用 EXPLODE 命令将其转换成单独的直线段和弧线段。

2.3　关闭与打开捕捉方式

接着上一节的操作，接下来需要绘制一条短直线，以便于描述轴承。对此，用户可参阅上面的步骤完成操作，只是前面的操作中打开了捕捉方式，这将为在屏幕上进行取点操作带来一些不必要的麻烦。在下面的操作中将临时关闭捕捉方式，其操作对话如下所述。

　　命令：PLINE
　　指定起点：按下键盘上的 F3 功能键，然后在屏幕上出现"<对象捕捉 关>"信息后，指定图 2-8 所示的点
　　当前线宽为 0.8000
　　指定下一个点或 [圆弧(A)/半宽(H)/长度(L)/放弃(U)/宽度(W)]：指定图 2-9 所示的下一个点
　　指定下一点或 [圆弧(A)/闭合(C)/半宽(H)/长度(L)/放弃(U)/宽度(W)]：Enter

按下键盘上的 F3 功能键的目的是要临时关闭对象捕捉功能，并让"命令"提示区中显示出"<对象捕捉 关>"的信息。若用户不这么做，操作时将难以用鼠标器在屏幕上指定直线的起点因为 AutoCAD 可能会将坐标点捕捉到现在直线段的端点，或者中点上。此后，再次按下这个功能键，还可以再次打开捕捉方式。再次按下键盘上的 F3 功能键，当"命令"提示区中出现"<对象捕捉 开>"信息，即可打开对象捕捉功能。

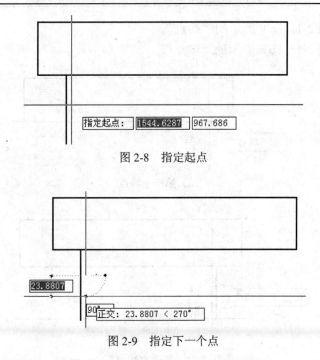

图 2-8　指定起点

图 2-9　指定下一个点

注意：本节所述控制使用捕捉方式的操作，在绘制机械产品零部件的操作中使用得很多。下一节操作需要打开"对象捕捉"方式。

2.4　镜像复制图形对象

镜像复制图形对象的主要目的是对称于某一条中心线，或者某一个部件的两侧绘制相同形状的图形对象。下面就将利用 AutoCAD 的镜像功能绘制等间距、等长度的直线。

步骤 1　从"修改"面板中选择"镜像"工具，如图 2-10 所示。

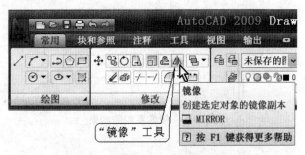

图 2-10　选择"镜像"工具

步骤 2　对屏幕上显示的"选择对象"提示回答 L。接着，对再一次出现的这个提示行给出一个空回答。

这一步操作将选定上一节绘制的直线。L（Last，上一个）是一种常用的对象方式，通常用于绘图与随后的编辑操作中。初学者需要注意到，为了应用这种对象选择方式，事先合理地安排绘图与编辑顺序是很有必要的。

步骤 3   选定图 2-11（a）所示的"端点"。

步骤 4   选定图 2-11（b）所示的"端点"。

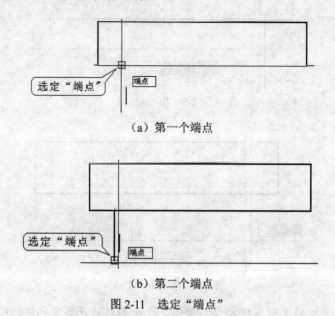

（a）第一个端点

（b）第二个端点

图 2-11   选定"端点"

步骤 5   对"是否删除源对象？[是(Y)/否(N)]<N>:"提示行给出一个空回答。

上述操作的对话过程如下所述，其结果如图 2-12 所示。

```
命令: _mirror
选择对象: L 找到 1 个
选择对象: Enter
指定镜像线的第一点: 选择图 2-11（a）所示的"端点"
指定镜像线的第二点: 选择图 2-11（b）所示的"端点"
是否删除源对象? [是(Y)/否(N)] <N>: Enter
```

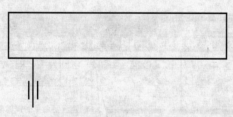

图 2-12   镜像复制的结果

2.5   应用夹点移动编辑功能

夹点编辑功能用于快速完成拉伸、移动、旋转、缩放、镜像这些 AutoCAD 中常用的编辑操作。如下面的操作就将应用夹点移动复制对象。

步骤 1   接着上面的操作，与 AutoCAD 做下述对话。

命令: 单击屏幕上的一个坐标点，以便与另一个对角点共同定义一个矩形区域，如图 2-13 所示

指定对角点: 在屏幕上选择一个坐标点，如图 2-14 所示

图 2-13　单击屏幕上的一个坐标点

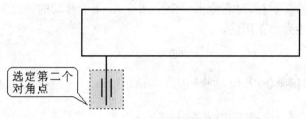

图 2-14　定义一个矩形区域

这两步操作实际上指定了两个坐标点，指定它们的先后序列将影响到选定的图形对象。第一个坐标点若位于第二个坐标点的左方，采用的选择对象方式称为"窗口选择"方式，位于该窗口内的图形对象都将被选定。若第一个坐标点位于第二点的右方，采用的就是"交叉选择"方式，选择到的对象将是矩形窗口包围的，以及与窗口边框线相交的各种对象。

由图 2-13 与图 2-14 可见，这一步操作采用的是"交叉选择"方式，因此选择的图形对象如图 2-15 所示。由此图可见，被选定的这些图形对象上将出现一些填充有同一颜色（蓝色）的方框，称为"夹点"，本节就将通过它们对图形对象做快速编辑与修改操作，即使用 AutoCAD 的"夹点编辑"功能。

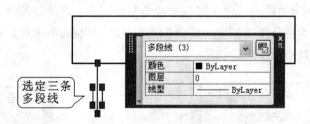

图 2-15　采用"交叉"选择方式选定对象

步骤 2　单击最上方的夹点，如图 2-16 所示。

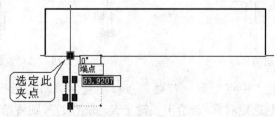

图 2-16　选定最上方的夹点

一旦在屏幕上建立了夹点，用户就可以单击其中的某一个夹点，让它变成红色。红色的夹点即为当前选定的夹点，这是对选定的图形对象做夹点编辑必需的操作。操作时，若按住键盘上的 Shift 键，可以单击多个夹点，让它们都处于选定状态。若要取消对某一个夹点的选定，可按住键盘上的 Shift 键再次单击它，让它不再为红色。若只有一个夹点被选定，则在不按住键盘上的 Shift 键的情况下选定一个夹点，先前的夹点将不再被选定。按下键盘上的 Esc 键，则取消所有对象的选定状态，一个夹点也不会出现在屏幕上。

步骤 3　在命令提示区中出现的夹点编辑提示行给出一个空回答。

一旦用户在绘图区域中建立了夹点，夹点编辑的第一行提示就将出现在命令提示区，这是用于夹点拉伸编辑的提示行，对它给出一个空回答后，用于移动的夹点编辑提示行就将出现。这一步操作的对话框序列如下所述。

命令: 选定夹点
** 拉伸 *
指定拉伸点或 [基点(B)/复制(C)/放弃(U)/退出(X)]: Enter
** 移动 **
指定移动点或 [基点(B)/复制(C)/放弃(U)/退出(X)]:

若用户对此行提示也给出空回答，就将进入夹点旋转编辑功能。此后，还能按这种操作方法使用夹点的比例缩放、镜像编辑功能。

步骤 4　对夹点移动编辑提示行回答 C，接着完成下述对话。

** 移动 **
指定移动点或 [基点(B)/复制(C)/放弃(U)/退出(X)]: C
** 移动 (多重) **
指定移动点或 [基点(B)/复制(C)/放弃(U)/退出(X)]: 选择图 2-17 所示的"中点"
** 移动 (多重) **
指定移动点或 [基点(B)/复制(C)/放弃(U)/退出(X)]: x

夹点移动编辑提示行中的"复制"选项，用于移动并复制选定的图形对象。这里将移动的基点定在图 2-16 所示的端点，它正好与本章绘制的第一条直线段的中点相重合。初学者需要注意到移动的目标点将是图 2-17 所示的"中点"，移动复制的图形对象将会把选定的夹点与它对齐，结果如图 2-18 所示。

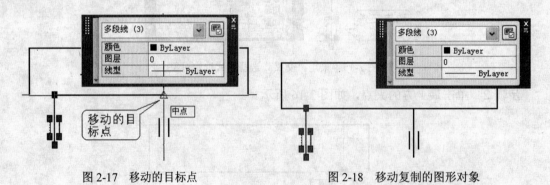

图 2-17　移动的目标点　　　　　　　　　图 2-18　移动复制的图形对象

选定图 2-17 所示的"中点"后，若对夹点移动复制编辑提示行回答下一个坐标点，AutoCAD 就将在此处复制选定对象，若给出关键字 X，或空回答，则将结束操作，返回 AutoCAD 的"命令:"提示。

2.6 应用夹点镜像复制功能

使用 AutoCAD 的夹点编辑功能,能快速镜像并复制图形对象,操作时也能指定镜像线,下面的操作就将说明这一点。

步骤 1 接着上一节的操作结果,选定图 2-19 所示的点。

步骤 2 参见图 2-20,为"交叉"窗口指定对角点。

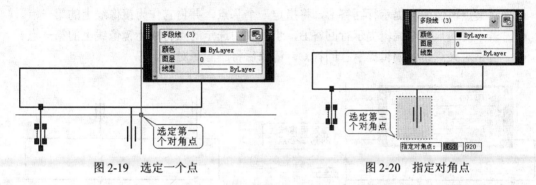

图 2-19 选定一个点   图 2-20 指定对角点

上一节的操作结束时,图 2-15 中选定的对象仍将处于选定状态,这两步操作将定义一个"交叉"窗口,并向该选择集中添加由此窗口选定的新对象,结果是选定了 6 条多段线,如图 2-21 所示。

图 2-21 选定 6 条多段线

步骤 3 选定图 2-16 所示"端点"处的夹点。

步骤 4 在"命令"提示区中,完成下述夹点编辑对话。

命令:
** 拉伸 **
指定拉伸点或 [基点(B)/复制(C)/放弃(U)/退出(X)]: Enter
** 移动 **
指定移动点或 [基点(B)/复制(C)/放弃(U)/退出(X)]: Enter
** 旋转 **
指定旋转角度或 [基点(B)/复制(C)/放弃(U)/参照(R)/退出(X)]: Enter
** 比例缩放 **
指定比例因子或 [基点(B)/复制(C)/放弃(U)/参照(R)/退出(X)]: Enter
** 镜像 **

指定第二点或 [基点(B)/复制(C)/放弃(U)/退出(X)]: C
** 镜像 **
指定第二点或 [基点(B)/复制(C)/放弃(U)/退出(X)]: B
指定基点: 选定图 2-21 所示的"中点"
** 镜像 (多重) **
指定第二点或 [基点(B)/复制(C)/放弃(U)/退出(X)]: 选定图 2-22 所示的"中点"
** 镜像 (多重) **
指定第二点或 [基点(B)/复制(C)/放弃(U)/退出(X)]: Enter

镜像复制操作就完成了，结果如图 2-23 所示，操作特点如下所列。

- 对夹点镜像编辑提示行回答 B，将指定一个基点，并将它作为镜像线上的第一点。
- 若不对夹点镜像编辑提示行回答 B，步骤 3 中选定的点将成为镜像线上的第一点。
- 若不对夹点镜像编辑提示行回答 C，镜像后将删除源对象。

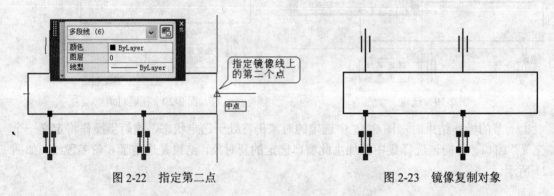

图 2-22　指定第二点　　　　　　　　　　图 2-23　镜像复制对象

2.7　应用夹点拉伸功能

使用 AutoCAD 的夹点拉伸编辑功能，可以通过对选定夹点的移动来拉伸多种图形对象。利用这一点，可以快速修改直线的长度，这也是一种常见的操作。

步骤 1　选定图 2-24 所示的直线段，并选定十字光标所在处的夹点。

步骤 2　先后按下键盘上的 F3、F8、F9 功能键，当命令提示区中出现<对象捕捉　关>、<正交　并>、<捕捉　关>信息后向下拖动该夹点，如图 2-25 所示。

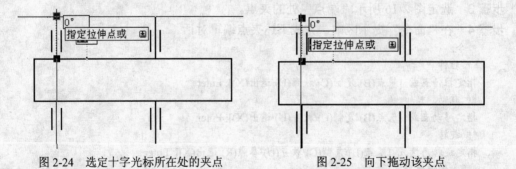

图 2-24　选定十字光标所在处的夹点　　　　图 2-25　向下拖动该夹点

用户在完成这两步操作时，使用的对话过程如下所述，选定的直线将缩短，如图 2-26 所示。接下来，用户可参照这两步操作调整好另一条直线段的长度，如图 2-27 所示。

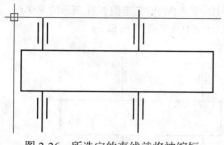

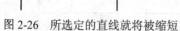

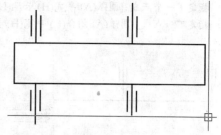

| 图 2-26　所选定的直线就将被缩短 | 图 2-27　调整好另一条直线段的长度 |

命令: 选定一个夹点

** 拉伸 **

指定拉伸点或 [基点(B)/复制(C)/放弃(U)/退出(X)]: <对象捕捉 关><正交 开><捕捉 关> 拖动夹点
　　　　　　　　　　　　　　　　　　　　　　　　　　　　　　　　　　至新的位置

　　注意: 上述操作中使用了键盘上的 F9 功能键。AutoCAD 可按预定的精度在当前坐标系统
中自动捕捉坐标点，在默认状态下，这个精度为 10 个绘图单位，按下键盘上的 F9 功能键将
打开或关闭该捕捉功能（参阅 SNAP 命令），并让用户在屏幕上移动鼠标指针时，按此单位捕
捉坐标点。"捕捉模式"的当前状态将显示在状态栏中，通过状态栏中的"捕捉模式"按钮，
也能打开或关闭此功能。

2.8　绘制多段线中的圆弧段

　　如前所述，PLINE 命令可以绘制直线段与圆弧段。为了绘制指定线宽的圆弧线，可以按
下述步骤执行此命令。

　　步骤 1　使用下述对话过程绘制两条辅助线。

　　　　命令: _pline
　　　　指定起点: 选定图 2-28 所示的"中点"
　　　　当前线宽为 0.8000
　　　　指定下一个点或 [圆弧(A)/半宽(H)/长度(L)/放弃(U)/宽度(W)]: <正交 开>指定图 2-29 所示的点
　　　　指定下一点或 [圆弧(A)/闭合(C)/半宽(H)/长度(L)/放弃(U)/宽度(W)]: Enter

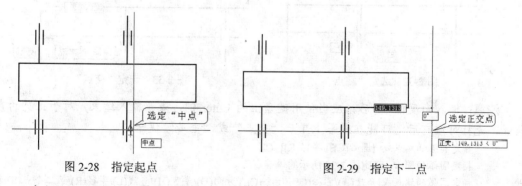

| 图 2-28　指定起点 | 图 2-29　指定下一点 |

　　　　命令: Enter
　　　　命令: PLINE
　　　　指定起点: 选定图 2-30 所示的"端点"
　　　　当前线宽为 0.8000

指定下一个点或 [圆弧(A)/半宽(H)/长度(L)/放弃(U)/宽度(W)]: 指定图 2-31 所示的正交点

指定下一点或 [圆弧(A)/闭合(C)/半宽(H)/长度(L)/放弃(U)/宽度(W)]: Enter

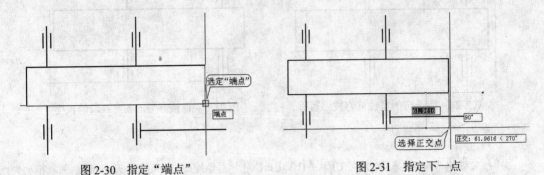

图 2-30　指定"端点"　　　　　　　　图 2-31　指定下一点

完成这一步操作后，两条辅助线就绘制好，它们将用于帮助用户快速完成下面的操作，并准确的定位坐标点。

步骤 2　按下述对话过程绘制一条直线，以及与该直线相切的圆弧线。

命令: Enter

命令: PLINE

指定起点: 选定图 2-32 所示的"端点"

当前线宽为 0.8000

指定下一个点或 [圆弧(A)/半宽(H)/长度(L)/放弃(U)/宽度(W)]: 选定图 2-33 所示的"交点"

指定下一点或 [圆弧(A)/闭合(C)/半宽(H)/长度(L)/放弃(U)/宽度(W)]: A

指定圆弧的端点或[角度(A)/圆心(CE)/闭合(CL)/方向(D)/半宽(H)/直线(L)/半径(R)/第二个点(S)/放弃(U)/宽度(W)]: A

指定包含角: 90

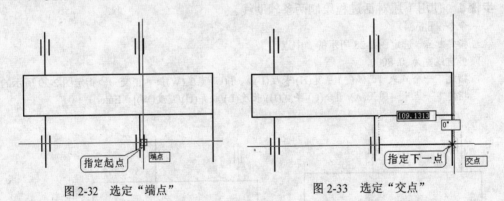

图 2-32　选定"端点"　　　　　　　　图 2-33　选定"交点"

注意: 输入角度值 90 后，应当使用键盘上的 Enter 键，表示输入结束。对于正交的直线来说，光标对准它后，可能在屏幕上显示"交点"或"垂足"提示。

指定圆弧的端点或 [圆心(CE)/半径(R)]: CE

指定圆弧的圆心: 选定图 2-30 所示的"端点"

指定圆弧的端点或[角度(A)/圆心(CE)/闭合(CL)/方向(D)/半宽(H)/直线(L)/半径(R)/第二个点(S)/放弃(U)/宽度(W)]: 选定图 2-34 所示的正交点

指定圆弧的端点或[角度(A)/圆心(CE)/闭合(CL)/方向(D)/半宽(H)/直线(L)/半径(R)/第二个点(S)/放弃(U)/宽度(W)]: Enter

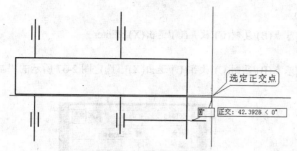

图 2-34　指定圆弧线的圆心点

操作结束后，一条与直线相切的圆弧线就绘制好了，结果如图 2-35 所示。

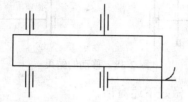

图 2-35　绘制一条与直线相切的圆弧线

步骤 3　选定上面绘制的两条辅助线，然后使用夹点移动编辑的方法移动图 2-36 中选定的夹点。

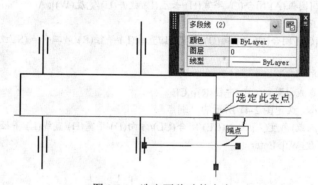

图 2-36　选定要移动的夹点

操作时，需要将图 2-36 中选定的"端点"作为移动的基点，将图 2-37 中所示的"端点"作为移动的目标点，结果如图 2-38 所示。使用的对话过程如下所述：

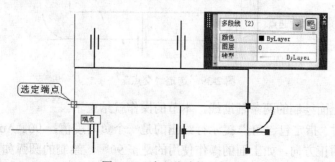

图 2-37　选定移动的目标点

** 拉伸 **
指定拉伸点或 [基点(B)/复制(C)/放弃(U)/退出(X)]: Enter
** 移动 **
指定移动点或 [基点(B)/复制(C)/放弃(U)/退出(X)]: 选定图2-37所示的"端点"

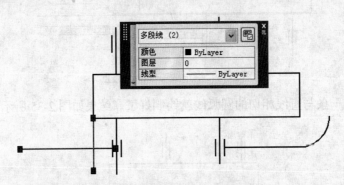

图2-38　移动的结果

步骤4　参照上面的操作，做好下述对话。

命令: _pline
指定起点: 选定图2-39所示的"交点"
当前线宽为 0.8000
指定下一个点或 [圆弧(A)/半宽(H)/长度(L)/放弃(U)/宽度(W)]: 选定图2-40所示的"交点"
指定下一点或 [圆弧(A)/闭合(C)/半宽(H)/长度(L)/放弃(U)/宽度(W)]: A
指定圆弧的端点或
[角度(A)/圆心(CE)/闭合(CL)/方向(D)/半宽(H)/直线(L)/半径(R)/第二个点(S)/放弃(U)/宽度
(W)]: A
指定包含角: -90
指定圆弧的端点或 [圆心(CE)/半径(R)]: CE
指定圆弧的圆心: 选定图2-41所示的"端点"
指定圆弧的端点或[角度(A)/圆心(CE)/闭合(CL)/方向(D)/半宽(H)/直线(L)/半径(R)/第二个点
(S)/放弃(U)/宽度(W)]: Enter

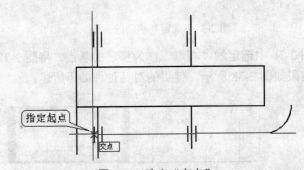

图2-39　选定"交点"

接下来，删除上面绘制的两条辅助线，本节的操作就结束了。

上述对话中，对"指定包含角:"提示行给出的是一个负角度值：-90。AutoCAD将逆时针方向定为角度测量的正方向，如上面的操作使用的是正90°，绘制的圆弧如图2-35所示，这里输入的是负90°，绘制的圆弧如图2-42所示。

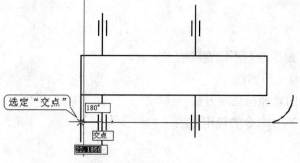

图 2-40　指定下一点

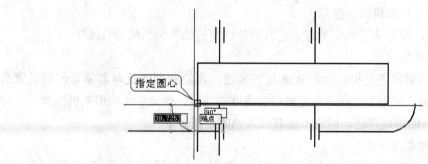

图 2-41　指定圆心

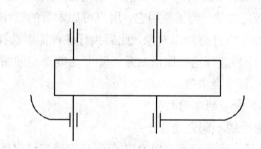

图 2-42　-90°的结果

用户还可以设置角度的测量方向，参阅下一章可了解到详细的操作方法。

注意：AutoCAD 提供 ARC 命令，这是专用于绘制圆弧线的命令，也是一条常用的命令，只是它不能绘制指定宽度的线条。

2.9　复习

本章讲述用 AutoCAD 开展机械产品设计工作时，绘制传动示意图的操作方法。其目的是要让用户在操作中了解 PLINE 命令的功能、绘制有宽度的直线段与圆弧线、箭头的操作步骤，以及绘制二维图形的技巧、辅助线在绘图操作中的重要性与应用方法。复习本章内容时，需要注意下述问题。

重点内容：

- 应用 PLINE 命令绘制不同宽度的多段线。
- 预设选择集与应用方法。
- ZOOM 命令的功能与应用方法。
- COPY 与 MOVE 命令的使用方法。

熟练应用的操作：

- 应用多个夹点进行编辑操作。
- 预设选择集进行编辑修改操作。
- 学完本章后，需要从下列几个方面复习全章涉及到的理论、概念与操作。

1. 应用 PLINE 命令

PLINE 命令的功能特点是可以绘制直线与圆弧线，在绘制圆弧线时若将角度值设置为360°，将绘制一个圆，又因为此命令可绘制指定宽度的线段，因此广泛应用在机械产品设计中。尽管 PLINE 命令的用途广泛，但它不能取代其他的绘图命令。

2. 定义与使用对象选择集

为了编辑与修改对象，需要选定对象，也就是要建立一个选择集。AutoCAD 的许多命令都可以事先选定要操作的对象，尽管用户可以采用多种方法选择对象，预置选择集使用得并不多，但它是一种很重要的应用方法。为了使用它，用户可如本章的操作那样预先选定好图形对象，也可以使用 SELECT 命令选择好图形对象，此后执行各种需要选择对象的命令时，对"选择对象："提示行回答 P，就将选择这些图形对象。除非这些选定的图形对象被删除了，或者重新预置了选择集，这种回答才会失效。

3. PLINE 命令与 LINE 命令的不同之处

PLINE 命令与 LINE 命令的不同之处在于：

- LINE 命令可以接受三维坐标点，PLINE 命令只接受二维坐标点。
- PLINE 命令可绘制有宽度的多段线，LINE 命令只能绘制宽度为 0 的直线段。
- PLINE 命令可用于绘制直线与圆弧线，LINE 命令只能绘制直线段。

4. 应用夹点编辑功能

本章的操作演示了移动、复制、镜像这些夹点编辑操作，它们是 AutoCAD 中常用的编辑修改操作。此外，拉伸、旋转也是在 AutoCAD 中时常要做的编辑修改图形的操作，AutoCAD 也为这五种编辑操作提供本章所述的快速执行方法。

本章的操作内容需要用户在计算机上多做练习，否则将较难掌握。通过本章的的作业，仅能在有限范围内帮助用户达到熟练应用 PLINE 命令与夹点编辑功能的目的。

注意：除了本章所述的内容外，在 AutoCAD 中应用于基本绘图操作的命令与工具还有很多，如绘制圆弧线、圆、样条线、云线、填充图案、拉伸、偏移、延伸、修剪等都是二维绘图与编辑修改中常用的功能，本书将在后面的章节中陆续介绍。

2.10　作业

作业内容：接着图 2-42 所示的操作结果。绘制图 2-1 所示的图形。

操作提示：绘制图 2-42 所示的直线段与圆弧线，通过镜像的方法得到图形中其他的圆弧线。

注意：若要保存当前操作结果，可以选择"保存"工具，或在"命令:"提示符后执行命令 QSAVE。若要更名另存为其他的图形文件，则需要执行命令 SAVE。

2.11　测试

时间：45 分钟　满分：100 分

一、选择题（每题 2 分，共 40 分）

1. 在默认状态下，AutoCAD 的绘图命令绘制的线段宽度为（　　）。
   A．0 宽度　　　　　　　　　　　　B．用户预设宽度
   C．1 个绘图单位　　　　　　　　　D．0.8 个绘图单位

2. 打开 AutoCAD 自动捕捉坐标点功能可以采用的操作是（　　）。
   A．执行菜单命令　　　　　　　　　B．执行快捷菜单中的命令
   C．设置预定选项　　　　　　　　　D．按下 F9 功能键

3. PLINE 命令的功能是（　　）。
   A．绘制由直线与圆弧线构成的多段线　B．设置图形的线宽
   C．绘制多段直线与圆弧线　　　　　D．修改图形的线宽

4. PLINE 命令提示行中，用于绘制圆弧线的关键字是（　　）。
   A．C　　　　　　B．H　　　　　　C．W　　　　　　D．A

5. 打开"捕捉栅格"可执行 SNAP 命令，它不能完成的操作是（　　）。
   A．捕捉坐标点　　　　　　　　　　B．设置捕捉栅格颜色与密度
   C．控制显示捕捉栅格　　　　　　　D．在屏幕上放大或缩小显示图形

6. 控制使用捕捉方式的方法可以是（　　）。
   A．按下 F3 功能键　　　　　　　　B．使用下拉菜单命令
   C．预先设置　　　　　　　　　　　D．使用快捷菜单命令

7. AutoCAD 的镜像功能是（　　）。
   A．参考某一条中心线复制对象　　　B．对称于某一条中心线复制对象
   C．绘制相同形状的图形对象　　　　D．镜像复制或移动对象

8. 建立夹点的操作方法是（　　）。
   A．执行菜单命令　　　　　　　　　B．连击图形对象
   C．在"命令:"提示下选定对象　　　D．右击对象

9. 下面不属于夹点拉伸编辑提示行中的关键字是（　　）。
   A．B　　　　　　B．C　　　　　　C．X　　　　　　D．A

10. 夹点编辑结束后，取消夹点的方法是（　　　　）。

  A. 立即执行新的命令　　　　　　　　B. 右击夹点

  C. 右击夹点所在的对象　　　　　　　D. 按下键盘上的空格键

11. 对于使用除 PLINE 命令外绘制对象来说，下述对其"线宽"特性不正确的说法是（　　　　）。

  A. 线宽都不能设定　　　　　　　　　B. 部分对象绘制时可以设置线宽

  C. 可以在绘制后修改线宽　　　　　　D. 可以在"特性"选项板中修改线宽

12. 用 LINE 命令与 PLINE 命令分别作一条直线，它们的夹点数目分别为（　　　　）。

  A. 2、2　　　　　　B. 2、3　　　　　　C. 3、2　　　　　　D. 3、3

13. 绘制多段线时，下列表示离现在 10 单位远，成 50 度角方位的点的是（　　　　）。

  A. @10<50　　　　　B. 10<50　　　　　C. 10,50　　　　　D. 50<10

14. 下述不用于构成多段线的对象是（　　　　）。

  A. 点　　　　　　　　　　　　　　　B. 变宽度的直线与圆弧线

  C. 直线与圆弧线　　　　　　　　　　C. 仅直线或圆弧线

15. 用于打开 AutoCAD 中"草图设置"对话框的命令是（　　　　）。

  A. GRID　　　　　　　　　　　　　　B. SNAP 和 GRID

  C. LIMITS　　　　　　　　　　　　　D. OPTIONS

16. 夹点编辑功能不能用于（　　　　）。

  A. 增加夹点　　　　　　　　　　　　B. 放缩图形

  C. 旋转图形　　　　　　　　　　　　D. 移动与复制图形

17. 使用 PLINE 命令不可以绘制的对象是（　　　　）。

  A. 直线　　　　　　B. 圆弧线　　　　　C. 圆　　　　　　D. 曲线

18. 进入文本窗口的快捷键是（　　　　）。

  A. F2　　　　　　　B. F5　　　　　　　C. F8　　　　　　D. F10

19. 下列编辑操作中不能改变选定对象的操作是（　　　　）

  A. 移动　　　　　　B. 比例缩放　　　　C. 旋转　　　　　D. 镜像复制

20. 移动直线与复制直线都能采用夹点拉伸操作吗？（　　　　）。

  A. 对　　　　　　　　　　　　　　　B. 错

  C. 拉伸直线中点处的夹点方可行　　　D. 使用提示行中的某个选项方可行

二、填空题（每题 4 分，共 40 分）

1. ZOOM 命令的 E 参数用于最_____化显示绘图区域中的_____；A 参数用于显示当前视图中的_____图形。转动鼠标器上的滚轮，可放大或缩小显示当前_____所在处的图形。

2. AutoCAD 可按预定的精度在当前坐标系统中_____捕捉坐标点，在默认状态下，这个精度为_____个绘图单位，按下键盘上的_____功能键将打开该捕捉功能，并让用户在屏幕上移动鼠标指针时，按此单位捕捉_____。

3. PLINE 命令用于绘制_____。这是一种可作为单个对象创建的、首尾_____的序列线段，而且是可由_____、_____线段或两者相组合而形成的线段。

4．PLINE 命令提示行的关键字用于：C，绘制一条直线段来_____图形；H，绘制一条_____宽度的线段；L，绘制指定长度的_____；U，_____操作。

5．使用 SNAP 命令能提高绘图操作效率。因为它可以控制显示并设置捕捉_____点矩阵，控制其_____、_____和对齐_____。

6．按下键盘上的 F3 功能键的目的就是要_____或_____对象捕捉功能。若"命令"提示区中显示出"<对象捕捉　关>"的信息，说明当前对象捕捉功能已经_____；若"命令"提示区中显示出"<对象捕捉　开>"的信息，说明当前对象捕捉功能已经_____。通过_____中的"捕捉"按钮也能完成相同的操作。

7．使用 AutoCAD 夹点编辑功能可完成的常用编辑操作有拉伸、_____、_____、_____、_____。

8．一旦在屏幕上建立了夹点，就可以单击其中的某一个夹点，让它变成_____。红色的夹点即为当前_____的夹点，这是对选定的图形对象做_____编辑的必需的操作。操作时，若按住键盘上的 Shift 键，可以单击_____夹点，让它们都处于选定状态。

9．夹点移动编辑提示行中的"复制"选项，用于_____并_____选定的对象。"基点"选项用于指定移动的_____，每指定一个目标点，就将在此_____出一个选定的对象。

10．选择对象与捕捉对象的用途是不一样的。前者用于回答 AutoCAD 的"_____"提示，后者用于向 AutoCAD 提供坐标_____参数。选择对象时可使用一个矩形方框定义"窗口方式"与"_____"，捕捉对象时可使用 MID、CEN、INT 等_____来回答 AutoCAD 的提示。

三、问答题（每题 5 分，共 10 分）

1．通过 PLINE 命令定义的线宽值如何应用？

2．多段线与直线的主要差别是什么？

四、操作题（每题 5 分，共 10 分）

1．用 PLINE 命令绘制一个尺寸标注对象中的箭头。

2．将 AutoCAD 中的图形插入 Microsoft Word 文档中。

第 3 章 制定样板图形文件

在 AutoCAD 中建立新的图形时需要使用样板图形文件。基于这种图形文件，用户可直接引用它包含的各种信息，如图纸范围、绘图单位与绘图比例等信息都是工程设计图纸必需的。此外，图层与线型、颜色这些在 AutoCAD 时常要做的设置也可以由样板图形提供，甚至稍加修改样板图形中的图形，即可得到新的图形。可见，当用户开始绘制设计结果前，制定适当的样板图形，以后绘制相同幅面的图纸时，使用现存的绘图环境是非常必要的，这样才能高效率地绘制图形。

本章内容

- AutoCAD 的绘图环境，制定用户的样板图形。
- 设置文本样式，在图形中输入中文文字。
- 排列文字对象。
- 在 AutoCAD 中应用不同的比例绘制图形。

本章目的

- 了解并设置绘图环境。
- 设置文本样式与输入文字的操作方法。
- 掌握排列图形对象的操作方法。

操作内容

本章的操作结果将建立一个样板图形，结果如图 3-1 所示。

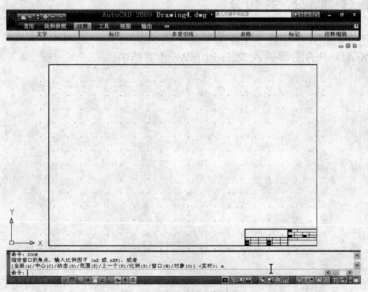

图 3-1　本章的操作结果

涉及的操作内容包括：

- 执行 SNAP 与 GRID 命令与应用栅格。
- 绘制有宽度的矩形线框，以及设计和使用栅格。

本章涉及的命令与功能有：

- LIMITS，用于设置绘图范围。
- UNITS，用于设置绘图单位与角度测量基准方向。
- SNAP 与 GRID，用于设置与控制使用捕捉功能与网格。
- STYLE，设置文字样式与设置当前文字样式。
- DTEXT，动态输入单行文字。

3.1　设置与使用绘图环境

AutoCAD 需要在一个特定的环境下绘制图形，该环境可以包含各种与图形绘制有关的控制信息，如表 3-1 所列。这些信息将决定样板图形的绘制环境，初学者可以通过选择不同的样板图形来引用不同的绘图环境，并创建新图形文件。

在默认状态下，AutoCAD 的许多版本使用一个名为 acadiso.dwt 的样板图形文件，提供软件默认状态下的绘图环境，包括的信息很多，其中由 AutoCAD 事先"设定"的有绘图单位、测量精度、角度测量方向、文字与尺寸样式，用户坐标系统、视图、层、块、表格尺寸、布局、绘图范围则没有任何定义。第一次使用 AutoCAD 时，用户首先要做的就是定义自己的绘图环境，而且任何用户都能定义一个属于自己的绘图环境，并将它保存起来作为一个样板图形，以便将来随时使用它设计与绘制新的图形。

表 3-1　图形中与绘图操作有关的控制信息

序号	信息	用途
1	绘图单位	确定测量的长度单位
2	表格尺寸与布局	确定表格对象的大小尺寸与布局
3	文字与尺寸格式	确定图形中默认的文本字符格式与大小尺寸
4	颜色	保存绘图中要使用的颜色信息
5	线条的类型	保存绘图中要使用的线型
6	层名	保存用户定义的图层
7	视图名	保存用户定义的视图
8	用户坐标系统名	保存用户定义的坐标系统
9	标题块	保存用户定义的标题块
10	图形块	保存用户定义的图形块
11	表格样式	保存定义表格所需要的表头、标题、线宽等样式信息
12	绘图范围	用于控制图形的绘制范围

图层、视图、用户定义的坐标系、标题块、图形块这些都是辅助绘图工具，本书将在后面适当的地方详述它们的定义方法与用途。前面各章的实例是在 AutoCAD 默认绘图环境中进行操作的，此绘图环境采用的是公制单位：测量长度单位为"毫米"、角度单位为"度"、角度

的正方向为"逆时针方向"、测量的零度方向为"正东方"。

在实际应用中，用户可以从样板图形中获得许多有用的东西，例如，可将时常要绘制的图形块放置在该图形文件中，以便今后绘制图形时直接引用它们。样板图形文件的扩展名为DWT。AutoCAD 的样板图形文件放置在 TEMPLATE（样板）文件夹中，通过水平功能区中的"新建"工具（如图 3-2 所示），或者按下 Ctrl+N 组合键，进入"选择样板"对话框后即可从中选择使用样板图形文件。

图 3-2 "新建"按钮

"选择样板"对话框中提供了一个预览窗口，用户在图形文件列表中选定一份图形文件后，还能在这里看到它包含的图形，如图 3-3 所示。若不能在此对话框中找到适当的样板图，需要自己动手创建，其方法如后面的章节叙述。

图 3-3 选定样板图形与预览样板图形

样板图形文件中若存在图形，还能将该文件作为设计模板，稍加修改后另存为新的图形文件。利用这一点，用户可在自己的计算机系统建立多个样板图形文件，以便以后按所绘制图形的内容选择使用它们。AutoCAD 建立的新的图形文件将使用.dwg 为文件扩展名，通过水平功能区中的"打开"工具即可打开这种类型的图形文件。若要将该图形文件用作样板图，可以在建立新的图形文件时，通过"选择样板"对话框打开它，从"文件类型"下拉列表中选择相应的文件类型，然后才能让它显示在文件列表中。

注意：若用户的计算机系统安装好了 AutoCAD，在 Windows 的文件选择器（如"我的电脑"、"资源管理器"）中双击某图形文件，即可运行 AutoCAD 并打开此文件。

3.2 创建新图形

如上所述，创建新的图形时同时要创建保存图形数据的图形文件，操作时还需要在

AutoCAD 中选择样板图形文件。

运行 AutoCAD 后，按下 Ctrl+N 组合键，进入图 3-3 所示的"选择样板"对话框。然后，在此对话框的"名称"列表中选定样板图形，接着单击"打开"按钮。

如前所述，在"名称"列表中选定样板图形后，可以在位于其右边的预览区域中看到该样板图形中已经存在的图形内容，单击"打开"按钮后，AutoCAD 将使用这个样板图形创建新的图形。初学者需要注意到，在 AutoCAD 中创建的第一个新图形文件将自动命名为 Drawing1.dwg。默认图形文件名将随开始新图形的数目而变化，如继续创建其他图形文件，自动分配的图形文件名依次为 Drawing2.dwg、Drawing3.dwg、Drawing4.dwg，如图 3-4 所示。

图 3-4　新图形文件将自动命名

3.3　设置图形绘制范围

AutoCAD 的图形可以被限制在一个矩形区域内绘制。这种限制可以让用户的图形以 1:1（Full Scale，全比例）的比例绘制出来，然后很方便地按不同的比例调整尺寸、文字注释等对象的大小尺寸后打印、输出图纸（即硬拷贝输出）。

注意：*全比例方式绘制图形将给随后的其他操作带来方便，这对于初学者来说特别重要，否则将会为输出图纸带来许多麻烦。*

若用户没有通过适当的样板图形开始绘制新的图形，或者需要在图形的绘制期间重新定义图形的限制范围，就需要使用 AutoCAD 的 LIMITS（极限）命令。该命令专用于指定图形的绘制范围，并且可以设定图幅，以及打开（ON）或关闭（OFF）图幅限界检查功能。对于本书的实例来说，需要使用国际标准的 1 号图纸（即 A1）绘制图形。为此，可在命令提示区中完成下述对话。

命令: LIMITS
重新设置模型空间界限:
指定左下角点或 [开(ON)/关(OFF)] <0.0000,0.0000>: Enter
指定右上角点 <420.0000,297.0000>: 840,594
命令: Enter
命令: LIMITS
重新设置模型空间界限:
指定左下角点或 [开(ON)/关(OFF)] <0.0000,0.0000>: ON

在该命令提示信息中，第一行显示的是当前操作的功能信息，说明是在对模型空间（用于绘制与编辑图形的工作环境）进行操作。第二行请求用户给出限制图形绘制范围的左下角坐标点，或者选择 ON（打开）或者 OFF（关闭）检查功能。如果用户给出了限制范围的左下角坐标值，屏幕上将显示提示请求指定右上角的坐标值。此时，用户应当给出限制范围的右上角坐标来回答该提示。

3.4　LIMITS 命令

这是一条用于设置图形绘制范围，控制当前的栅格显示界限的透明命令。使用时，显示的提示信息为：

指定左下角点或 [开(ON)/关(OFF)] <当前>:

用户可以指定一个坐标点，或输入 ON、OFF，或按下 Enter 键回答它。若指定的是一个坐标点，将确定图形界限范围的左下角点，接下来回答下述提示行的一个坐标点，图形绘制范围就确定了。

指定右上角点 <当前>: 指定点或按按下 Enter 键

ON 参数用于打开界限检查。当界限检查打开后，用户将无法指定栅格界线外的坐标点。OFF 参数则关闭界限检查。

初学者需要注意 AutoCAD 对一个图形设置绘制范围的极限有着下述特殊意义：

（1）当界限检查处于打开（ON）状态时，用户输入的所有坐标点都必须落在该"界限"范围内，否则将拒绝接受其输入值，从而避免在图纸外绘制图形。

（2）控制可由捕捉网格覆盖的画面部分，以便于使用虚拟屏幕，并从另一角度决定 ZOOM ALL 命令显示的图形区域。

AutoCAD 的图形绘制范围是在二维平面内加以限制的，而且坐标的参照系统为世界坐标系统。用户在回答上述左下角与右上角时只能输入二维坐标值。

注意：为了保存图形的精度，AutoCAD 将使用浮点数保存图形数据，但以整数的形式在屏幕上显示图形，以便快速地在屏幕上显示图形，这种显示方式称为"虚拟屏幕"。

3.5　确定图形的输出比例

在 AutoCAD 中存在三种图形比例，在绘制图形之前必须了解它们的含义与用途，并在心中确定好自己要使用的比例。

1. 图形对象的绘制比例

通常，最便捷的绘图操作是使用 1:1 的比例。如机械零件上 100mm 长的轮廓线，即为绘制在图形中的长度值；若在图形中用 50mm 来描述 100mm 长的轮廓线，绘图比例将是 2:1，或 1:0.5。

2. 屏幕上的图形对象显示比例

当图形大于屏幕的显示范围时，为了纵观图形，需要缩小显示图形。有时，为了观看图形中的细节，则可能需要放大显示局部图形。因此，屏幕上的图形对象显示比例也是初学者要注意的问题。

3. 图纸的输出比例

在使用打印机与绘图仪输出图纸时，用户还可以按一定的比例将图形放大或者缩小，让它大于或者小于图形绘制的大小尺寸。例如，用户可按 2:1 的比例绘制图形，然后按 2:1 的比例缩小来输出图纸。这样，机械零件上 100mm 长的轮廓线，在图纸上将变成 25mm 长。此时，图纸上标注的绘图比例应当是 4:1，而不能标注为 2:1，否则将为给阅读者带来错误的信息。

　　综上所述，初学者最好使用 1:1 的比例学习绘制 AutoCAD 图形，并开展设计工作。若需要使用别的比例时，还应当考虑轮廓线的宽度将随不同的比例而变化。通常，即使使用打印机输出图纸，绘图时也应当制定好有宽线的宽度值。AutoCAD 绝大多数命令的线宽为 0，它们将不受此比例的约束。

　　此外，绘图比例与输出图纸的比例不同时，将会使得原来绘制在图形中的文字与尺寸标注在图纸中发生不适当的变化，甚至变得不可读。因此在绘制图形之前，用户还需要确定图形的绘制与输出比例。为了保证图形输出时文字的大小是用户想要的，应当在文字建立时使用如下公式：

　　　　文字的绘制高度=文字输出高度×图形输出比例的倒数

　　　　图形的输出比例=输出图幅的长度(宽度)/图幅的长度(宽度)

　　例如，按 1:1 的比例绘制一份图幅为 A0 的图形，但准备按 A1 的图幅输出图纸时，图形的输出比例将为 841 与 1189，约为 0.71:1，因此绘制的文字高度值应扩大为 1/0.71=1.41 倍才能保证得到想要的输出高度。对于已经绘制好的图形对象，可以用 SCALE(比例)命令来修改其绘图比例。显示比例可由 ZOOM 命令操作。

3.6　制定绘图单位

　　在设计一个工程项目时，用户将绘制许多份图形，这些图形中的某些图形对象将是不变的，如每份图纸都使用相同的标题栏格式，以及设计单位、设计者、审核者等信息。因此，在开始设计机械零件时可先制定好一份包含它们的样板图形，然后基于它来绘制各零部件图形。为此，首先按下述步骤制定好绘图单位。

　　步骤 1　从"工具"功能区的"图形实用程序"面板里选择"单位"工具，如图 3-5 所示。

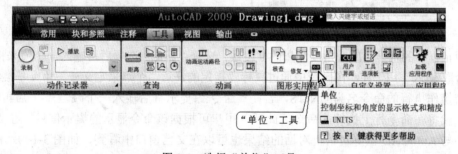

图 3-5　选择"单位"工具

　　步骤 2　在"图形单位"对话框中确定"长度"类型为"小数"，"角度"类型设置为"十进制度数"，如图 3-6 所示。

　　这两项是 AutoCAD 默认的设置，若用户在图 3-6 所示的"图形单位"对话框中看到的当前设置不是它们，可通过相应的下拉列表修改，如从图 3-7 所示的"长度"下拉列表中选择"小数"长度计量单位。

　　步骤 3　从"精度"下拉列表中选择小数点后两位数精度，如图 3-8 所示。

　　在默认状态下，AutoCAD 使用的精度数是小数点后四位，为了绘制符合我国标准的图纸，需要做这一步操作。此后，若想重新设置角度测量正方向，可以单击"方向"按钮，进入图 3-9 所示的"方向控制"对话框选择定义测量角度的方向。

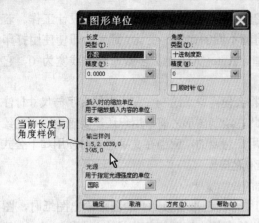

当前长度与
角度样例

图 3-6　当前长度与角度类型

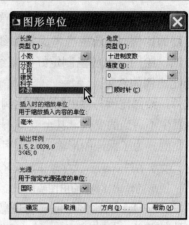

图 3-7　修改长度类型

图 3-8　选择小数点后两位数精度

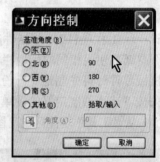

图 3-9　"方向控制"对话框

　　此对话框中的基准角度为角度测量的 0 度线，选择"其他"选项后可输入一个值来指定它，选项"拾取/输入"用于在绘图区域中通过鼠标器指定的任意两个点来定义一条角度基准线。

　　本节操作执行的命令名为 UNITS，若在"命令:"提示符后输入一个减号（-）后再输入此命令名，就将在命令行上执行此命令。此后，用户可根据该命令显示的提示信息，在"命令"提示区中与 AutoCAD 做好对话，对话的结果也可以在文档窗口中看到，如图 3-10 所示。

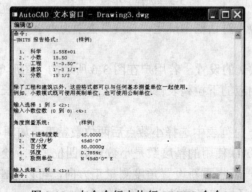

图 3-10　在命令行上执行-UNITS 命令

3.7 设置打开捕捉与栅格

设置打开捕捉与栅格可以快速完成一些简单的绘图操作。如在设计与绘制图纸的标题栏时，每一栏的分隔线间隔通常被设计成 8mm，可以在"命令"行上完成下述对话过程来设置打开捕捉与栅格。

命令: SNAP
指定捕捉间距或 [开(ON)/关(OFF)/纵横向间距(A)/旋转(R)/样式(S)/类型(T)]<10.0000>: 8
命令: Enter
命令: SNAP
指定捕捉间距或 [开(ON)/关(OFF)/纵横向间距(A)/旋转(R)/样式(S)/类型(T)] <10.0000>: ON
命令: GRID
指定栅格间距 (X) 或 [开(ON)/关(OFF)/捕捉(S)/纵横向间距(A)] <10.0000>:8
命令: Enter
命令: GRID
指定栅格间距 (X) 或 [开(ON)/关(OFF)/捕捉(S)/纵横向间距(A)] <8.0000>: S
命令: Enter
命令: GRID
指定栅格间距 (X) 或 [开(ON)/关(OFF)/捕捉(S)/纵横向间距(A)] <8.0000>: ON
命令: ZOOM
指定窗口的角点，输入比例因子 (nX 或 nXP)，或者[全部(A)/中心(C)/动态(D)/范围(E)/上一个(P)/比例(S)/窗口(W)/对象(O)] <实时>: E
正在重生成模型。

注意：执行 GRID 命令后，若出现"栅格太密，无法显示"提示信息，用户不必理会它，适当放大显示图形，就能在屏幕上看到栅格了，如图 3-11 所示。

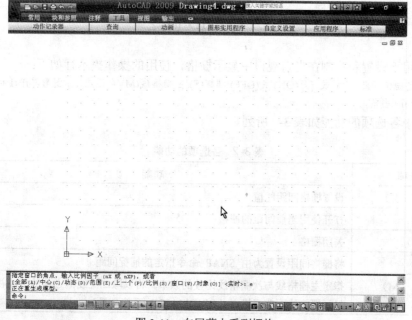

图 3-11 在屏幕上看到栅格

　　由图 3-11 可见，栅格是一些排列整齐的点阵，它遍布于图形界限确定的整个区域内。如前所述，使用栅格类似于在图形下放置一张坐标纸，因此利用栅格可以对齐对象并直观显示对象之间的距离。栅格需要同捕捉模式一起应用，以便限制十字光标的移动间距，使其按照用户定义的间距移动并选择到坐标点。用户完成这一节的操作后，就可以移动光标，在图形界限的整个区域内按 8 个绘图（8mm）单位的距离移动光标。

3.8　SNAP 命令

　　这是一条用于提高绘图操作效率的命令，操作时显示的提示信息如下：
　　　　指定捕捉间距或 [开(ON)/关(OFF)/纵横向间距(A)/旋转(R)/样式(S)/类型(T)] <当前>: 指定距离、输入选项或按 Enter 键
　　AutoCAD 能将绘图区域中的特定坐标点显示为栅格，通过此命令可以控制显示并设置捕捉栅格点矩阵，控制其间距、角度和对齐方式。由于栅格是点的矩阵，遍布于图形内特定区域内，因此它类似于在图形中放置一张坐标纸。利用栅格可以对齐对象并直观显示对象之间的距离。AutoCAD 不会打印栅格，如果在屏幕上放大或缩小显示图形，还能调整栅格间距，使其更适合新的放大比例。

　　上述操作通过键盘上的 F9 功能键打开了捕捉模式，这相当于使用 SNAP 命令的 ON 参数。打开了此框，就能限制十字光标捕捉到的坐标点，并使其按照用户定义的间距移动十字光标。

　　若用户想设置新的捕捉间距，可以对此命令的提示行回答一个新的间距值。若使用 A 参数，还能设置分别指定纵横方向（即 X 轴与 Y 轴）上的不同间距。参数 R 用于指定旋转栅格的角度；参数 S 用于指定使用标准（用于绘制 X-Y 坐标系统的二维图形）或等轴测（用于绘制等轴测图形）样式；参数 T 用于指定使用捕捉类型，可选用的捕捉类型有：极轴与栅格；前者将捕捉设置为 POLARANG 系统变量中设置的极轴追踪角度，后者设置为捕捉到栅格。

3.9　GRID 命令

　　该命令用于设置和控制在当前视口中显示栅格，使用的操作提示行如下：
　　　　指定栅格间距 (X) 或 [开(ON)/关(OFF)/捕捉(S)/主栅格线(M)/自适应(A)/图形界限(L)/跟随(F)/纵横向间距(A)] <当前>:
　　提示行中各选项的功能如表 3-2 所列。

表 3-2　各选项的功能

选项	功能
栅格间距（X）	设置栅格间距的值
开（ON）	打开使用当前间距的栅格
关（OFF）	关闭栅格
捕捉（S）	将栅格间距设置为由 SNAP 命令指定的捕捉间距
主栅格线（M）	指定主栅格线与次栅格线比较的频率。将以除二维线框之外的任意视觉样式显示栅格线而非栅格点（GRIDMAJOR 系统变量）

续表

选项	功能
自适应（D）	控制放大或缩小时栅格线的密度
图形界限（L）	显示超出 LIMITS 命令指定区域的栅格
跟随（F）	更改栅格平面以跟随动态 UCS 的 XY 平面。该设置也由 GRIDDISPLAY 系统变量控制
纵横向间距(A)	更改 X 和 Y 方向上的栅格间距

注意：样式为"等轴测"时，"宽高比"选项不可用。

3.10　ZOOM 命令

在 AutoCAD 工作时，许多时候需要在屏幕上放大或者缩小显示图形，如上面执行 MOVE 命令的结果可能用户无法看清楚，因为屏幕上的图形是缩小显示的，此时就需要执行 ZOOM 命令来放大显示图形。

ZOOM 命令的选项比较多，本书将在后面陆续讲解它们，这里就不多说了。

注意：在 AutoCAD 的实际应用中，将光标移至图形中的某处，向前转动鼠标器上的滚轮，还能让此处的图形放大显示于屏幕上。向后转动鼠标器上的滚轮，则将此处的图形缩小显示于屏幕上。这是 CAD 工程师常用的操作，与执行 ZOOM 命令相比，绘图速度更快，效率也更高。

3.11　绘制图纸边框线

图纸边框线是一个方框线，需要使用粗实线绘制，用户可以直接使用 PLINE 命令。使用下述步骤操作将更加准确和快速。

步骤 1　从"常用"标签的"绘图"面板中选择"矩形"工具，如图 3-12 所示。

图 3-12　选择"矩形"工具

步骤 2　做好下述对话。

注意：使用"矩形"工具时执行的命令名为 RECTANG。操作时，用户只需要在屏幕上指定两个坐标点，第一个点用于确定矩形一个顶角的位置，第二个点为此顶角点的对角点，它们两个即可确定矩形的位置与大小尺寸，也可以在绘图区域的提示框中输入参数，如图 3-13 所示，输入的坐标值为 25,10。当输入 X 轴方向的坐标值 25 后，紧跟一个英文半角逗号（,），AutoCAD 将自动把光村移至下一个文本编辑框中，在此框中输入 Y 轴方向的坐标值 10，并按下 Enter 键后，坐标值 25,10 就输入好了，AutoCAD 也将立即接受该值，并显示下一行提示信息。

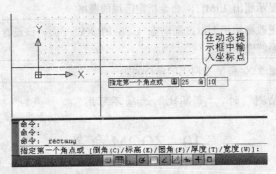

图 3-13　可以在绘图区域的提示框中输入参数

命令: _rectang
指定第一个角点或 [倒角(C)/标高(E)/圆角(F)/厚度(T)/宽度(W)]: W
指定矩形的线宽 <0.00>: 1
指定第一个角点或 [倒角(C)/标高(E)/圆角(F)/厚度(T)/宽度(W)]: 25,10
指定另一个角点或 [面积(A)/尺寸(D)/旋转(R)]: 820,530
命令: ZOOM
指定窗口的角点，输入比例因子 (nX 或 nXP)，或者
[全部(A)/中心(C)/动态(D)/范围(E)/上一个(P)/比例(S)/窗口(W)/对象(O)] <实时>: A

上述对话中输入的 25,10 坐标点确定了矩形的左下角。该坐标值中 X 的值为 25，用于在图纸的左边缘预留装订线。转动鼠标器具的滚轮，适当缩小显示图形，即可看到这个边框线，如图 3-14 所示。此后，用户若要使用 LIMITS 命令限制绘图区域，可以将图形界限设置在由25,10 与 820,530 这两个坐标点确定的矩形区域中。该矩形也将是图纸的边框线。

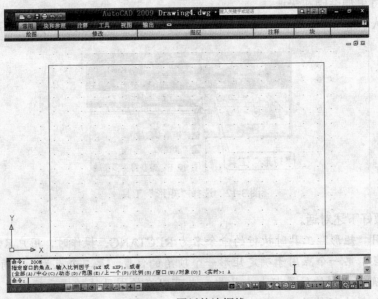

图 3-14　图纸的边框线

步骤 3 选定图纸的边框线后，在"快捷特性"面板中将"全局宽度"值修改为 0.8。

操作时，可将光标对准"快捷特性"面板的滑标，这样就能让"全局宽度"特性显示在面板中。

3.12 RECTANG 命令

这是 AutoCAD 在 R14 以后版本中提供的一条专用于绘制矩形多段线的命令，在 AutoCAD 中，执行该命令时显示的提示信息为：

指定第一个角点或 [倒角(C)/标高(E)/圆角(F)/厚度(T)/宽度(W)]:

用户可对此行提示做如下回答：

（1）指定一个坐标点，即指定矩形的第一个角点。

（2）回答 C，设置矩形的倒角距离。

（3）回答 E，指定矩形的标高。

（4）回答 F，指定矩形的圆角半径。

（5）回答 T，指定矩形的厚度。

（6）回答 W，为要绘制的矩形指定多段线的宽度。

注意：厚度可视作 Z 坐标轴上的值，默认值为 0。不为 0 时，表示在 Z 轴方向上拉伸了一段距离，从而产生了一个垂直于 XY 平面的面。这是在 AutoCAD 中绘制三维图形的一种方法，厚度为正值，说明沿 Z 轴向正方向拉伸，为负值则向 Z 轴的负方向拉伸。

3.13 绘制标题栏

由于图纸中的标题栏边框使用的粗实线，分栏用细实线，因此最好使用 PLINE 命令绘制，下面的操作就将这么做。

步骤 1 执行 ZOOM 命令，并完成下述对话过程。

命令: ZOOM

指定窗口的角点，输入比例因子 (nX 或 nXP)，或者[全部(A)/中心(C)/动态(D)/范围(E)/上一个(P)/比例(S)/窗口(W)/对象(O)] <实时>: W

指定第一个角点: 指定图 3-15 中十字光标所在点

指定对角点: 指定图 3-16 中矩形方框左上角的顶点

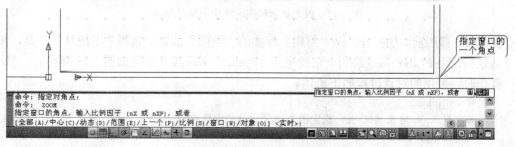

图 3-15　指定第一个角点

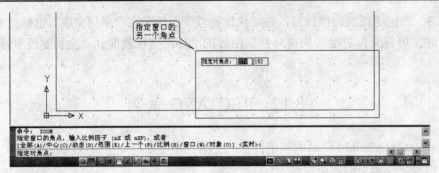

图 3-16　指定对角点

　　这一步操作通过两个角点指定了一个矩形窗口。此窗口将用于放大显示绘图区域中的局部图形，以便于后面的操作捕捉栅格点，放大的结果如图 3-17 所示。如前所述，用户也可以转动鼠标器上的滚轮来放大或者缩小显示绘图区域中的图形，然后拖动绘图区域边缘处的滚动条，这样也能达到目的。只是，应用 ZOOM 命令便于控制放大显示的区域，放大区域将准确地显示于屏幕的中央处。

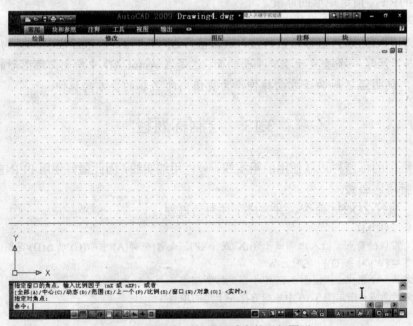

图 3-17　放大显示绘图区域中的局部图形

　　步骤 2　参照前面的操作，从"常用"标签的"绘图"面板中选择"多段线"工具，按下述对话过程使用 PLINE 命令绘制一条线宽为 0.8mm 的多段线，结果如图 3-18 所示。

　　操作时，采用的对话过程如下所述。

　　命令: _pline

　　指定起点: <对象捕捉 关> 选定图 3-19 所示处的栅格点

　　当前线宽为 0.8000

　　指定下一个点或 [圆弧(A)/半宽(H)/长度(L)/放弃(U)/宽度(W)]: 选定图 3-20 所示处的栅格点

　　指定下一点或 [圆弧(A)/闭合(C)/半宽(H)/长度(L)/放弃(U)/宽度(W)]: 选定图 3-21 所示处的栅格点

　　指定下一点或 [圆弧(A)/闭合(C)/半宽(H)/长度(L)/放弃(U)/宽度(W)]: Enter

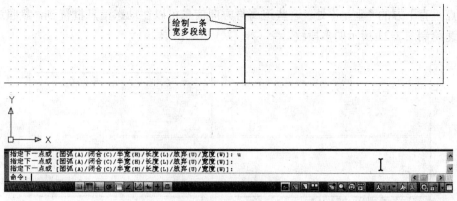

图 3-18　绘制一条线宽为 0.8mm 的多段线

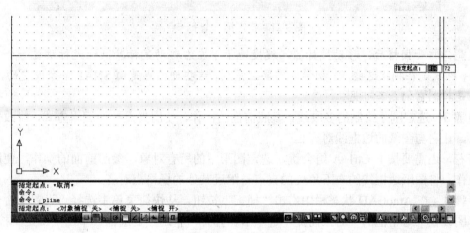

图 3-19　指定起点

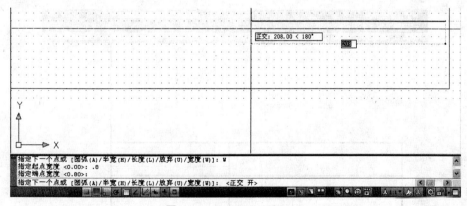

图 3-20　指定第一个下一点

　　在上述对话过程中，图 3-19 中指定的点为要绘制的多段线起点，该点与图纸边框线右下角的距离值可按用户的需要确定。移动鼠标器，将光标对准距离图纸边框线右下角后，缓慢向上移动鼠标器，让光标跳过一个又一个栅格点，当光标到达第 6 个栅格点时选定该点，即可确定该点的位置。第一个下一点位于起点水平左方，距离为 208 个绘图单位，缓慢向左沿水平方向缓慢移动鼠标器，让光标跳过至第 26 个栅格点，即为该点所在处。第二个下一点位于第一个下一点垂直下方的"垂足"处。这些距离与方向信息可以在动态信息框读到，参照这些信息即可快速绘制图 3-21 所示的多段线。

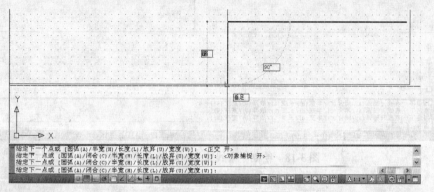

图 3-21　指定第二个下一点

注意：打开栅格后，移动鼠标器，缓慢地上下左右移动鼠标器，让光标跳过一个又一个栅格点，也就是在捕捉这些点。初学者需要注意到，这些栅格点是由 SNAP 命令设定的，GRID 命令只是控制它们是否可见。

步骤 3　选定刚才绘制的多段线，参照前面的操作，使用夹点拉伸编辑方式，修改多段线的起点，让它与图纸的边框线对齐。

接着，还需要按下 Ctrl+A 组合键，选定图形中的所有对象，参照前面的操作，使用夹点移动操作，将图纸边框线的右下角处的夹点与附近某处的栅格点对齐。

步骤 4　在 AutoCAD 状态栏中右击"捕捉"按钮，从快捷菜单中选择"设置"命令。进入"草图设置"对话框的"对象捕捉"选项卡，打开"垂足"复选框，单击"确定"按钮。

步骤 5　继续执行 PLINE，绘制宽度为 0 的分栏线，结果如图 3-22 所示。

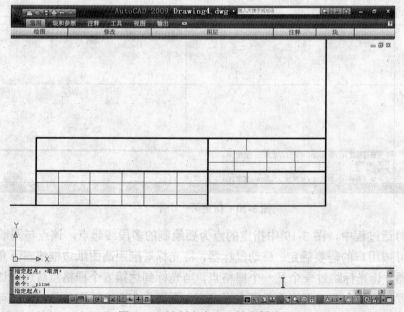

图 3-22　绘制宽度为 0 的分栏线

　　操作时，用户可将多段线的起点定位于边框线的"垂足"处，并打开"正交"方式来绘制这些分栏线。如果需要的话，还可以按下 F9 功能键，临时关闭"对象捕捉"功能，以避免捕捉到"端点"、"中点"这些地方。此外，适时地应用夹点编辑操作，可以让这一步操作快速完成。

　　注意：图 3-22 所示的标题栏仅是本书的一个示例，用户应当参照自己所在部门的要求设计并绘制它。

3.14　在图形中添加文本对象

　　AutoCAD 中存在图形对象与文字对象，它们都保存在 AutoCAD 的图形数据库中。标题栏中的文字属于文本对象，为了输入它需要先定义好文字样式，其操作步骤如下所述。

　　步骤 1　从"注释"标签中的"文字"面板里选择"文字样式"工具，如图 3-23 所示。

图 3-23　选择"文字样式"命令

　　步骤 2　在"文字样式"对话框中单击"新建"按钮，如图 3-24 所示。

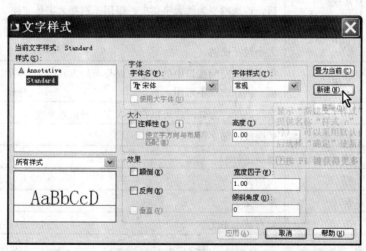

图 3-24　单击"新建"按钮

　　步骤 3　在"新建文字样式"对话框的"样式名"文本编辑框里输入新建文本样式名，如图 3-25 所示。单击"确定"按钮，返回"文本样式"对话框，关闭"使用大字体"复选框，从"字体名"下拉列表里选定" 仿宋 GB2312"字体，如图 3-26 所示，打开"注释性"复选框后，先后单击"置为当前"与"关闭"按钮。

图 3-25　输入新建文本样式名　　　　图 3-26　选定"⊤⊤仿宋 GB2312"字体

这几步操作用于设置文字字体，执行的命令名为 STYLE。AutoCAD 图形中的所有文字都具有与之相关联的文字样式，每种文字样式都有自己的名称，默认时使用的文字样式名为 Standard（标准），进入"文字样式"对话框后，在"样式"列表中可以看到。

输入文字时，AutoCAD 将使用当前的文字样式确定文字的属性：字体、高度、倾斜角度、方向等。在同一幅 AutoCAD 图形中，可存在多种文字样式，除 Standard 样式外，其他样式都需要用户自己在"文字样式"对话框中定义，上述操作就定义了一个名为"文本 1"的新的文字样式。

"文字样式"对话框中的各选项与功能如表 3-3 所列。

表 3-3　"文字样式"对话框中的各选项与功能

选项	默认值	用途与使用说明
样式	STANDARD	列表显示当前图形中已经存在的文字样式名
字体名	txt.shx	列表显示并应用与字体相关联的文件（字符样式）
大字体	打开	用于非 ASCII 字符集（例如日语、汉字）的特殊形定义文件
字体样式	常规	指定字体格式，比如斜体、粗体或者常规字体。选定"使用大字体"后，该选项变为"大字体"，以用于选择大字体文件
注释性	关闭	指定文字为注释性文字。注释性对象可以在图形绘制的任何时候调整大小尺寸比例
使文字方向与布局匹配	关闭	指定图纸空间视口中的文字方向与布局方向匹配。关闭"注释性"选项，则该选项不可用
图纸文字高度	0	字符高度。为 0 时，可以在输入文字时指定高度
宽度因子	1	扩展或压缩字符
倾斜角度	0	倾斜字符
反向	否	反向文字
颠倒	否	颠倒文字
垂直	否	垂直或水平文字

一旦用户创建了文字样式，就可以在以后的操作中，通过步骤 1 进入"文字样式"对话框，从"样式名"下拉列表中选定它，让它成为当前文字样式，并在随后执行输入文字命令时，使用此样式中的文字属性书写文字。此外，在该下拉列表中选择一种文字样式后，还可以修改其特征、名称，以及删除它。文字样式的名称最长可达 255 个字符。名称中可包含字母、数字和特殊字符，如$、_、-。如果不输入文字样式名，AutoCAD 将自动把文字样式命名为"样式 n"，其中 n 是从 1 开始的数字。

步骤 4 从"注释"标签中的"文字"面板里选择"单行文字"工具，如图 3-27 所示。

步骤 5 在图 3-28 所示的"选择注释比例"对话框中设置注释要显示的比例。单击"确定"按钮，关闭该对话框后，完成下述对话过程。

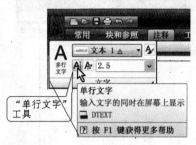

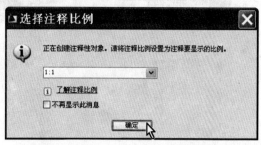

图 3-27 选择"单行文字"命令　　　　图 3-28 设置好注释要显示的比例

命令: _dtext
当前文字样式: "文本 1" 文字高度: 2.5000 注释性: 是
指定文字的起点或 [对正(J)/样式(S)]: 指定一个点，如图 3-29 所示
指定图纸高度 <2.5000>: 4
指定图纸高度 <2.5000>: 4
指定文字的旋转角度 <0>: Enter

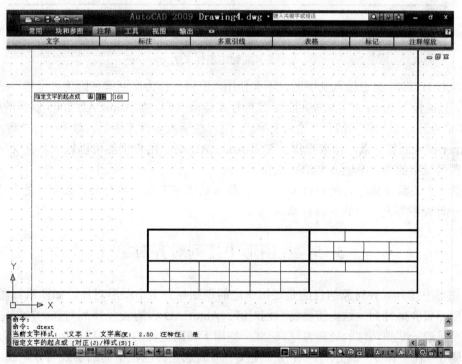

图 3-29 指定文字的起点

　　接下来，文字的起点处将出现一个小小的文本编辑框。此时，可以从键盘上输入中文：设计，按下 Enter 键后，文本编辑框将向下扩大一行文本的高度。接着，输入：制图，按下 Enter 键后，文本编辑框又将向下扩大一行文本的高度，以便让用户接着输入另一行文本。直

至输入完各行文本后，单击绘图区域中的任何一个地方，或者连续两次按下 Enter 键，即可结束输入文本的操作，结果如图 3-30 所示。

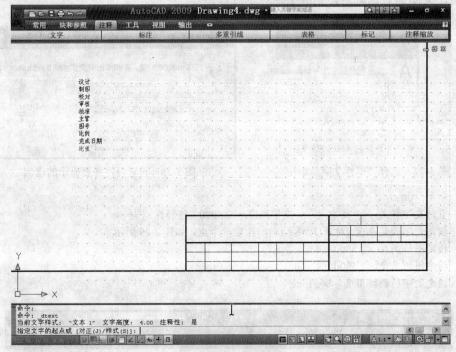

图 3-30　输入多行文字

在执行 DTEXT 命令输入文字时，不能使用"空格"作为空回答，因为"空格"是一个文字字符，只能按下 Enter 键完成空回答，并换行或结束操作。在 AutoCAD 2005 以前的版本中，DTEXT 命令还将显示提示信息"输入文字:"，用户在输入多行文字后，对下一行"输入文字:"使用 Enter 键来回答，以便结束操作。使用 AutoCAD 时，用户仍然可以输入多行文字，最后单击绘图区域中的某一个地方来结束操作。

注意：上述操作执行的是 DTEXT 命令，输入的文字可以是单行的，也可以是多行的。而且，每一行文字都是一个独立的对象。

3.15　在图形中排列对齐对象

在图形中排列对齐对象的目的是要按一定的规则对齐多个图形对象，如图纸标题栏中的文字就应当整齐地排列，这就需要将它们对齐。AutoCAD 没有提供排列对象的功能，因此操作时需要采取一些技巧性的处理方法，建立一些用于辅助定位的线段，如可按下述步骤来操作。

步骤 1　在"命令"提示符下使用"交叉"方式选定标题栏中的细实线与分隔线。

操作时，可参阅图 3-31 制定一个矩形方框，也就是在"命令:"提示下选定该矩形右下角点，然后选定它左上角点，由这两个对角点即可定义此"交叉"窗口，并选定由它确定的对象，结果如图 3-32 所示。

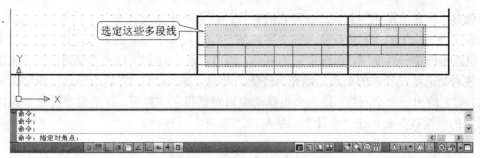

图 3-31　定义"交叉"窗口

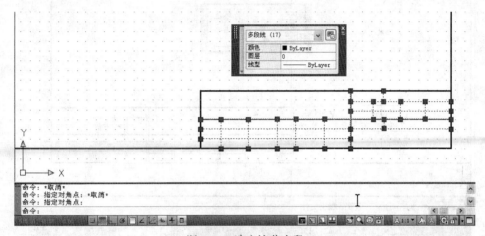

图 3-32　选定这些多段

步骤 2　任意选定一个夹点后，完成下述夹点移动编辑对话过程。

命令: 选定一个夹点

** 拉伸 **

指定拉伸点或 [基点(B)/复制(C)/放弃(U)/退出(X)]: Enter

** 移动 **

指定移动点或 [基点(B)/复制(C)/放弃(U)/退出(X)]: C

指定移动点或 [基点(B)/复制(C)/放弃(U)/退出(X)]: @2,-6

** 移动 (多重) **

指定移动点或 [基点(B)/复制(C)/放弃(U)/退出(X)]: Enter

上述操作用于移动复制标题栏中的细实线，结果如图 3-33 所示。

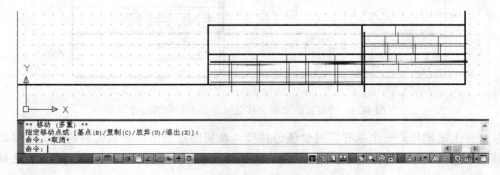

图 3-33　移动复制标题栏中的细实线

步骤 3　选定"设计"文字，以及它的夹点，让它处于活动状态。

如前所述，由 DTEXT 命令输入的文字，每一行都是一个独立的对象，因此选定"设计"文字，也就是选定一行文字，再选定它的夹点，即可对这一行文字做夹点编辑操作。选定一个夹点，使它处于活动状态的夹点，填充为红色。此时，AutoCAD 将显示夹点拉伸编辑对话提示信息，对它给出一个空回答，进入夹点移动编辑对话提示信息后，这里需要将该夹点拖至图3-34 所示的"端点"处，让"设计"二字与此"端点"对齐。

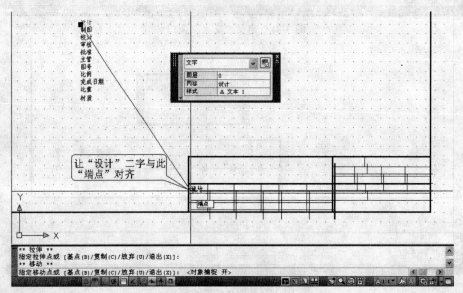

图 3-34　将该夹点拖至此"端点"处

步骤 4　参照上面的操作，选定其他的文字与夹点，并分别将它们拖入标题栏中相应的位置上。

操作时，需要先选定要移动的文本行，再选定该文本行上的夹点，让它显示为红色。接着，使用夹点移动编辑方法将该文本拖入标题栏中适当的栏中，并在"**移动**"提示行下将夹点对齐标题栏某栏里的"端点"或者"交点"上。

由于这些"交点"与"端点"是上面移动复制的那些多段线上的点，因此移动的结果是准确地将文字定位在标题栏中，如图 3-35 所示，这就将多个对象整齐地排列在一起。

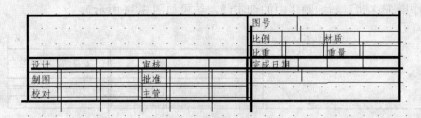

图 3-35　将其余的文字也移至标题栏中相应的地方

注意：上述操作是一个很有实用价值的技巧。在实际应用中，如果需要的话还可以添加一些辅助线。本书后面还将定义和使用"窗口"选择方式，并解释"交叉"与"窗口"选择方式的不同之处。

步骤 5　删除图 3-33 中复制的那些直线。

本节的操作结束了，结果如图 3-36 所示。

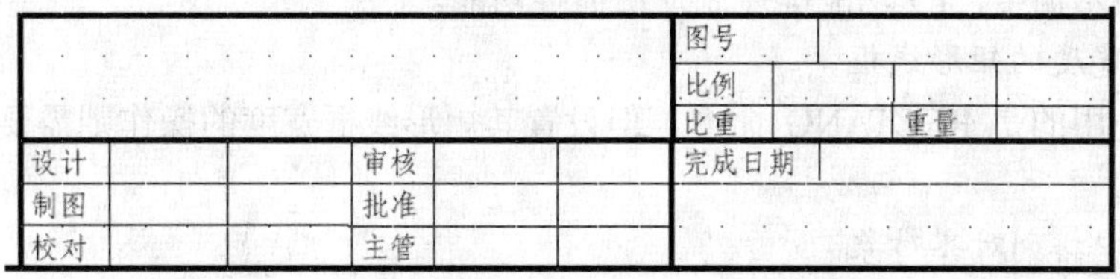

					图号		
					比例		
					比重		重量
设计			审核		完成日期		
制图			批准				
校对			主管				

图 3-36　本节的操作结果

3.16　复习

本章讲述了用 AutoCAD 绘制设计蓝图的基本工作，涉及的内容包括 AutoCAD 运行环境、图形的绘制范围、绘图比例与显示比例、设置与应用捕捉精度和栅格、定义文本样式和输入文本等。复习本章内容时，需要注意下述问题。

重点内容：

- 创建新的图形文件与应用样板图形文件。
- LIMITS 命令的功能与应用方法。
- SNAP 命令的功能与应用方法。
- GRID 命令的功能与应用方法。
- DTEXT 命令的功能与应用方法。

熟练应用的操作：

- 设置图形绘制范围。
- 确定图形的输出比例。
- SNAP 命令提示行中的各项选项，以及 F9 功能键。
- GRID 命令提示行中的各项选项，以及 F7 功能键。
- 应用辅助线对齐多行文本与图形对象。
- 绘制矩形与应用"矩形"工具。

学完本章后，需要从下列几个方面复习全章涉及到的理论、概念与操作。

1. 设置与使用绘图环境能有效地提高操作效率

在同一个工程设计项目中，或者在特定的设计部门里，通常会使用相同的 AutoCAD 工作环境。如按特定规则应用线型、颜色、命名图层与用户坐标系统、视图、块、表格尺寸、布局、绘图范围、文字样式，可以通过相同的图形文件来建立新的图形文件。

2. 注意图形的输出比例

图形的输出比例指的是输出在图纸上的图形比例。初学者应当应可能地按 1:1 的比例绘制图形，让输出特定比例图形的工作留给后面的打印输出操作来完成。因此，在建立样板图形时，应设置好绘图单位与图形的绘制范围，并绘制好图纸边框线。

3. 设置捕捉与栅格时需要使用 SNAP 与 GRID 命令

这两条命令的使用不多,初学者需要注意到它们需要联合起来应用。通过键盘上的 F7 功能键,可控制显示栅格,F9 功能键控制使用捕捉功能。

4. 绘制有宽度的矩形线框

绘制矩形使用的是 RECTANG 命令,但设置其矩形线框宽度的操作则需要通过"特性"面板来完成。

5. 在图形中排列对齐对象

AutoCAD 的功能并不是万能的,许多工作还需要通过一些技巧才能做好。如在图形中排列对象时,就需要制定一些辅助定位的对象(通常是直线、圆),然后通过夹点编辑操作与捕捉方式达到目的。

3.17　作业

作业内容：1. 绘制好图 3-1 所示的样板图。
　　　　　　2. 参照本章的操作结果,设计并制作出用于 A4 图纸的样板图形。
操作提示：标题栏,以及它所包含的文字,可以通过复制的方法被为其他的样板图形使用。

3.18　学习与实践

本章的操作实例是为开展工程设计项目工作服务的,重点内容是建立符合用户所在部门要求的样板图形,初学者应当从下述 4 个方面理解涉及的理论与命令。

1. 为不同的图幅制定不同的样板图形

适当地使用样板图形文件,可简化 AutoCAD 中的绘图工作。因此,许多工程师会在计算机硬盘上建立一个样板图形文件专用文件夹,让此文件夹中包含创建新图形要使用的各种样板图形文件。用户最好为不同的图幅制定不同的样板图形,并使用能准确表示图幅的图形文件名,如 A1、A2、A3、A4,文件的扩展名用.DWG 即可;对于不同的绘图环境,也应当制定不同的样板图形。如绘制英制单位图形最好不要使用公制的样板图形文件,而应单独建立一个相应的样板图形文件。

2. 文字样式中包含的特性很多

本章使用的众多命令中,DTEXT(Dynamic Text,动态文字)是一条需要初学者花费较多时间才能掌握的命令。这是一条专门用于在图形中输入单行文本的命令。AutoCAD 提供了多种文本输入形式与多种文字字体,输入的文字也将被视为单独的对象并且具有对象的特性,可以对它进行如移动、复制等编辑操作。在输入文字前,用户可以通过 STYLE 命令定义和指定文字样式。AutoCAD 中的每一种文字样式都有一个名称,默认情况下为 STANDARD(标准)。该样式将使用标准字体,能提供最简单的单笔划书写文字,因此可用于快速绘制文字。如果用户对该格式定义的文字形状不满意,需要执行此命令来重新指定文字字体与语种。初学者需要注意到文字样式包含的内容有:

● 文字字体

文字字体(Text Font)由所使用的文字字体文件(Font File)控制。这种文件决定所绘制的文字的形状。AutoCAD 提供了几十种字体文件供用户选择使用，如音乐符号、希腊字母、俄文字母、德文字母、南斯拉夫文字母、意大利文字母等。用户也可以使用由其他软件开发商提供的字体文件，或者自己制定汉字字体文件。

- 高度

文字的高度（Height）是以指定的文字绘制点为参考点设置的，默认时为 2.5 个绘图单位。高度由大写字母以文字基线为参考高度计算，不直接决定小写字母在文字基线下的高度。某些专用字符的高度可能会超出大写字母的高度，或者低于文字基线。当屏幕上提示"高度:"时，可以使用空回答来接受默认的设置，或者重新给出一个高度值。

- 宽度因子

宽度因子（Width factor）用于指定每一个文字字符的宽度，默认值为 1.0000。

- 倾斜角

倾斜角度（Obliquing angle）是一个相对于 90°度的偏移值。它与当前设置的测量方向密切相关。在默认测量方 STYLE 命令给予固定。用户在 DTEXT 命令提示:"旋转角度:"时，可以指定文字基线相对于文字的起始点的旋转角度。

- 反向

反向（Backwards）方式绘制的文字像是对上述方式绘制的文字以平行于 Y 轴的镜像线做镜像的结果。该方式输入的文字串将在屏幕上反方向绘制，而且以反面（Back）显示。

- 倒置

倒置（Upside-down）方式绘制的文字，像是对前面示范操作中绘制的文字旋转 180° 后的结果。该方式输入的文字串将在屏幕上从下往上、从右往左地绘制，但以正面显示之。

- 垂直

使用垂直（Vertical）方式绘制文字时，后一个字符将在前一个字符的底部绘出，这像是在书脊上写字。使用该方式时，对 DTEXT 命令旋转角度的回答将决定其输入文字串的绘制走向。90° 为自上而下，0 度为从右向左，180° 为从左向右，270° 为自下而上。

若输入段落文本，可执行 MTEXT 命令。此命令还能在当前图形中读入一份外部文本文件，或者通过一个文字编辑器输入并且编辑一篇文本，然后将它插入在当前图形中。

3．"全比例"绘图是一个很重要的概念

本章讲述的"全比例"绘图是一个很重要的概念，它的意思是 1:1。在这种比例下，用户可以将图形按一比一的比例绘制出来，这样随后将会很方便地按任意比例编辑处理图形对象。例如，用户可以将图形放大或者缩小后输出在一张图纸上，同时很好地控制文字的可读性。

4．SNAP 命令与对象捕捉无关

SNAP 命令是一条用于设置精度捕捉坐标点的命令，其功能与"对象捕捉"不相同。当用户移动鼠标在屏幕上选择一个坐标点时，该坐标点可以是任意一个位置上的点，但是设置了捕捉的精度并且打开捕捉方式时再移动鼠标，鼠标就将在由捕捉精度确定的分辨率控制下进行移动，鼠标在屏幕上可以停留的点必须是由该精度控制的在 X、Y 轴方向上的增量值。该增量即为捕捉的间距，如果不为 0，捕捉到的坐标点将不再是任何位置上的坐标点。由 GRID 命令设置的网格是由一些点组成的阵列，这些点是不属于图形部分的小圆点，仅向用户提供视觉参考与捕捉坐标点之用，也不会出现在用户的图纸中。

在 AutoCAD 机械设计与绘图工作中，通常是将标题栏放在样板图形中，如对 A1 号图纸来说，用户可参照本章的操作，由 LIMITS 命令确定绘图范围，以及图纸中的标题栏，设计与制作好一个样板图形文件，最后将操作结果命名保存在 A1.dwg 的图形文件中。此后，该图形文件就可以作为绘制 A1 号图纸的样板文件。

3.19　练习

内容：绘制一个用于 A1 图纸的样板图形。

操作提示：可以通过另存现有图形文件的方法引用标题栏，操作的要点如下所述。

- 打开已经存在图形文件。
- 选定组成标题栏的对象，并按下 Ctrl+X 组合键，将它们保存在 Windows 剪贴板中。
- 执行 LIMITS 命令，重新设置图形的绘制范围。
- 绘制好图纸的边框线。
- 按下 Ctrl+V 组合键，将保存在 Windows 剪贴板中的标题栏粘贴在图形中。
- 调整好标题栏的位置。

3.20　测试

时间：45 分钟　满分：100 分

一、选择题（每题 2 分，共 40 分）

1. 样板图形文件中不能包含的信息是（　　）。
  - A．绘图单位
  - B．文字样式
  - C．尺寸样式
  - D．被选择的对象
2. 创建新的图形文件时需要做的操作是（　　）。
  - A．选择样板图形
  - B．设置新建图形文件名
  - C．指定绘图单位
  - D．指定绘图工作空间
3. "自动保存文件位置"文件夹中保存的文件是（　　）。
  - A．AutoCAD 工作文件的备份
  - B．当前打开的 AutoCAD 图形文件
  - C．AutoCAD 样板图形文件
  - D．更名另存的图形文件
4. 设置与使用 AutoCAD 图形绘制限制功能的用途是（　　）。
  - A．制定一个矩形绘图区域
  - B．限制图形的绘制范围
  - C．应用全比例绘制图形
  - D．便于输出图纸
5. LIMITS 命令提示行中没有的选项是（　　）。
  - A．打开图形范围限制功能
  - B．指定图形绘制范围的中心位置
  - C．指定图形绘制范围的对角点
  - D．打开图形范围功能
6. 在"图形单位"对话框中不能设置的值是（　　）。
  - A．长度类型
  - B．角度类型
  - C．绘图比例
  - D．插入比例
7. 栅格的使用特点是（　　）。

A．可以在屏幕上显示坐标点　　　　　　　B．直接用于捕捉坐标点

C．需要同捕捉模式一起应用　　　　　　　D．标记图形的范围

8．执行 RECTANG 命令不需要做的操作是（　　　）。

A．指定矩形的一个角点　　　　　　　　　B．指定矩形的一个对角点

C．指定矩形的位置　　　　　　　　　　　D．指定矩形的中心点

9．为了使用特定的字体输入文字，需要做的工作是（　　　）。

A．定义使用相应字体的文字样式　　　　　B．在 Windows 系统中设置字体

C．选择使用相应字体的样板文件　　　　　D．使用"大字体"

10．执行 DTEXT 命令输入文字时，错误的操作是（　　　）。

A．在文字行中使用"空格"　　　　　　　　B．使用"空格"作为空回答结束操作

C．按下 Enter 键换行　　　　　　　　　　D．按下 Enter 键结束操作

11．以下捕捉交点的方式是（　　　）。

A．INT　　　　　　　B．MID　　　　　　C．CEN　　　　　　D．END

12．AutoCAD 系统中，CIRCLE 命令是用来画圆的，其中 TTR（切点+切点+半径）方式可画出与其他两实体（直线、弧或圆等）相切的圆。如果要画任意三角形的内切圆，最简便的方式是（　　　）。

A．圆心+半径　　　　B．2P（两点）　　　C．3P（三点）　　　D．TTR

13．使用 ARRAY 命令时，如需使阵列中的图形向右上角排列，则应选择（　　　）。

A．行间距为正，列间距为正　　　　　　　B．行间距为负，列间距为负

C．行间距为负，列间距为正　　　　　　　D．行间距为正，列间距为负

14．如某 UCS 的原点在 WCS 中的坐标为(10,10,10)，那么此 UCS 中的点(-5,10,5)在 WCS 中的坐标应为（　　　）。

A．(-5,10,5)　　　　　　　　　　　　　　B．(15,29,15)

C．(5,20,15)　　　　　　　　　　　　　　D．(15,0,5)

15．使用 ZOOM 命令时能尽可能大地显示图中所有实体的选项是（　　　）。

A．A（全部）　　　　　　　　　　　　　　B．W（窗口）

C．E（范围）　　　　　　　　　　　　　　D．P（上一个）

16．在 AutoCAD 系统中，每一个图形对象都有的特性是（　　　）。

A．层、线型　　　　　　　　　　　　　　B．层、颜色

C．层、颜色、线型　　　　　　　　　　　D．层、字形、颜色

17．对"选择对象:"提示回答刚才绘制的对象，应使用的关键字是（　　　）。

A．A　　　　　　　　　B．P　　　　　　C．M　　　　　　D．L

18．下述命令中不能用于复制对象的是（　　　）。

A．MOVE　　　　　　B．ARRAY　　　　C．OFFSET　　　D．COPY

19．下述用于修剪对象的命令是（　　　）。

A．ERASE　　　　　　B．TRIM　　　　　C．BREAK　　　　D．UNDO

20．下述不能用于回退与重做的操作是（　　　）。

A．执行 ERASE 命令　　　　　　　　　　B．按下 Ctrl+Z 组合键

C．REDO　　　　　　　　　　　　　　　D．UNDO

二、填空题（每题 3 分，共 30 分）

1. AutoCAD 需要在一个特定的环境下绘制图形，该环境可以包含各种与图形绘制有关的_____信息。这些信息将决定图形的绘制_____，通过选择不同的样板图形可以_____不同的绘图环境。AutoCAD 的许多版本使用名为_____的样板图形文件。

2. AutoCAD 默认绘图环境采用的是_____单位：测量长度单位为_____、角度单位为_____、角度的正方向为"逆时针方向"、测量的零度方向为_____。

3. "自动保存文件位置"文件夹用于_____存放 AutoCAD 的工作文件，AutoCAD 默认的文件夹与_____系统的临时文件夹相同。在绘图工作期间，AutoCAD 会_____对图形文件保存一个临时_____，以便当出现某些意外情况出现时尽可能多地保存绘图结果。

4. AutoCAD 的图形可以被限制在一个_____区域内绘制。这种限制可以让用户的图形以 1:1 的比例_____出来，然后很方便地按不同的比例_____尺寸、文字注释等的图形对象比例后打印、绘制图纸。

5. 执行 LIMITS 命令时，可指定限制图形绘制范围的左下角_____点，或者选择 ON（打开）或者 OFF（关闭）检查_____图形绘制范围功能。如果用户给出了限制范围_____的坐标值，屏幕上将显示提示请求指定_____的坐标值。

6. 在应用 AutoCAD 绘制图形时，需要了解如下所述的三种图形比例：_____、_____、_____。此处，还应当明白全比例值为_____。

7. 栅格是一些排列整齐的_____，它遍布_____的整个区域。栅格需要同_____一起应用，以便限制_____的移动间距，使其按照用户定义的间距移动并选择到坐标点。

8. 使用"矩形"工具时执行的命令名为_____。操作时，只需要在屏幕上指定两个坐标点，第一个点用于确定矩形一个_____位置，第二个点为此顶角点的_____，从而确定矩形的位置与_____。

9. AutoCAD 将使用当前的_____来确定文字的属性：字体、高度、倾斜角度、方向等。在同一幅 AutoCAD 图形中，可存在_____文字样式，但除_____样式外，其他的样式都需要用户自己在_____对话框中加以定义。

10. 一旦用户创建了文字样式，就可以让它成为_____文字样式，并在随后执行输入文字命令时，使用此样式中的_____书写文字。文字样式名称最长可达_____个字符。名称中可包含字母、数字和_____。

三、判断题（每题 1 分，共 15 分）

（　　）1. 使用 ERASE 命令删除对象时，被选定对象将立即被删除，而命令将继续执行。

（　　）2. 通过任意三点可以画一个圆。

（　　）3. 由键盘输入命令只能在"命令:"提示状态下进行操作。

（　　）4. 绘图区域中的网格线是绘图的辅助线，将来可能出现在输出的图纸上。

（　　）5. 用"窗口"方式选择对象时，可选择窗口中出现的所有对象。

（　　）6. 先选定对象，后执行编辑该对象的操作是允许的。

（　　）7. 使用 TRIM 命令时，被选择的对象可以作为修剪的对象与边界线。

（　　）8. 图层被锁定后，其上的实体既不能编辑，又不可见。

（　　）9. 状态行中的绝对坐标是以直角坐标表示，相对坐标是以极坐标表示。

（　　）10. LIMITS 命令可设定图形范围的大小，即屏幕显示的最大区域。

（　　）11. BREAK 命令可将用 LINE、CIRCLE、ARC 等命令绘制的对象一分为二。

（　　）12. 只有处于打开（ON）状态的图层才能设置为当前层。

（　　）13. MIRROR 命令可以绘出对称的图形，但原图不再保留。

（　　）14. 在对图形进行拉伸时，原图形的大小和形状不一定都发生变化。

（　　）15. 当前图层不能被冻结，但可被关闭。

四、问答题（每题 7.5 分，共 15 分）

1. 改变屏幕上的图形对象的显示比例的目标是什么？

2. 输入文字时，为什么不能用键盘上的空格键来做空回答？

第 4 章　应用图层与在线计算功能

AutoCAD 的图层与在线计算功能是开展设计工作的重要工具。在工程设计中，同一幅图形中将包括多种对象与线型，使用不同颜色绘制可以在屏幕上得到清楚的观察结果，并为使用笔式绘图仪输出图纸做好准备。为了应用不同的颜色与线型，最简便的方法就是设置和使用图层。在线计算机功能是一个可在执行绘图与编辑命令期间做一些矢量计算并且引用其计算结果来绘制或修改图形的工具，本章的设计产品实例将说明它的神奇之处。

本章内容

- 创建图层与设置当前图层。
- 使用在线计算功能做矢量运算。

本章目的

- 掌握使用辅助线快速精确地绘制图形。
- 掌握在线计算机的功能与使用特点，创建与应用新的图层、设置当前图层。
- 设置与使用 AutoCAD 线型库、定义线型与颜色。

操作内容

本章将绘制一级传动齿轮减速器装配图的部分图形，结果如图 4-1 所示。涉及的操作内容包括：

- 创建并命名图层。
- 绘制并应用辅助线。
- 在线计算并引用计算结果。

本章的操作结果如图 4-1 所示。

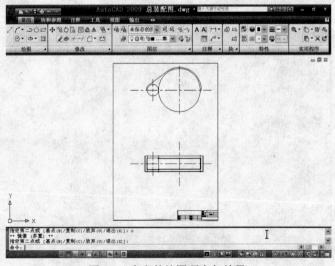

图 4-1　本章的绘图顺序与结果

本章涉及的命令与功能有：

- LAYER，定义与管理图层。
- CAL，调用 AutoCAD 的计算器。
- TRIM，修剪与延长对象。

4.1 制定主视图与俯视图

尽管可以在 AutoCAD 中随意移动图形对象的位置，但在设计产品时，对于尺寸较大的总装配图事先制定好图纸中图形对象的分布方案还是很有意义的。因为这样一来可以简化操作，提高绘图速度；二来还可以为表示标注尺寸与注释文字留足空间，并确保图纸的外观漂亮、排除阅读方面的困难。通常，绘制图纸时首先需要确定采用哪些视图：主（正）视图、左视图、右视图或俯视图，以及物体的正交投影观察方向。其次，在 AutoCAD 中选择适当的样板图形，或者创建全新的绘图环境，并且确定各视图中零部件的大致位置。对于本书将要绘制的一级圆柱齿轮减速器总装配图来说，只需要一个主视图与一个俯视图，因此使用一张 A2 图纸，仅绘制主视图与俯视图即可，下面的操作就将准备好这张图纸。

注意：主视图、左视图、右视图、俯视图指的是不同正交投影方向所产生的图形。图 3-1 所示的图纸则可用于绘制包含主视图、俯视图、左视图的三视图。

步骤 1　使用上一章创建的图形文件为样板图形，创建一份新的图形文件，并命名为"总装配图.dwg"保存起来。执行 ZOOM 命令，对它的提示行回答 E，结果如图 4-2 所示。

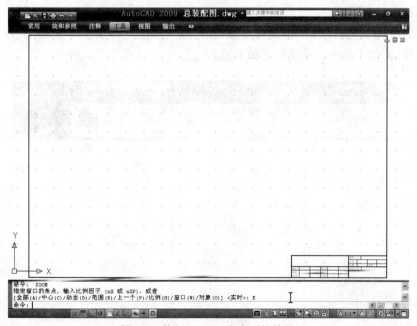

图 4-2　执行 ZOOM 命令后的结果

步骤 2　按下述对话过程执行 LIMITS 命令。

命令: LIMITS

重新设置模型空间界限：

指定左下角点或 [开(ON)/关(OFF)] <0.0000,0.0000>: 20,20
指定右上角点 <840.0000,594.0000>: 574,820
命令：Enter
命令: LIMITS
重新设置模型空间界限：
指定左下角点或 [开(ON)/关(OFF)] <0.0000,0.0000>: ON

这一步操作实际上没有对图形的绘制幅面做修改，只是将图纸旋转了 90°，以便于在它的上半部分放置主视图，下半部分放置俯视图。与传统的手工绘图一样，由上面的操作所确定的图纸，仅适合于绘制主视图位于上方，俯视图位于下方的机械图纸。

步骤 3 选定图纸的边框线后，按下键盘上的 Delete 键删除它。然后，从"常用"标签的"绘图"面板里选择"矩形"工具，并完成下述对话过程，绘制一个矩形。

命令:_rectang
当前矩形模式: 宽度=0.00
指定第一个角点或 [倒角(C)/标高(E)/圆角(F)/厚度(T)/宽度(W)]: W
指定矩形的线宽 <0.00>:1
指定第一个角点或 [倒角(C)/标高(E)/圆角(F)/厚度(T)/宽度(W)]: 20,20
指定另一个角点或 [面积(A)/尺寸(D)/旋转(R)]: 574,820
命令: ZOOM
指定窗口的角点，输入比例因子 (nX 或 nXP)，或者
[全部(A)/中心(C)/动态(D)/范围(E)/上一个(P)/比例(S)/窗口(W)/对象(O)] <实时>: E

注意：与前面使用"矩形"工具的操作不同，这里设置了矩形的线宽，并绘制了一个有宽度的矩形线框，它将成为新的图纸边框线。前面的操作是在绘制好矩形后，通过"快捷特性"面板修改其线宽。

接着参照步骤 2，执行 ZOOM E 命令操作后，结果如图 4-3 所示。在这里，ZOOM E 命令的意思是执行 ZOOM 命令，并使用它的 E 选项。

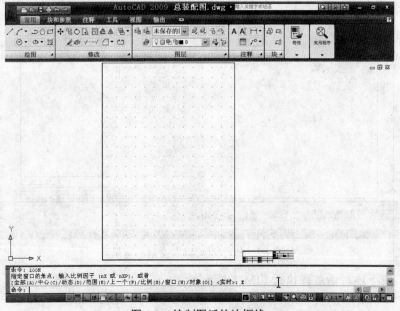

图 4-3 绘制图纸的边框线

步骤 4　适当放大显示标题栏后，选定组成标题栏的所有线条与文字，以及图 4-4 中十字光标线所在处的夹点。将此夹点设置为活动夹点。接着，完成下述夹点移动编辑对话过程，将选定的对象移入图纸边框内。

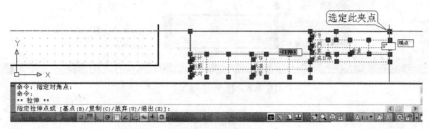

图 4-4　选定此夹点

** 拉伸 **
指定拉伸点或 [基点(B)/复制(C)/放弃(U)/退出(X)]: Enter
** 移动 **
指定移动点或 [基点(B)/复制(C)/放弃(U)/退出(X)]: 选定图 4-5 所示的"垂足"

图 4-5 所示的"垂足"点是图纸边框线上的一个点，将选定的夹点与此处对齐后，还需要通过下一步的操作，进一步调整移动的目标位置，使其选定的对象完全进入图纸边框线内，从而成为图纸的标题栏。

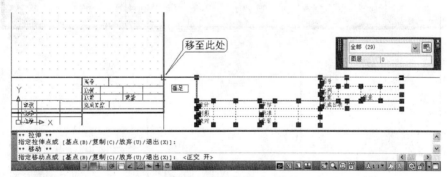

图 4-5　将选定的夹点移至"垂足"处

步骤 5　选定左下角"端点"处的夹点，如图 4-6 所示，并完成下述对话过程。
** 拉伸 **
指定拉伸点或 [基点(B)/复制(C)/放弃(U)/退出(X)]: Enter
** 移动 **
指定移动点或 [基点(B)/复制(C)/放弃(U)/退出(X)]: 选定图 4-7 所示的"垂足"

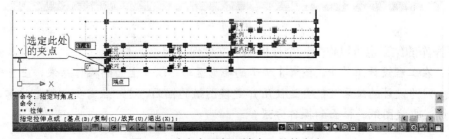

图 4-6　选定左下角"端点"处的夹点

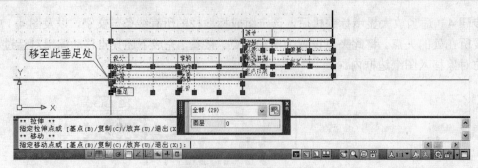

图 4-7　移至"垂足"处

此后，再一次执行 ZOOM 命令的 E 参数，用户就能在屏幕上看到新的图纸了，如图 4-8 所示。按下键盘上的 Ctrl+S 组合键，或者执行 SAVE 命令，将上述操作结果保存起来即可结束本节的操作，进入下一节开始绘制总装配图。执行 SAVE 命令保存图形时，可以从一个文件选择器中指定保存图形文件的文件夹，这相当于进行"另存为"操作，按下键盘上的 Ctrl+S 组合键，则是使用当前图形文件名称保存当前的操作结果，即执行 AutoCAD 的 QSAVE（快速保存）命令。

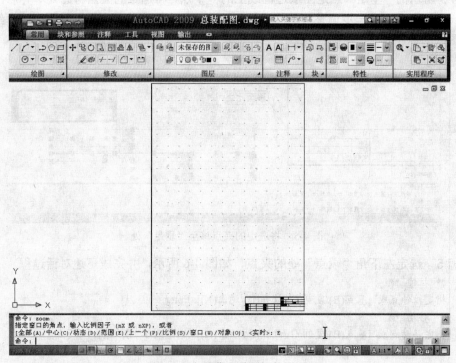

图 4-8　在屏幕上看到新的图纸

上述操作的结果也可以作为一个样板图形文件保存起来。

注意：在工程设计工作中，图 4-8 所示的矩形区域，以及上面的操作结果，应当视作绘图参考区域，因为设计的结果可能会迫使用户更换图纸的幅面，这一点需要初学者注意，本书第 8 章也将详述更换图纸的幅面的操作方法。

4.2　创建图层与设置线型

　　"图层"是 AutoCAD 的重要绘图工具。在 AutoCAD 的图形中可以存在许多图层，一个图层如同一幅透明图，把所有的图层重叠在一起即可灵活地构成图形。在 AutoCAD 中使用不同的线型来绘制图形，可经由打印机输出图纸，使用不同的颜色绘制图形则用于通过笔式绘图仪输出图纸，并指定各种图形对象的线型。此外，定义与使用图层通常会伴随指定线型与颜色进行操作，用户可以指定某一个图层上的图形使用指定的线型与颜色，并且设置某个层的当前状态，控制它们是否将图形显示出来以允许进行编辑操作。

　　下面的操作将首先为绘制中心线定义一个图层。

　　步骤 1　在"常用"标签的"图层"面板中选择"图层特性"工具，如图 4-9 所示。

图 4-9　选择"图层特性"工具

　　此后，屏幕上将显示"图层特性管理器"面板，通过它即可定义图层与设置当前图层。在默认状态下，AutoCAD 已经建立了一个名为 0 的图层，它默认的颜色为黑色或白色（绘图区域的背景颜色为黑色），线型为实线，在该面板的图层列表框可看到它的详细定义，如图 4-10 所示。通过该面板底面的状态栏，还可以了解当前面板中的图层信息。

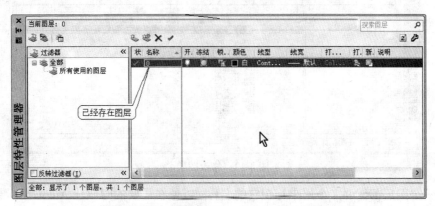

图 4-10　已经建立了一个名为 0 的图层

　　注意： 在 AutoCAD 中，只有当前图层才会接受用户的所有绘图与编辑操作。当图形中有多个图层存在时，需要事先设置当前图层，以便在该图层上绘制图形，以及编辑现有的图形。

　　步骤 2　参见图 4-11，在"图层特性管理器"面板的工具栏中，单击"新建图层"工具。

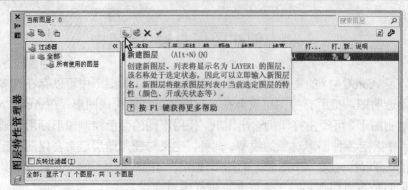

图 4-11　单击"新建图层"工具

步骤 3　在"图层特性管理器"面板的图层列表里双击新建的图层名，如图 4-12 所示。然后，从键盘上输入新的图层名：中心线。

图 4-12　双击新建的图层名

做好第 2 步操作，一个新的图层就创建好了，AutoCAD 还将自动为它分配一个名称：图层 1，如图 4-12 所示。由于在"图层特性管理器"面板的图层列表里，图层名文本框也是一个编辑框，通过它可编辑已有的图层名"图层 1"，结果如图 4-13 所示。

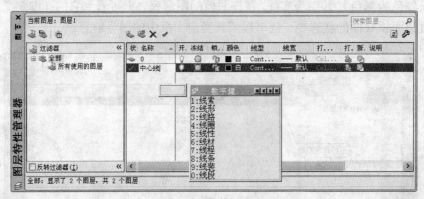

图 4-13　修改图层名

任何一个图层都需要一个用来标识它的名称，以便在需要的时候让 AutoCAD 准确地引用它。图层名可以长达 255 个字符，可以使用字母、数字与某些专用符号$、-、_，而且可以使用中文名。为了在绘制图形的操作中准确而又快速地设置当前图层，可以为不同用途的图层设置具有某种含义、能简略描述图层用途的名称，如这里以"中心线"命名新的图层。

注意：若要对图层更名，可以在"图层特性管理器"面板的图层列表里选定它，然后按下键盘上的 F2 功能键，让它处于编辑状态后就可以进行操作了。由于 0 图层包含许多特殊的信息，该图层不可修改其名称，也不能删除。

步骤 4　单击"中心线"图层的"线型"栏，如图 4-14 所示。

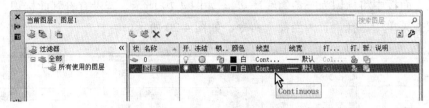

图 4-14　"中心线"图层的"线型"栏

步骤 5　在"选择线型"对话框中单击"加载"按钮，如图 4-15 所示。进入"加载或重载线型"对话框后，从它的线型列表中选择 CENTER（中心），如图 4-16 所示。

图 4-15　单击"加载"按钮

图 4-16　选择 CENTER 线型

此后，单击"确定"按钮，关闭"加载或重载线型"对话框，在"选择线型"对话框的线型列表中选定 CENTER 线型，如图 4-17 所示，并单击"确定"按钮关闭这个对话框，当前定义的"中心线"图层就将使用由"点－划线"构成的中心线。

线型（Linetype）仅作用于直线、圆、弧、多段线等图形对象。每一种线型都需要一个名称，这个名称可以长达 31 个字符，可用字符与上述图层名相同。任何一个图层都可以使用与其他图层相同或者不相同的线型，单个的图形对象也可以被赋予与所在图层不相同的线型或颜色。对于任何一个新的图层，默认的线型均为实线（Continuous）。顺便说一下，线型是放在一个线型库中的特殊图形，并保存在专用的线型库文件中。"图层特性管理器"面板不会管理线型库，但将显示当前图形中所有图层的定义信息，包括各图层所使用的线型。因此，上述操作结果将显示在"图层特性管理器"面板中，如图 4-18 所示。

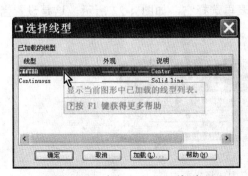

图 4-17　选定 CENTER 线型

图 4-18　操作结果

　　这样一个新的图层就建立起来了，而且它也将是当前活动图层。当前活动图层在"图层特性管理器"面板中将标识为一条勾线（√），如图 4-19 所示。若没有看到此标识，可右击该图层，从快捷菜单中选择"置为当前"命令，如图 4-20 所示。

图 4-19　当前状态标识

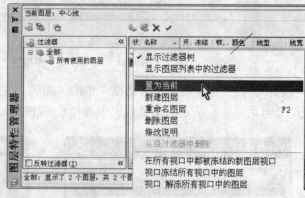

图 4-20　选择"置为当前"命令

　　此后，关闭"图层特性管理器"面板，新建图层就可以使用了，所有的绘图与编辑操作都将发生在该图层上。

4.3　确定各投影视图的位置

　　图纸中各视图图形的位置是由中心引来确定的，为了确定各视图图形的位置，应当先绘制好中心线。为此，用户可先如上一节的操作那样设置一个使用中心线的图层，并绘制好中心线。

　　步骤 1　在"常用"标签中的"图层"面板里确认当前图层为使用中心线的图层，如图 4-21 所示。

图 4-21　确认当前图层为使用中心线的图层

　　若不是，可从"图层"面板的"图层"下拉列表里选择它，如图 4-22 所示。这是设置当前图层的另一种方法。

图 4-22　从"图层"下拉列表中选择当前图层

步骤 2　从"常用"标签的"绘图"面板里选择"直线"工具，并完成下述对话过程。

命令: _line

指定第一点: 选定图 4-23 所示的点

指定下一点或 [放弃(U)]: <正交 开> 选定图 4-24 所示的点

指定下一点或 [放弃(U)]: 指定图 4-25 所示的"正交"点

指定下一点或 [放弃(U)]: Enter

图 4-23　指定第一点

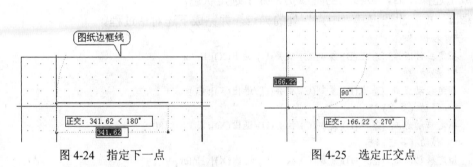

图 4-24　指定下一点　　　　　　图 4-25　选定正交点

这一步操作绘制了两条直线，如图 4-26 所示。

步骤 3　选定竖直的那一条中心线，接着选定位于其"中点"处的夹点，激活此夹点，如图 4-27 所示，并完成下述夹点拉伸编辑对话。

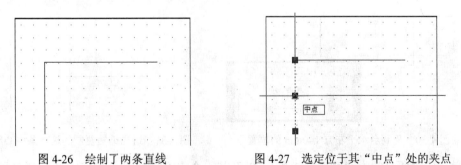

图 4-26　绘制了两条直线　　　　图 4-27　选定位于其"中点"处的夹点

** 拉伸 **

指定拉伸点或 [基点(B)/复制(C)/放弃(U)/退出(X)]: <正交 关> NEA，选定图 4-28 所示的"最近点"

这里采用的拉伸编辑是一种特殊操作，当选定激活的夹点位于直线的"中点"，拖动它就将移动该直线，而不是拉伸它，结果如图 4-29 所示。NEA（最近点）是一种捕捉方式，用于捕捉某对象上离当前光标最近处的点。

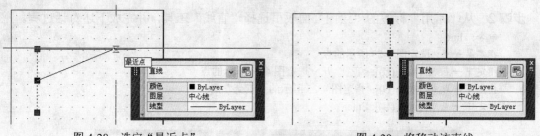

图 4-28　选定"最近点"　　　　　　　　　图 4-29　将移动该直线

对话中，NEA（最近点）的意思是十字光标的靶区（显示为小方框）所捕捉到的，最近一个图形对象上最近的一个点。在"草图设置"对话框中打开"最近点"复选框后，即可使用这种捕捉方式。若没有这样设置，可以如同在上述对话过程中输入关键字 NEA 那样，临时指定使用"最近点"捕捉方式。此外，可以这样使用的关键字有很多，每一种捕捉方式都有自己的关键字，而且都可以在 AutoCAD 请求指定一个坐标点时，输入一个关键字来引用一种相应的捕捉方式。常用的捕捉方式关键字有 MID（中点）、END（端点）、CEN（圆心）、INT（交点），参阅后面的表 4-6 可了解到更加详细的内容。

完成上述操作后，被移动的直线仍将处于选定状态。

步骤 4　再一次选定其"中点"处的夹点，并完成下述对话过程。

```
** 拉伸 **
指定拉伸点或 [基点(B)/复制(C)/放弃(U)/退出(X)]:Enter
** 移动 **
指定移动点或 [基点(B)/复制(C)/放弃(U)/退出(X)]: C
** 移动 (多重) **
指定移动点或 [基点(B)/复制(C)/放弃(U)/退出(X)]: @140<180
** 移动 (多重) **
指定移动点或 [基点(B)/复制(C)/放弃(U)/退出(X)]: Enter
```

这一步操作将竖直的中心线复制至水平左方 140mm 的地方，如图 4-30 所示。这个距离正好是两个齿轮啮合的中心距。此后，可以使用拉伸夹点编辑方法，适当缩短复制的这一条中心线，结果如图 4-31 所示。

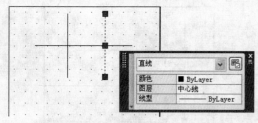　

图 4-30　复制至水平左方 140mm 的位置　　　　图 4-31　适当缩短复制的这一条中心线

接着，选定所有的中心线（共 3 条），以及某一个夹点，如图 4-32 所示。然后使用移动复制夹点编辑的方法，用下述对话过程将它们复制到垂直下方，如图 4-33 所示。这样图纸中主视图与俯视图的位置就确定好了。若用户还想调整一下位置，也可以通过移动夹点编辑的方法来达到目的。

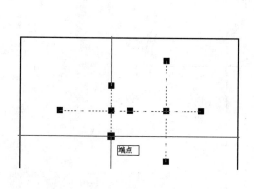

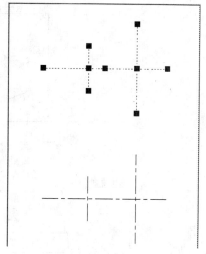

图 4-32　选定某一个夹点　　　　　图 4-33　将它们复制在垂直下方

** 移动 **
指定移动点或 [基点(B)/复制(C)/放弃(U)/退出(X)]: C
** 移动 (多重) **
指定移动点或 [基点(B)/复制(C)/放弃(U)/退出(X)]: 选定一个点
** 移动 (多重) **
指定移动点或 [基点(B)/复制(C)/放弃(U)/退出(X)]: ENTER

4.4　确定主要部件的大小尺寸

确定主要部件的大小尺寸是绘制总装配草图的首要工作。本书要设计的一级圆柱齿轮减速器的主要部件是两个齿轮与它们的承载轴，大小尺寸如图 4-34 所示。此外，箱体壁厚、各齿轮与箱体内壁的距离也是很重要的参数值，用户可参阅机械零件设计手册确定，如表 4-1 所示，用户可将这些值保存在《产品设计说明书》或自己的论文中，以便随后编制其他相关文档与图形中的表格。

表 4-1　箱体壁厚、各齿轮与箱体内壁

参数	符号	数值
箱座壁厚	δ	8
箱盖壁厚	δ_1	8
大齿轮齿顶与箱体内壁距离	Δ_1	12
小齿轮齿顶与箱体内壁距离	Δ_2	10

一旦确定了这些设计尺寸，就可以开始绘制总装配图了。操作时，用户可先如上一节那样绘制好齿轮与齿轮轴的中心线，接着绘制齿轮的分度圆、齿顶圆线，然后就能确定箱体内壁轮廓线的位置。与传统的手工绘图操作相同，这里不必将该轮廓线沿各齿轮体之间完整地绘制出来，只是确定好它们的位置即可，余下的工作留待稍后来完成。

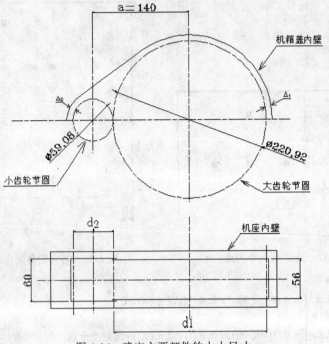

图 4-34   确定主要部件的大小尺寸

4.5   绘制圆形与切线

圆形与切线是工程图形中常见的图形形式，如齿轮传动机构中表示齿轮节圆的圆形、齿轮箱外壳的轮廓中的切线，都是设计蓝图中不可缺少的。为了绘制它们，操作步骤如下所述。

步骤 1   确定当前线型为绘制中心线所用的点划线后，从"常用"标签的"绘图"面板里选择"圆"工具，如图 4-35 所示，然后按下述对话过程绘制。

命令: _circle
指定圆的圆心或 [三点(3P)/两点(2P)/相切、相切、半径(T)]: INT
于 选定图 4-36 所示的"交点"
指定圆的半径或 [直径(D)] <0.0000>: D
指定圆的直径 <441.8400>: 220.92

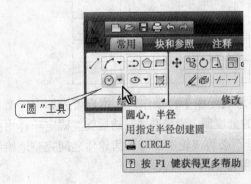

图 4-35   选择"圆"工具

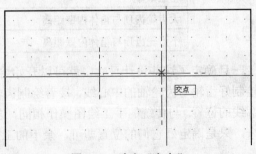

图 4-36   选定"交点"

命令：Enter

命令：CIRCLE

指定圆的圆心或[三点(3P)/两点(2P)/相切、相切、半径(T)]: INT 于 选定图 4-37 所示的 "交点"

指定圆的半径或 [直径(D)] <110.4600>: D

指定圆的直径 <220.9200>: 59.08

对话结束后，绘制好两个圆，如图 4-38 所示。

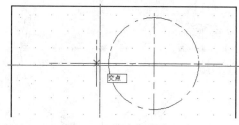

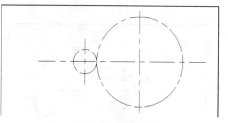

图 4-37 选定 "交点"   图 4-38 绘制好两个圆

步骤 2　参照前面的操作，进入 "草图设置" 对话框，打开 "对象捕捉" 选项卡的 "最近点" 与 "切点" 复选框。

步骤 3　参照前面的操作，在 "图层特性管理器" 面板中新建一个名为 "轮廓线" 的图层，并将线型设置为 Continuous（实线），如图 4-39 所示。接着，将该图层设置为当前图层。

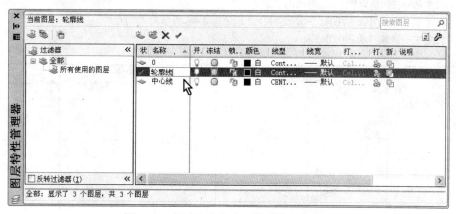

图 4-39 新建一个名为 "轮廓线" 的图层

步骤 4　参照前面的操作，用下列对话过程绘制一个圆。

命令：_circle

指定圆的圆心或 [三点(3P)/两点(2P)/相切、相切、半径(T)]: 选定图 4-36 所示的交点

指定圆的半径或 [直径(D)]: D

指定圆的直径<59.08>: 232.92

命令：Enter

命令：CIRCLE

指定圆的圆心或 [三点(3P)/两点(2P)/相切、相切、半径(T)]: 选定图 4-37 所示的 "交点"

指定圆的半径或 [直径(D)] <116.4600>: D

指定圆的直径 <232.92>: 69.08

对话过程中输入的 232.92 为大齿轮节圆直径值及大齿轮齿顶与箱体内壁距离值的和（参见表 4-1），即 220.92+12=232.92；69.08 为小齿轮节圆直径值及小齿轮齿顶与箱体内壁距离值

的和，即 59.08+10=69.08。执行结果如图 4-40 所示。选定大、小齿轮节圆，可见它们相接处的夹点是同一个，将十字光标放在此处，转动鼠标器上的滚轮，适当放大显示该处的图形，可清楚地看到这一点，如图 4-41 所示。

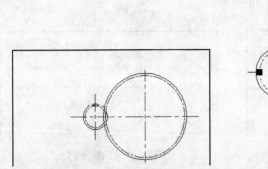

图 4-40　上述对话的结果

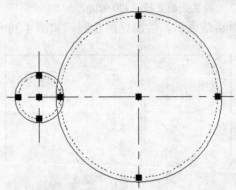

图 4-41　相接处的夹点是同一个点

　　步骤 5　参照前面的操作，按下述对话过程执行 LINE 命令，以图 4-42 所示的"最近点"为起点，图 4-43 所示的"切点"为终点绘制一条直线。

　　命令: _line
　　指定第一点: 选定图 4-42 所示的"最近点"
　　指定下一点或 [放弃(U)]:　<正交 关>　选定图 4-43 所示的"切点"
　　指定下一点或 [放弃(U)]: Enter

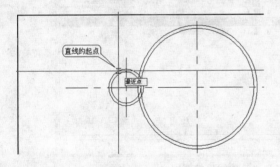

图 4-42　选定"最近点"

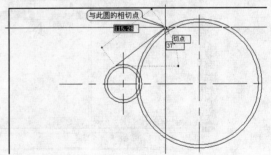

图 4-43　选定"切点"

　　这里的"最近点"与"切点"确定的直线如图 4-43 所示。此直线用于绘制齿轮减速器机箱盖的内壁轮廓线。

4.6　修剪图形

　　修剪图形的目的是去掉不需要的部分。上述绘制切线的操作也广泛用于绘制相贯线，而许多相贯线需要通过修剪图形的方法来得到，下面的操作将说明这一点。

　　步骤 1　接着图 4-43 所示的操作结果，在"命令"提示符下移动鼠标器指定一个图 4-44 所示的窗口，以便选定它所包围的图形对象，结果如图 4-45 所示。

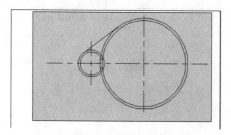

图 4-44　指定一个窗口

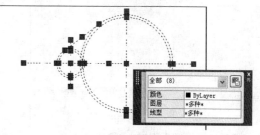

图 4-45　选定它所包围的图形对象

　　这一步操作使用了 AutoCAD 的"窗口"选择方式。此窗口是一个矩形，通过它的两个对角点即可定义它。与第 3 章使用"交叉"选择方式不同的是，定义"窗口"选择方式所用的窗口，需要先选定位于左边的对角点，然后选定右边的对角点，如先指定左上角处的对角点，后选定右下角处的对角点，由此定义的就是"窗口"选择方式所用的窗口；若先指定右上角处的对角点，后选定左下角处的对角点，定义的则是"交叉"选择方式所用的窗口。定义"窗口"选择方式与"交叉"选择方式都将使用一个矩形窗口，但它们的功能差别很大。"窗口"选择方式用于选择窗口内的对象；"交叉"选择方式用于选择窗口内，以及与窗口边框线相交的对象。可见，前者能更精确地选择对象，后者则在更大的范围内选择对象。

　　步骤 2　从"常用"标签的"修改"面板里选择"修剪"工具，如图 4-46 所示。接着，完成下述对话过程。

图 4-46　选择"修改"工具

命令:_trim
当前设置: 投影=UCS，边=无
选择剪切边... 找到 8 个
选择要修剪的对象，或按住 Shift 键选择要延伸的对象，或
[栏选(F)/窗交(C)/投影(P)/边(E)/删除(R)/放弃(U)]: 选定图形中不要的部分，如图 4-47 所示
[栏选(F)/窗交(C)/投影(P)/边(E)/删除(R)/放弃(U)]: 选定图形中不要的部分
……
[栏选(F)/窗交(C)/投影(P)/边(E)/删除(R)/放弃(U)]: Enter
修剪后的结果如图 4-48 所示。

　　步骤 3　删除 TRIM 命令不能修剪的图形对象。

　　操作时，可以在"命令:"提示符下选定不需要的部分，图 4-49 显示了此后出现在屏幕上的夹点，然后按下键盘上的 Delete 键，即可删除它们。用户也可以再一次执行 TRIM 命令来达到目的，结果如图 4-50 所示。

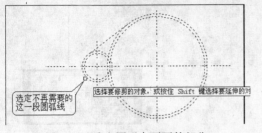

图 4-47　选定图形中不要的部分

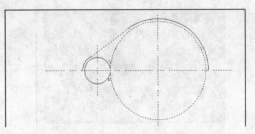

图 4-48　修剪后的结果

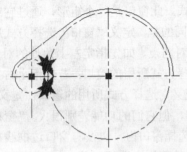

图 4-49　在"命令:"提示符下选定它们

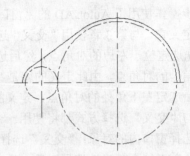

图 4-50　本节的操作结果

　　本节绘制的图形由两个圆与一条直线修剪而成。它们可由两段圆弧线与一条直线构成，只是绘制圆弧不如绘制圆简单。在实际应用中，通常只是在对圆弧段曲率要求不严时，才使用 ARC 与 LINE 命令或 PLINE 进行操作，以求省去修剪图形的过程。

4.7　TRIM 命令

　　TRIM 是一条可用来修剪或延伸图形对象的命令。能将一个图形对象以别的图形对象或者投影面为边界，精确地进行修剪，上面的操作所用的边界为选择集中的对象，它与被修剪的图形对象存在于同一个选择集中。在这个选择集中，任何图形对象都可以是边界，上述对话中选定的各图形则是被修剪的对象。因此，一旦创建了选择集，就可以修剪它包含的多个图形对象，直到没有边界图形为止。

　　TRIM 命令所用的提示行中的选项不多，其功能如下所述。

- 栏选：选择与选择集相交的所有对象。选择集是一系列临时线段，它们是用两个或多个栏选点指定的。选择集不构成闭合环。
- 窗交：使用窗口方式选择图形对象。
- 投影：控制是否使用与指定投射方式。
- 边：控制是否修剪另一个物体所包含的边，或者仅修剪至在三维空间中相交的物体边界。
- 删除：删除选定的图形对象。
- 放弃：放弃刚才所做的操作。

4.8　由主视图绘制俯视图

　　使用二维线条来描述主视图与俯视图中的图形内容，需要分别绘制它们。与传统的手工图板绘图操作一样，在 AutoCAD 中也可以基于已经绘制好的部分视图图形向其他视图投影并绘制图形。例如，下面的操作就将绘制俯视图中的齿轮节圆线。

步骤 1 适当调整一下屏幕上图形的显示大小与位置，让主视图与俯视图尽可能大地都显示于屏幕上。

操作时，可通过转动鼠标器上的滚轮、执行 ZOOM 命令等方法调整屏幕上图形的显示大小，拖动绘图区域右边缘与底部边缘处的滚动条，可以调整图形在屏幕上的显示位置。调整屏幕上图形的显示大小与位置的目的是让主视图与俯视图都显示在屏幕上，以便于进行下面的操作。此外，执行 PAN 命令，还能在屏幕上平移图形。

在执行 PAN 命令期间，通过转动鼠标器上的滚轮，可轻松地缩放显示图像并在屏幕上定位图形。这是一个很有用的操作技巧。若要结束执行 PAN 命令，可按下键盘上的 Esc 键。顺便说一下，在状态栏中选定"平移"工具，即可执行 PAN 命令。该工具的图标为一个手型（ ），如图 4-51 所示。若要恢复显示为原来的视图，可执行 ZOOM P 命令。

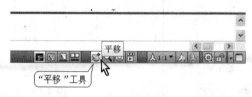

图 4-51 选择"平移"工具

步骤 2 从"图层"面板的"图层"下拉列表里选择"中心线"图层。接着，按下述对话过程绘制一条直线。

命令: _line
指定第一点: 选定图 4-52 所示的"交点"
指定下一点或 [放弃(U)]: 选定图 4-53 所示的"垂足"点
指定下一点或 [放弃(U)]: Enter

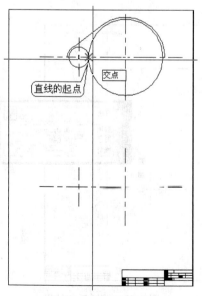

图 4-52 指定第一点

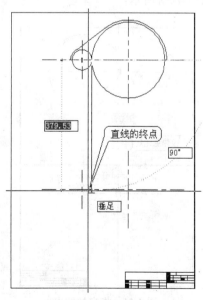

图 4-53 指定下一点

对话结束后，绘制的直线如图 4-54 所示。接着选定该直线，以及位于上方"端点"处的夹点，如图 4-55 所示，使用下述夹点拉伸编辑的对话处理它。

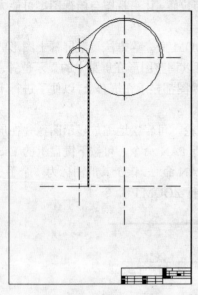

图 4-54　绘制一条直线

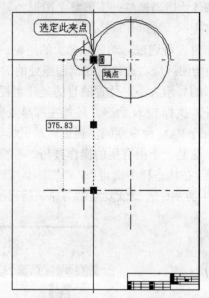

图 4-55　选择此处的夹点

注意：这一步操作绘制的直线将成为俯视图中齿轮的节圆线。在这个视图中，还需要另外两条节圆线，为此可参照这一步操作，重复执行 LINE 命令绘制出来，或者使用复制的方法得到它们。下面的操作将使用镜像编辑的方法绘制直线。

** 拉伸 **

指定拉伸点或 [基点(B)/复制(C)/放弃(U)/退出(X)]: 选定图 4-56 所示的"最近点"

上述操作的目的是要在俯视图中放置一条辅助线，夹点拉伸编辑处理后将缩短它的长度，其结果如图 4-57 所示。

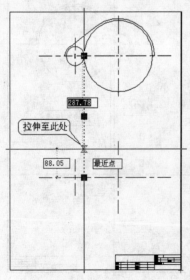

图 4-56　指定拉伸点

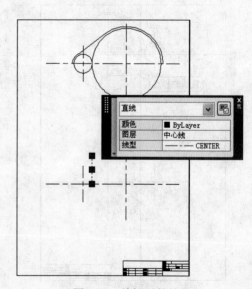

图 4-57　缩短后的结果

完成上述操作后，用于夹点拉伸编辑处理的直线仍处于选定状态。此时，可选定位于"中点"处的夹点，然后使用夹点拉伸或移动编辑操作，将它移至图 4-53 所示的"垂足"处，这样就能继续做下一步操作了。

步骤 3　从"常用"标签中的"修改"面板里选择"镜像"工具，如图 4-58 所示，并按下述对话过程镜像复制此直线。

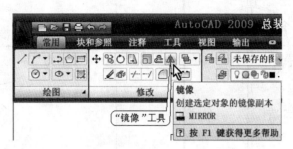

图 4-58　选择"镜像"工具

AutoCAD 的"镜像"工具能以一条镜像线为参考复制选定的对象。在下面的对话中，将首先以位于该直线左边的竖直中心线为镜像线，镜像复制该直线。接着，再次执行命令，并以位于该直线右边的竖直中心线为镜像线，镜像复制该直线，参见图 4-57 可看到位于此直线左旁与右旁的这两条竖直中心线，下面插图的各"端点"分别属于这两条中心线，因此将它们定义为镜像线。

命令:_mirror 找到 1 个
指定镜像线的第一点: 选定图 4-59 所示的"端点"
指定镜像线的第二点: 选定图 4-60 所示的"端点"
要删除源对象吗？[是(Y)/否(N)] <N>: Enter

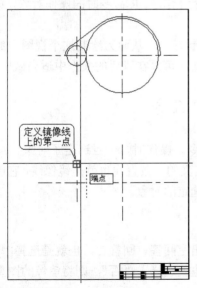

图 4-59　指定镜像线的第一点

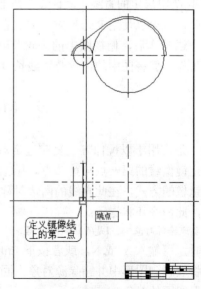

图 4-60　指定镜像线的第二点

命令: Enter
命令: MIRROR

选择对象: P 找到 1 个

选择对象: Enter

指定镜像线的第一点: 选定图 4-61 所示的"端点"

指定镜像线的第二点: 选定图 4-62 所示的"端点"

要删除源对象吗？[是(Y)/否(N)] <N>: Enter

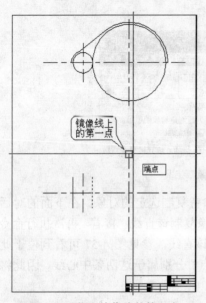

图 4-61　指定镜像线的第一点

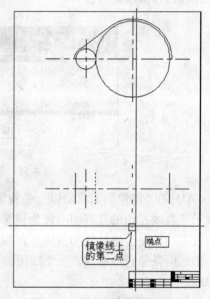

图 4-62　指定镜像线的第二点

这一段对话使用了 P（前一个）对象选择方式。在这种方式下，AutoCAD 将选择前一个选择集，也就是上一次编辑操作的对象，或者预先设置的选择集。在这里，上一次编辑操作的对象即图 4-57 中选定的直线。该直线也是上一次执行 MIRROR 命令时的操作对象，第二次执行此命令时，就可以使用 P 选择方式选定它。

完成上述操作后，俯视图中的齿轮节圆线就绘制好了，从而为绘制这个视图中的图形做好了准备工作。俯视图中的齿轮节圆线长度是否合适，可以在以后的操作中适当做出调整。

4.9　MIRROR 命令

这是一条常用于以镜像方式复制选定对象的命令。操作时，一旦选定了对象，AutoCAD 将提示指定镜像线的第一点与第二点。由这两个点定义的一条直线也就是镜像线，它能让选定的对象按镜像的方式，在此直线的两边对称地复制选定的对象。

最后，此命令还将提示：

要删除源对象吗？[是(Y)/否(N)] <否>:

回答时，可输入 Y 或 N，或者按下 Enter 键给出空回答。回答 Y，也就是选择"是"，镜像的图型将放置到图形中并删除源对象；回答 N，也就选择了"否"，则将镜像的图型放置到图形中并保留原始对象。

注意：对命令的提示行给出空回答，意思是使用提示行默认的选项。该选项也可能是上次执行此命令使用的选项或参数，并显示在提示行的尖括号（<>）内。在默认情况下，镜像文字对象时，不更改文字的方向。如果确实要反转文字，请将 MIRRTEXT 系统变量设置为 1。

　　AutoCAD 的镜像功能对创建对称的对象非常有用，因为它可以快速地绘制部分对象，然后将其镜像，而不必绘制整个对象。在默认情况下，镜像文字、属性和属性定义时，它们在镜像图像中不会反转或倒置，文字的对齐和对正方式在镜像对象前后相同。

4.10　应用在线计算功能

　　在 AutoCAD 中用户可以快速而精确地定位坐标点，如上面的操作就可以由坐标点精确地绘制主视图与俯视图中的各种图形，但这样做将是非常笨拙的，只有恰当地绘制并使用辅助线应用各种操作技巧才能快速而精确地绘制好图形。通常在设计与绘图时，用户不但可以绘制图形，还能做些数值计算，计算出来的值还能作为参数来回答命令的提示行。例如，当屏幕上显示提示信息请求指定一个长度值时，用户就可以透明执行 CAL 命令，并给出一个算术运算式，AutoCAD 在计算出该运算式的值后，就将自动引用它。AutoCAD 的这些功能为开展设计工作提供了极大的便利，而且在开始做设计工作时，用户就可能使用到它，下面的操作就将说明这一点。

　　步骤 1　参照前面的操作，为绘制辅助线创建一个名为"辅助线"的新图层，并将线型设置为实线。接着，单击"辅助线"图层的"颜色"框，如图 4-63 所示。

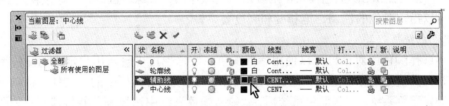

图 4-63　单击"辅助线"图层的"颜色"框

　　步骤 2　在"选择颜色"对话框中选择蓝色，单击"确定"按钮，如图 4-64 所示，接着单击"确定"按钮。

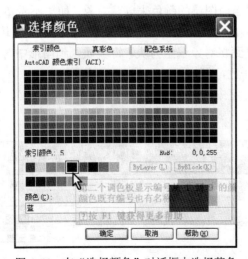

图 4-64　在"选择颜色"对话框中选择蓝色

"选择颜色"对话框由 Windows 操作系统提供，用户从中选择一种颜色后，单击"确定"按钮，该颜色就将成为当前图层的颜色，AutoCAD 也将使用此颜色来绘制图形。在"图层特性管理器"面板中，当前颜色将显示在颜色框中，其名称将显示在右旁，如图 4-65 所示。

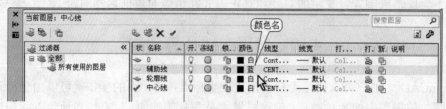

图 4-65 当前颜色将显示在颜色框中

"选择颜色"对话框中提供有多种颜色系统，初学者可参阅下述内容来选择使用它们。

1. ACI 颜色（AutoCAD 颜色索引）

ACI 颜色是 AutoCAD 中使用的标准颜色。在这个颜色系统中每一种颜色用一个 ACI 编号（1 到 255 之间的整数）标识。标准颜色名称仅适用于 1 到 7 号颜色。颜色指定如下：1 红、2 黄、3 绿、4 青、5 蓝、6 洋红、7 白/黑。

2. 真彩色

真彩色使用 24 位颜色定义来显示 1600 万种颜色。指定真彩色时，可以使用 RGB 或 HSL 颜色模式。如果使用 RGB 颜色模式，则可以指定颜色的红、绿、蓝组合；如果使用 HSL 颜色模式，则可以指定颜色的色调、饱和度和亮度要素。

3. 配色系统

通过"选择颜色"对话框可以使用标准配色系统，也可以输入用户定义的配色系统，以进一步扩充可供使用的颜色选择。通过 AutoCAD "选项"对话框中的"文件"选项卡，即可在系统中安装配色系统。加载配色系统后，就能从配色系统中选择颜色并将其应用到图形中的对象。

AutoCAD 的所有对象都使用当前颜色创建，该颜色显示在"特性"选项板的"颜色"控件中。也可以使用"颜色"控件或"选择颜色"对话框设置当前颜色。如果当前颜色设置为 ByLayer（随层），则将使用当前图层的颜色来创建对象。如果不希望当前颜色成为当前图层的指定颜色，可以指定其他颜色。如果当前颜色设置为 ByBlock（随块），则使用 7 号颜色（白色或黑色）来创建对象，直到将对象编组为块。将块插入到图形中时，它才采用当前的颜色设置。若要修改现有对象的颜色，可执行 CHANGE 命令。

步骤 3 在"常用"标签中的"图层"面板里确认当前图层为"辅助线"，否则就从"图层"列表中选定此图层，让它成为当前图层，如图 4-66 所示。

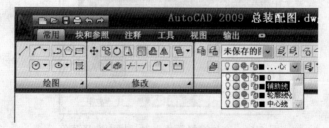

图 4-66 选定"辅助线"图层

步骤 4　从"常用"标签的"绘图"面板中选择"多段线"工具，将多段线的起点定在图 4-67 所示的"交点"处，用下述对话过程绘制多段线。

命令: _pline
指定起点: 指定图 4-67 所示的"交点"，然后打开正交方式，并将光标移至此点的右上方
当前线宽为 0.0000
指定下一个点或 [圆弧(A)/半宽(H)/长度(L)/放弃(U)/宽度(W)]:@28<90
指定下一点或 [圆弧(A)/闭合(C)/半宽(H)/长度(L)/放弃(U)/宽度(W)]: <正交 开> 'CAL
>> 表达式: 225.92/2
112.96
指定下一点或[圆弧(A)/闭合(C)/半宽(H)/长度(L)/放弃(U)/宽度(W)]: 指定图 4-68 所示的"垂足"
指定下一点或 [圆弧(A)/闭合(C)/半宽(H)/长度(L)/放弃(U)/宽度(W)]: Enter

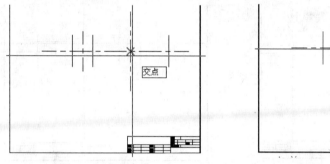

图 4-67　指定起点　　　　　　　　图 4-68　指定下一点

上述操作用于绘制一条辅助线，其结果如图 4-69 所示。对话中输入的@28<90 坐标值采用大齿轮半宽度值为长度，并在垂直方向上以此长度绘制一条直线。下面的操作中需要在正交方式下事先将光标移至某一个方向，以便由 CAL 命令计算出的值沿此方向确定相对极坐标的角度方向，并被 AutoCAD 直接引用计算出的坐标值。对话中输入的单引号（'）表示要透明执行 CAL 命令。

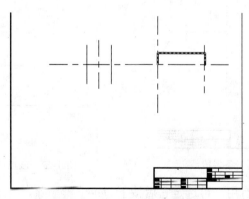

图 4-69　绘制一条辅助线

注意："透明"执行的意思是要在执行某一条命令期间执行另一条命令。能在其他命令执行期间，透明执行的命令称为"透明命令"。除 CAL 命令以外，AutoCAD 还提供有许多这类命令，在 AutoCAD 命令列表中，前面有一个单引号的命令都是透明命令，如前面所述的 SNAP、GRID 就是这种命令。

步骤5　参见图 4-66，从"图层"面板的"图层"列表里选定"轮廓线"图层，让它成为当前图层。然后，按下述对话过程继续执行 PLINE 命令。

```
命令: _pline
指定起点: Enter
当前线宽为 0.00
指定下一个点或 [圆弧(A)/半宽(H)/长度(L)/放弃(U)/宽度(W)]: W
指定起点宽度 <0.00>: 0.8
指定端点宽度 <0.80>: Enter
指定下一个点或 [圆弧(A)/半宽(H)/长度(L)/放弃(U)/宽度(W)]: 指定图 4-70 所示的"端点"
指定下一个点或 [圆弧(A)/半宽(H)/长度(L)/放弃(U)/宽度(W)]: 指定图 4-71 所示的"端点"
指定下一点或 [圆弧(A)/闭合(C)/半宽(H)/长度(L)/放弃(U)/宽度(W)]: Enter
```

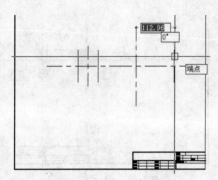

图 4-70　选定"端点"

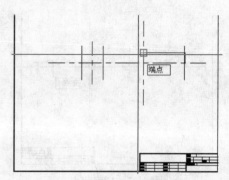

图 4-71　选定"端点"

上述操作应用图 4-69 所示的辅助线确定多段线的起点。对话中对"指定起点:"提示给出了一个空回答，这是一个很有用的操作技巧，其结果是引用前面绘图操作中使用的最后一个坐标点，这里该点就是图 4-68 中的"垂足"点。这段对话过程绘制的多段线如图 4-72 所示。初学者可试试采用其他方法确定此多段线的起点，图 4-73 显示了该点与节圆线的距离。

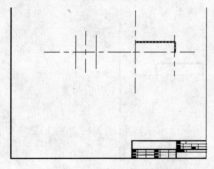

图 4-72　绘制一条多段线

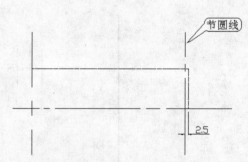

图 4-73　该点与节圆线的距离

此后，该辅助线不再有用，可选定它后按下 Delete 键删除。

4.11　CAL 命令

如上所述，AutoCAD 的 CAL 是一个透明命令，是由 AutoLISP 程序提供的在线计算功能。AutoLISP 是嵌入在 AutoCAD 内部的一种计算机高级语言，通过它可程序化地绘制图形，特别适用于专业绘图人士，因此工程设计时通常只使用它开发的应用程序。这条命令的使用结果与 AutoCAD 系统中的单位定义密切相关，初学者按本书所述的内容操作即可正确地应用单位，但掌握 CAL 命令的全部功能需要花费较多的时间，本节仅提供下述示例表达式，以便于用户在以后的设计绘图操作中参考执行 CAL 命令。

执行时，"命令："提示区中将显示该命令的提示行：

　　>>表达式：

该行提示请求用户给出一个用于几何计算的表达式。

在深入学习使用 CAL 命令前，可通过下面的两个实例了解该命令在设计与绘图中的使用方法。

实例 1　如图 4-74 所示，一个圆的圆心位于某直线的端点处，现将此圆沿此直线移动 6.25 个绘图单位。

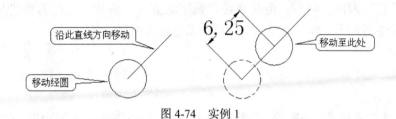

图 4-74　实例 1

对话过程如下：

　　命令: MOVE
　　选择对象: 选择圆
　　选择对象: Enter
　　指定基准点或位移: 选定圆心点
　　指定位移的第二点或 <使用第一点作为位移>: 'CAL
　　>> 表示式: pld(end,end,6.25)
　　>> 选择一个端点给 VEE1: 选择直线位于圆内的端点
　　>> 选择另一个端点给 VEE1: 选择直线的另一个端点

注意： 在屏幕上选取点时，若靶区比较大，则应放大显示图形再来选择直线的端点，以免捕捉到其他的坐标点。

实例 2　将圆移至距直线另一端点 6.25 个绘图单位处，如图 4-75 所示。使用的对话过程如下所述。

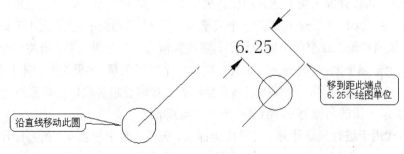

图 4-75　实例 2

命令: MOVE

选择对象: 选择圆

选择对象: Enter

指定基准点或位移: 选定圆心点

指定位移的第二点或 <使用第一点作为位移>: 'CAL

>> 表示式: pld(end,end,6.25)

>> 选择一个端点给 VEE1: 选择直线远端点

>> 选择另一个端点给 VEE1: 选择直线的近端点

由于 AutoCAD CAL 命令是一个 AutoLISP 程序提供的功能，对该表达式的响应实际上是给出一个子表达式，除了应当满足 AutoLISP 表达式的书写法则外，还必须符合标准的数学运算法则：在表达式中可以包括层数不等的子表达式；在计算一条表达式时最内层的子表达式优先计算，再按顺序计算紧靠内层子表达式的各外层子表达式。再其次是计算乘、除，最后计算加、减。计算顺序为由左向右。但是在进行数字运算时，表达式使用的格式与前面所述的 AutoLISP 的标准格式不一样，而与人们通常习惯的格式相同。例如：

1+2+3

这可以作为对"表达式:"提示行的回答，因为它将等同于 AutoLISP 的如下表达式：

(+ 1 2 3)

这是一条数学表达式，由实数、整数与表 4-2 所列的操作符号组合而成。数学表达式用于进行加、减、乘、除、指数以及组运算。

表 4-2　　数学表达式与所用的操作符号

操作符号	操作	表达式示例
( )	组表达式	5*(9+12.9)
^	指数	(5.8^2) + PI(PI=3.1415926)
*	乘	(5.8^2)*2
/	除	(5.8^2)/2
+	加	(5.8^2)+2
-	减	(5.8^2)-2

注：PI 为圆周率。

CAL 命令还可以计算矢量表达式的值。矢量具有方向和大小，可以是三维的，也可以是二维的。例如：出点 p1 与点 p2 构成的一个矢量方向为 p1 点指向 p2 点，大小为该两点间的最短距离。如果该两点是三维空间中的坐标点，则该矢量为一个三维矢量，若将这个三维矢量正交投影在某一个坐标平面内，该垂直投影矢量则为一个二维矢量。如果这两点本身就是二维的，则该矢量即为二维矢量。通常，没有指定起点坐标的矢量将被理解成以坐标原点为起点。例如，矢量 v(p1)，表示矢量的名称为 v，由坐标原点指向点 p1。

矢量表达式用于进行矢量计算，可以由坐标点、矢量、数字与表 4-3 所列操作符号的组合构成。

表 4-3　矢量表达式与所用的操作符号

操作符号	操作	表达式示例
( )	组表达式	5*(9+12.9)
&	确定矢量与矢量的乘积	[a,b,c]&[x,y,z]=[(b*z)-(c*y),(c*x)-(a*z),(a*y)-(b*x)]
*	确定矢量的乘积	[a,b,c]*[x,y,z] = ax+by+cz
*	矢量与实数的乘	a*[x,y,z] = [a*x,a*y,a*z]
/	矢量与实数的商	a/[x,y,z] = [a/x,a/y,a/z]
+	矢量的加	[a,b,c]+[x,y,z] = [a+x,b+y,c+z]
-	矢量的减	[a,b,c]-[x,y,z] = [a-x,b-y,c-z]

使用矢量表达式时，可以进行一些特殊操作。例如，表达式 A+[1,2,3]，将提供相对于 A 点的矢量位置：[1,2,3]。中括号([])中的数字为坐标点值。再如，表达式[2<45<45] + [2<45<0] - [1.02, 3.5, 2]，将加入两个使用球坐标描述的矢量点和减去一个使用绝对坐标描述的矢量点。

AutoCAD CAL 命令允许用户在数学表达式中使用 AutoLISP 函数进行计算。实际上使用 AutoLISP 函数将为该命令赋予非常有意义的实用价值。用户可以使用的 AutoLISP 各函数按功能分类如下。

1. 标准数学函数

用于 AutoCAD CAL 命令的标准数学函数如表 4-4 所列。

表 4-4　用于 AutoCAD CAL 命令的标准数学函数

函数与格式	功能	示例
sin(角度)	计算角度的正弦值	5*sin(60)
cos(角度)	计算角度的余弦值	5*cos(60)
tang(角度)	计算角度的正切值	5*tang(60)
asin(实数)	计算反正弦值，取值范围必须在-1～+1 之间	5*asin(0.6)
acos(实数)	计算反余弦值，取值范围必须在-1～+1 之间	5*acos(0.6)
atan(实数)	计算反正切值	5*atan(0.5)
Ln(实数)	计算 e 的自然对数	5*Ln(9)
log(实数)	计算底数为 10 的对数	5*log(9)
exp(实数)	计算自然指数	5*exp(9)
exp10(实数)	基于底数 10 求指值	5*exp10(9)
sqr(实数)	计算平方数	5*sqr(5)
sqrt(实数)	计算平方根值，必须使用大于或者等于 0 的参数	5*sqrt(25)
abs(实数)	计算实数的绝对值	5*abs(-0.8)
round(实数)	将实数圆整至最接近的整数	5*round(3.78)
trunc(实数)	取实数的整数部分	
转换弧度为度	r2d(pi)，转 pi 为 180 度	r2d(弧度)
转换度为弧度	d2r(180)	d2r(角度)

注：pi 即为π，表示圆周率，其值在 3.1415926～3.1415927 之间，通常取值为 3.14。

2. 矢量计算函数

AutoLISP 提供的矢量计算功能非常强大。用户可以使用的这类函数如表 4-5 所列。初学者需要注意到，这些函数的参数由对象捕捉方式构成，如函数 vec(p1,p2)中的 p1 与 p2 参数分别为两个坐标点，但需要由对象捕捉方式来确定，如下面的对话就将计算一个圆心与一条直线端点的矢量，用户可参照这段对话在 AutoCAD 中多做些练习，这里就不另给出示例了。

>> 表达式: 5*vec(cen,end)
>> 选择图元用于 CEN 捕捉:
>> 选择图元用于 END 捕捉:

表 4-5　矢量计算函数

函数与参数	功能
vec(p1,p2)	确定从点 p1 至点 p2 的矢量
vec1(p1,p2)	提供从点 p1 至点 p2 的单位矢量
L*vec1(p1,p2)	确定由点 p1 指向点 p2 的长度
a+v	由点 a 通过矢量 v 计算出点 b
abs(v)	计算矢量 v 的长度
absA([p1,p2,p3])	计算由 p1,p2,p3 点定义的矢量长度
nor	计算用户所选择的圆、弧或者多段线的圆弧段的单位正交矢量
nor(v)	计算矢量 v 投影在当前 UCS XY 平面上分量的二维单位正交矢量
nor(p1,p2)	计算由点 p1 与点 p2 所定义直线的二维单位正交矢量
nor(p1,p2,p3)	计算由点 p1 与点 p2 和 p3 所定义平面的三维单位正交矢量

AutoCAD 提供的图形对象捕捉方式可以在"草图设置"对话框中看到，将它们应用在 CAL 命令中时，需要使用英文名。前面的操作中仅应用了部分对象捕捉方式，它们都是常用的捕捉方式。在 CAL 命令中常用的对象捕捉方式与用途、英文全称如表 4-6 所列，在"命令"提示区中操作时，需要输入这些英文名，而不能使用中文名。

表 4-6　在 CAL 命令中常用的对象捕捉方式

捕捉方式	全称	中文意思
END	ENDPOINT	端点
INS	INSERT	插入点
INT	INTERSECTION	交点
MID	MIDPOINT	中点
CEN	CENTER	圆心点
NEA	NEAREST	最近点
NOD	NODE	嵌入点
QUA	QUADRANT	象限点
PER	PERPENDICULAR	垂足
TAN	TANGENT	切点

3. 辅助计算函数

辅助计算函数为用户使用图形光标在当前图形中给出一个精确的坐标点、过滤一个矢量坐标点的坐标轴与坐标平面上的分量平面、计算点的距离、角度与旋转值等提供了支持，如表 4-7 所示。

表 4-7 辅助计算函数

函数与参数	功能	示例
cur	使用图形光标给定一个坐标点	cur+1.2*[3,2]
w2u(p1)	转换 WCS 中的点 p1 至当前 UCS 中	w2u([0,0,0])
u2w(p1)	转换当前 UCS 中的点 p1 至 WCS 中	u2w ([0,0,0])
xyof(p1)	计算 p1 点的 X 与 Y 轴方向分量，Z 轴方向的分量设置为 0.0	xyof(a)+zof(b)
xzof(p1)	计算 p1 点的 X 与 Z 轴方向分量，Y 轴方向的分量设置为 0.0	xzof(a)+zof(b)
yzof(p1)	计算 p1 点的 Y 与 Z 轴方向分量，X 轴方向的分量设置为 0.0	yzof(a)+zof(b)
xof(p1)	计算 p1 点的 X 轴方向分量，Z 与 Y 轴的分量设置为 0.0	xof(a)+zof(b)
yof(p1)	计算 p1 点的 Y 轴方向分量，Z 与 X 轴的分量设置为 0.0	yof(a)+zof(b)
zof(p1)	计算 p1 点的 Z 轴方向分量，Y 与 X 轴的分量设置为 0.0	zof([2<45<45])
rxof(p1)	计算 p1 点的 X 轴方向分量	rxof(a)
ryof(p1)	计算 p1 点的 Y 轴方向分量	ryof(a)
rzof(p1)	计算 p1 点的 Z 轴方向分量	rzof(a)
plt(p1,p2,t)	通过 p1 点与 p2 点参考位置 t 计算直线上的点	plt(cen,int,t)
pld(p1,p2,dist)	通过点 p1 与 p2 参考距离 dist 计算直线上的一个点	pld(cen,cen,dist)
rot(p, origin,45)	使点 p 绕坐标轴原点(origin)旋转一个角度(ang)	rot(cen, origin,ang)
rot(p,AxP1,AxP2,ang)	绕点 AxP1 与 AxP2 所确定的轴线旋转点 p 一个角度	rot(p,AxP1,AxP2,45)
ill(p1,p2,p3,p4)	计算由 p1 点与 p2 点所定义的直线同 p3 点与 p4 点所定义直线的相交点	ill(cen,cen,end,end)
illp(p1,p2,p3,p4,p5)	计算 p1 点与 p2 点所定义的直线与 p3、p4、p5 所确定的平面的相交点	illp(cen,cen,end,end,int)
dist(p1,p2)	计算点 p1 与点 p2 之间的距离	dist(cen,cen)
dpl(p,p1,p2)	计算点 p 至由 p1 点与 p2 点所定义的直线的距离	dpl(p,end,end)
dpp(p,p1,p2,p3)	计算点 p 至由点 p1、p2、p3 所定义平面的距离	dpp(p,end,end,end)
rad	计算用户指定的一个圆、圆弧或者多段线的圆弧段的半径	rad
ang(v)	计算 X 轴与矢量 v 在当前 UCS XY 平面上投影分量的夹角	ang(cen)
ang(p1,p2)	计算 X 轴与由点(p1,p2)所定义的直线在当前 UCS XY 平面上的投影线的夹角	ang(cen,end)
ang(apex,p1,p2)	计算直线(apex, p1)与直线(apex, p2)在当前 UCS XY 平面上的投影线的夹角	ang(apex,cen,end)
ang(apex,p1,p2,p)	计算直线(apex,p1)与直线(apex,p2)的夹角	ang(apex,cen,end,p)
cvunit(N, cm, chin)	把数值 N 由公制厘米单位转换为英制英寸单位	cvunit(30.04, cm, chin)

4.12　复习

本章讲述了在 AutoCAD 中设置图幅与绘制二维正交投影视图的基本方法，涉及的内容包括创建图层与设置当前图层，定义图层中的线型与颜色、绘制主视图、根据主视图获得其他视图中的正交投影视图，以及修剪图形、镜像复制图形等编辑操作。复习本章内容时，需要注意下述问题。

重点内容：

- 图层的概念。
- 创建新的图层、设置图层的线型与颜色、设置当前图层。
- 使用 CAL 命令在线计算表达式并引用其结果。
- 透明命令与透明执行命令。
- 修剪图形的基本操作。
- 自动引用上一点。
- 临时设置捕捉方式。

熟练应用的操作：

- 设置与使用图层，设置与使用线型、颜色。
- 制定绘图需要的辅助线。
- 由三视图中的一个视图获取另一个视图的正交投影点。
- 透明执行 CAL 命令计算简单的数字运算表达式。
- 在正交方向上自动引用透明执行 CAL 命令的计算结果。
- 自动引用上一点。
- 选择上一个对象与前一个对象。
- 使用"窗口"与"交叉"方式选定对象。

AutoCAD 的图层与在线计算功能是开展设计工作的重要工具，没有它们将会使绘图操作变得非常复杂，因此初学者除了要认真复习本章内容外，还应当多做些相关的练习，最终达到熟练应用的程度。

复习时可从下述方面入手。

1.　使用辅助线快速而精确地绘制图形

绘制与应用辅助线是使用 AutoCAD 的重要技巧，初学者需要通过绘图实践来掌握它。通常，用户的操作经验与习惯决定是否使用辅助线，或者怎样使用它。在工程设计中，当操作需要一个可供鼠标器捕捉的定位点，以便于快速绘制或者移动图形对象时，若当前图形中没有适当的对象提供"端点"、"中点"、"圆心"等特定的坐标点，而要绘制的图形又需要精确定位于除这些点之外的地方，就可以考虑绘制必要的辅助线。

注意： 使用辅助线的另一个重要原则是绘制时，应当为删除它时留下方便。为此可让所绘制的辅助线不与其他的图形对象完全重叠在一起，以便后面删除时轻易地被鼠标器选定，或者由"窗口"方式选定。

2. 通过设计与绘图实践了解 CAL 命令的使用特点

CAL 命令是用户的在线计算器。该命令的功能非常强大，也难以被初学者全面掌握。不过，不是所有的用户都会使用到此命令的所有功能，有些功能可能是个别用户永远也不会使用的，绝大数用户仅使用其中的部分功能。本书的配套练习册中提供了一些应用实例，初学者参照它们多做练习，即可了解 CAL 命令的各种用途。

3. 学会创建新的图层和设置当前图层

在图层的应用方面，初学者需要认真思考的是什么时候创建图层，怎样应用图层。在工程设计实践中创建图层的基本原则有下述两点。

● 为应用不同的线型与颜色分别创建和使用图层。

尽管 AutoCAD 允许在同一个图层中保存由不同线型或颜色绘制的对象，但为了便于编辑和修改图形，还是应当为应用不同的线型与颜色分别创建和使用图层。

● 为不同类别的对象分别创建和使用图层。

将不同类别的对象分类保存在不同的图层中，可以让绘图与编辑操作变得轻松和便捷。如在管道设计与绘图操作中，将各种并排放置的管道绘制在同一个图层中，无疑将会给观看图形带来很大的不便，而改为使用不同的图层保存不同用途的管道，利用图层的关闭与打开特性，即可轻易地解决这个问题。

在 AutoCAD 中设计与绘图时，还可以将各部件的图形绘制在不同的图形文件中，然后使用 AutoCAD 的参考引用功能，按"搭积木"的方式将它们组合成完整的产品设计图形。这样做不但操作效率高，而且还不容易出错，也十分有利于"边设计、边修改、边绘图"的"三边"工作方式。图层与这种"搭积木"绘图方式没有直接的关系，为了应用这种方式，则需要掌握图层的使用特性。

4.13　作业

本章的作业将进一步应用上述所讲内容。

作业内容：绘制好图 4-1 所示的图形。

操作提示：绘制俯视图时，可考虑使用镜像方法复制中心线、齿轮的轮廓线、机箱内壁线。

4.14　测试

时间：45 分钟　满分：100 分

一、选择题（每题 4 分，共 40 分）

1. 执行 ZOOM E 命令操作的结果将是（　　）。
　　A．扩展显示图形　　　　　　　　　B．尽可能大地显示图形范围的所有对象
　　C．以指定的比例因子缩放显示图形　　D．尽可能大地显示选定的图形
2. 创建新图层时，AutoCAD 将自动为它设置（　　）。
　　A．一个名称　　　B．颜色　　　C．线型　　　D．激活状态
3. AutoCAD 的线型不能用于（　　）。

　　A．直线　　　　　　　　B．圆　　　　C．多段线　　　D．文字

4．"最近点"捕捉的坐标点是（　　　）。

　　A．十字光标靶区内的点　　　　　　　B．十字光标靶区内某对象上的点

　　C．十字光标靶区附近某对象上的点　　D．预先设置离十字光标靶区最近的点

5．临时使用"最近点"捕捉方式的方法是（　　　）。

　　A．对指定点的提示回答：NEA　　　　B．执行相关命令时输入 NEA 参数

　　C．执行 NEA 命令　　　　　　　　　D．对"选择对象"提示回答：NEA

6．关于"窗口"选择方式与"交叉"选择方式的正确说法是（　　　）。

　　A．前者用一个窗口定义范围　　　　　B．两者都用一个窗口定义范围

　　C．选定的对象范围不同　　　　　　　D．两者都由一个矩形选定对象

7．执行 TRIM 命令时不必做的操作是（　　　）。

　　A．选定要修剪的对象　　　　　　　　B．指定用于修剪的边界线

　　C．延长要修剪的对象至边界线　　　　D．为选定对象放大显示图形

8．不能改变屏幕显示的操作是（　　　）。

　　A．转动鼠标器上的滚轮　　　　　　　B．执行 ZOOM 命令

　　C．拖动绘图区域底部边缘处的滚动条　D．执行 MOVE 命令

9．选择"前一个"对象的方法是（　　　）。

　　A．对"选择对象"提示回答 P　　　　B．对"选择对象"提示给出"空"回答

　　C．对"选择对象"提示回答 L　　　　D．在屏幕上选择一个对象

10．选择"上一个"对象的方法是（　　　）。

　　A．对"选择对象"提示回答 P　　　　B．对"选择对象"提示给出"空"回答

　　C．对"选择对象"提示回答 L　　　　D．在屏幕上选择一个对象

二、填空题（每题 4 分，共 40 分）

1．一个图层如同一幅_____，把所有的_____重叠在一起即可灵活地构成图形。定义与使用图层通常会伴随指定_____与_____进行操作。

2．用户可以指定某一个_____上的图形使用指定的_____与颜色，并且设置某一个层的当前状态，控制它们是否将_____显示出来与允许进行编辑操作。在同一个图形中可以建立多个图层，每一个图层名长度不得超过_____个字符。

3．在 AutoCAD 中，只有当前_____才会接受用户的所有绘图与编辑操作。当图形中有多个图层存在时，就需要事先设置_____图层，以便在该图层上_____图形，以及编辑现有的_____。

4．一个新的图层被创建时，AutoCAD 将_____为它分配一个名称：_____，而且在"图层特性管理器"面板的图层名文本框里，此名称处于编辑状态，因此用户可从_____上输入新图层名来替换它。若用户还要创建另一个图层，AutoCAD 就将使用"_____"来命名它们。

5．任何一个图层都需要使用一个用于标识它的_____，以便在需要的时候让有关命令准确地引用它。图层名可以使用_____、_____与某些专用_____，以及中文。

6．AutoCAD 中每种捕捉方式都有自己的_____，而且都可以在 AutoCAD 请求指定

一个_____时，输入一个关键字来引用一种相应的_____方式。常用的捕捉方式关键字有 MID（中点）、END_____、CEN（圆心）、INT（交点）。

7．定义一个用于选择对象的"窗口"时，若先指定右上角处的对角点，后选定左下角处的对角点，定义的就将是_____选择方式所用的窗口。先选定位于左边的_____，然后选定_____的对角点，如先指定左_____处的对角点，后选定右下角处的对角点，定义的就将是"窗口"选择方式所用的窗口。

8．"窗口"方式用于选择_____内的对象，"交叉"方式用于选择_____内，及与_____边框线相交的对象。可见，前者能更_____地选择对象，后者则在更大的范围内选择对象，这就是它们的使用特点。

9．"绘图"面板中容纳不下的修改工具，可以这样选用：单击_____下拉按钮后，不要释放_____上的按钮，让修改_____显示在屏幕上，继续移动鼠标器，将光标对准将要选择使用的_____，然后才释放鼠标器上的按键。

10．"透明命令"可在另一条命令_____期间执行。为了执行透明命令，在执行某一条期间期间，可先输入一个_____，接着输入透明命令名。AutoCAD 提供有许多条透明命令，如_____、_____等都是这类命令。

三、问答题（每题 5 分，共 10 分）

1．"窗口"选择方式的窗口如何定义？
2．改变屏幕上图形的显示大小与区域的操作有哪些？

四、操作题（每题 5 分，共 10 分）

1．只使用绘制圆与矩形的命令，绘制如图 4-76 所示的图形。
2．用最简便的方法绘制图 4-77 所示的圆，并与位于下方的圆和两旁的两条直线相切。

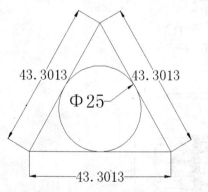

图 4-76　使用绘制圆与矩形的命令绘制的图形

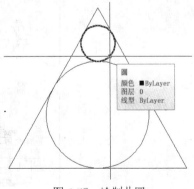

图 4-77　绘制此圆

第5章　绘制总装配图

工程设计中的总装配图是一些由二维线条构成的三视图。与传统的图板绘图相比，使用 AutoCAD 能更加精确和方便地确定各种零部件的大小尺寸与空间位置，如绘制轴承安装位置时，按《机械零件设计手册》中的参数是难以在图板上确定安装位置的，而在 AutoCAD 中不但能圆满地解决这个问题，还能高质量地快速绘制出轴承的剖视图。

本章内容

- 绘制总装配图中各零部件的图形，运用辅助线设计零部件的安装位置。
- 绘制剖视面，选择填充图案，以及绘制手绘线的方法。

本章目的

- 讲述在总装配图中绘制零部件的操作特点，快速而精确地定位的操作技巧。
- 填充图案的方法与选择图案的填充类型，使用无限长的直线作辅助线。

本章的操作内容丰富而复杂，其绘图顺序与操作结果如图 5-1 所示。

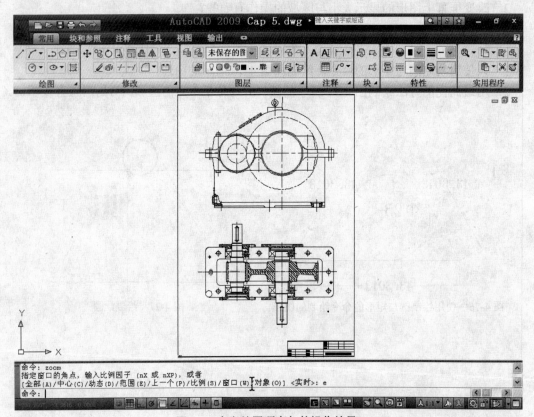

图 5-1　本章绘图顺序与的操作结果

操作内容

本章的操作结果将绘制一级传动齿轮减速器装配图的部分图形，结果如图 5-1 所示。涉及的操作内容如下所列。

● 绘制与编辑总装配图、应用辅助线精确绘制图形。

● 绘制剖面线。

本章涉及的命令与功能有：

● HATCH，定义图案的填充方式并填充图案。

● FILLET，使用与对象相切并且具有指定半径的圆弧连接两个对象。

● CHAMFER，倒角连接两个对象，使它们以平角或倒角相接。

5.1　设计与绘制转动零部件

机械产品的转动部件主要由转动轴与轴承，以及密封装置组成，在 AutoCAD 中设计时，可采用下述操作。

步骤 1　根据相关的机械设计技术标准与专用计算公式，计算出齿轮轴外伸段的直径值，并圆整为标准值。

步骤 2　根据圆整后的齿轮轴外伸段的直径确定轴承内径，并在《机械零件设计手册》中确定轴承类型与型号、找到轴承的宽度和外径值。通常，用户会首选使用滚动轴承，本书的示例也将这么做，表 5-1 列出了使用的相关参数值，它们也是《产品设计说明书》中可能用到的内容。

表 5-1　将要使用的相关参数值（单位：mm）

参数	值
输入轴轴承内径	35
输入轴轴承宽度	18.5
输入轴轴承外径	72
输出轴轴承内径	40
输出轴轴承宽度	20
输出轴轴承外径	80
轴承内端面与箱座内壁距离	15

步骤 3　根据润滑方式确定轴承内侧端面至箱体内壁的距离。

这个距离的取值范围为 5～15mm，稀油润滑与较小的轴承内径值可取较小的值，油脂润滑与较大的轴承内径值可取较大的值，图 5-2 显示了本教程的设计结果。

步骤 4　绘制设计图形，并进一步确定转动轴、密封装置的外形与几何尺寸。

接下来，用户需要一边绘图一边确定齿轮、齿轮轴、轴承座的几何尺寸与空间位置，并做些必要的编辑与修改处理。

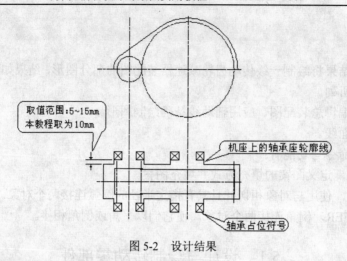

取值范围:5~15mm
本教程取为10mm

机座上的轴承座轮廓线

轴承占位符号

图 5-2　设计结果

5.2　设计轴承装配位置

用于机械传动的轴承可以是滚动轴承、滑动轴承，按照最新的国家标准，用户可以在总装配图中绘出它们的占位符后，再详细绘制它们在轴上不同位置处的图形。接着上一章的内容，下面的操作将根据表 5-1 中的参数绘制好总装配图中的滚动轴承占位符。

注意： 下面的操作将接着图 4-1 所示的结果进行。

步骤 1　按下述对话过程执行 ZOOM 命令。

命令: ZOOM

指定窗口的角点，输入比例因子 (nX 或 nXP)，或者[全部(A)/中心(C)/动态(D)/范围(E)/上一个(P)/比例(S)/窗口(W)/对象(O)] <实时>: W

指定第一个角点: 指定图 5-3 中十字光标所在的点

指定对角点: 指定图 5-4 所示的对角点

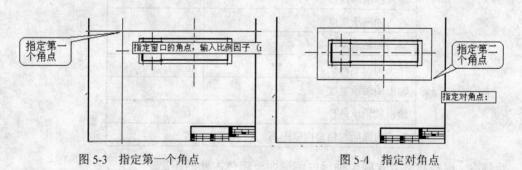

指定第一
个角点

指定窗口的角点，输入比例因子（t

指定第二
个角点

指定对角点:

图 5-3　指定第一个角点　　　　　　图 5-4　指定对角点

这一步操作用于放大显示俯视图，操作的结果如图 5-5 所示。如前所述，通过转动鼠标器上的滚轮与拖动绘图窗口的滚动条也能得到此结果，只是使用 ZOOM 命令的操作结果更精确。

步骤 2　将当前图层设置成"辅助线"，然后从"绘图"面板中选择"多段线"工具，并完成下述对话过程。

下述对话过程中，提示行后面圆括号中的内容为本书加入的注释文本，以便说明用户回答的参数用途与来源，以及在回答提示行前要做的操作，如当前光标需要放置的位置。

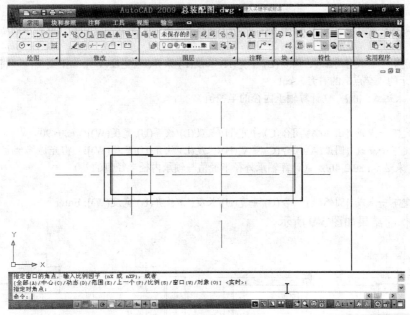

图 5-5　放大显示俯视图

命令: _pline

指定起点: 选定图 5-6 所示的"交点"

当前线宽为 0.0000

指定下一个点或 [圆弧(A)/半宽(H)/长度(L)/放弃(U)/宽度(W)]: @15<90（取轴承内端面距箱体的距离值）

指定下一点或 [圆弧(A)/闭合(C)/半宽(H)/长度(L)/放弃(U)/宽度(W)]: <正交 开> （将光标放置于图 5-6 所示的"交点"的右旁）'cal

>> 表达式: 35/2 （计算轴承内径的半径值）

17.5

指定下一点或 [圆弧(A)/闭合(C)/半宽(H)/长度(L)/放弃(U)/宽度(W)]: @18.5<90

指定下一点或 [圆弧(A)/闭合(C)/半宽(H)/长度(L)/放弃(U)/宽度(W)]: （将光标移至右上方）'cal

>> 表达式: 72/2-35/2（算轴承外径半径值与轴承内径半径值的差）

19.5

这步操作绘制一条如图 5-7 所示的多段线，用于确定轴承的位置与几何尺寸。下面的操作将绘制另一条辅助线。

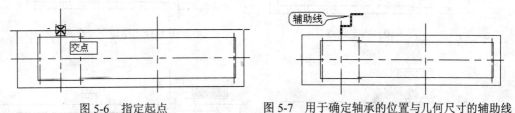

图 5-6　指定起点　　　　　　　图 5-7　用于确定轴承的位置与几何尺寸的辅助线

上述对话过程中的@18.5<90，用于绘制表示输入轴轴承宽度的辅助线。

命令: Enter

命令: PLINE

指定起点: 选定图 5-8 所示的"交点"

当前线宽为 0.0000

指定下一个点或 [圆弧(A)/半宽(H)/长度(L)/放弃(U)/宽度(W)]: @15<90（取轴承内端面距箱体的距离值）

指定下一点或 [圆弧(A)/闭合(C)/半宽(H)/长度(L)/放弃(U)/宽度(W)]: <正交 开>（将光标放置于图5-8中所示的"交点"的右旁）'cal

>> 表达式: 40/2 　（计算轴承内径的半径值）

20

指定下一点或 [圆弧(A)/闭合(C)/半宽(H)/长度(L)/放弃(U)/宽度(W)]: @20<90

指定下一点或 [圆弧(A)/闭合(C)/半宽(H)/长度(L)/放弃(U)/宽度(W)]:（将光标移至上方）'cal

>> 表达式: 80/2-40/2 　（计算轴承外径半径值与轴承内径半径值的差）

20

指定下一点或 [圆弧(A)/闭合(C)/半宽(H)/长度(L)/放弃(U)/宽度(W)]: Enter

上述操作的结果如图 5-9 所示。

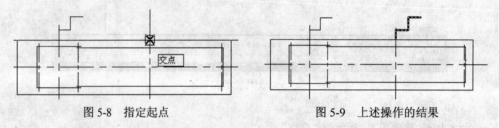

图 5-8　指定起点　　　　　　　　图 5-9　上述操作的结果

步骤 3　参照前面的操作，将当前图层设置为"轮廓线"，然后按下述对话过程执行 PLINE 命令。

命令: _pline

指定起点: 指定图 5-10 所示的"端点"

当前线宽为 0.00

指定下一个点或 [圆弧(A)/半宽(H)/长度(L)/放弃(U)/宽度(W)]: 指定图 5-11 所示的"端点"

指定下一点或[圆弧(A)/闭合(C)/半宽(H)/长度(L)/放弃(U)/宽度(W)]: 指定图 5-12 所示的"端点"

指定下一点或[圆弧(A)/闭合(C)/半宽(H)/长度(L)/放弃(U)/宽度(W)]: 指定图 5-13 所示的"垂足"

指定下一点或 [圆弧(A)/闭合(C)/半宽(H)/长度(L)/放弃(U)/宽度(W)]: Enter

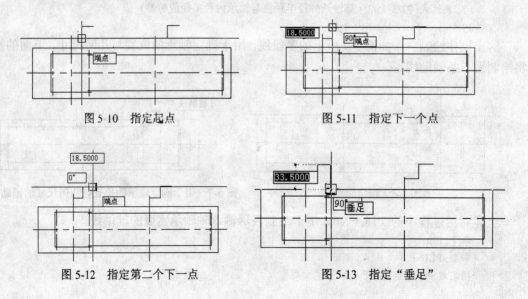

图 5-10　指定起点　　　　　　　　图 5-11　指定下一个点

图 5-12　指定第二个下一点　　　　图 5-13　指定"垂足"

命令: Enter

命令: _pline

指定起点: 指定图 5-14 所示的"端点"

当前线宽为 0.00

指定下一个点或 [圆弧(A)/半宽(H)/长度(L)/放弃(U)/宽度(W)]: 指定图 5-15 所示的"垂足"

指定下一点或 [圆弧(A)/闭合(C)/半宽(H)/长度(L)/放弃(U)/宽度(W)]: Enter

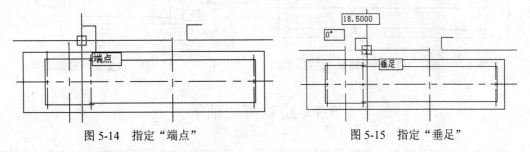

图 5-14　指定"端点"　　　　　　图 5-15　指定"垂足"

对话结束后，绘制的图形如图 5-16 所示。

步骤 4　参照步骤 3，绘制好大齿轮轴的轴承边框线。

此后，用于完成上述操作的辅助线不再有用了，用户可选定它们后，通过按键盘上的 Delete 键删除之，结果如图 5-17 所示。

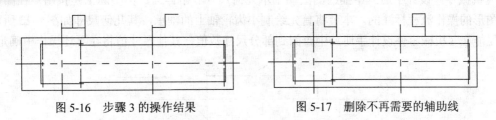

图 5-16　步骤 3 的操作结果　　　　　　图 5-17　删除不再需要的辅助线

注意： 用户也可以不使用多段线，而用直线（由 LINE 命令绘制）来完成上述操作，以避免使用辅助线。不过，由于直线不如多段线用途广泛，因此许多 CAD 工程师不采用这种方法。此外，轴承占位符是一个方框线，因此它也能由"矩形"工具来绘制，而且在上述辅助线的帮助下也容易完成，但总的工作量与绘制多段线相差不多，因而 CAD 工程师们通常不采用这种方法。

步骤 5　从"常用"标签中的"绘图"面板里选择"镜像"工具，通过镜像复制的方法复制图 5-17 所示两个轴承占位符。

操作时，可先镜像复制一个轴承占位符，如图 5-18 所示，接着再镜像复制另一个，如图 5-19 所示。

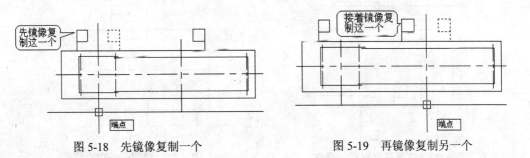

图 5-18　先镜像复制一个　　　　　　图 5-19　再镜像复制另一个

最后，选定已有的四个轴承占位符，如图 5-20 所示，并以水平中心线为镜像线，镜像复制它们，结果如图 5-21 所示。

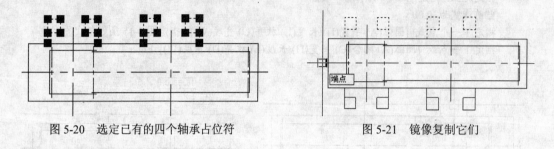

图 5-20　选定已有的四个轴承占位符　　　　图 5-21　镜像复制它们

5.3　绘制滚动轴承

滚动轴承有多种类型，按照最新的国家标准，用户可以在总装配图中绘出它的占位符，而不必给出完成的外观。不过，为了设计转动轴，绘制出滚动轴承的标准几何尺寸是很有必要的。为此，用户需要掌握一些操作技巧，本节的操作步骤如下所述。

步骤 1　查阅《机械零件设计手册》，详细了解用户所选用的滚动轴承的几何尺寸。

《机械零件设计手册》中描绘的滚动轴承几何尺寸非常详细，但实际上是按用户在图板上绘制图形的操作流程标注的。本节将首先绘制小齿轮轴上的轴承，其几何尺寸如图 5-22 所示，用户仅能在《机械零件设计手册》中查阅到部分尺寸数值，其他尺寸值将在下述操作中确定。

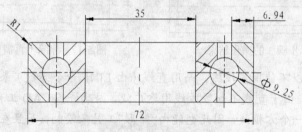

图 5-22　绘制小齿轮轴上的轴承

步骤 2　使用 ZOOM 命令放大显示小齿轮轴上的一个轴承占位符，以便于完成在屏幕上的取点操作，如图 5-23 所示。然后，参照前面的操作绘制一条水平中心线和一条垂直中心线，如图 5-24 所示。

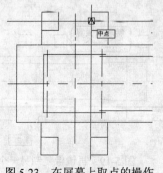

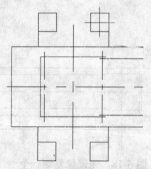

图 5-23　在屏幕上取点的操作　　　　图 5-24　绘制两条中心线

操作时，将当前图层设置为"中心线"图层，然后使用 LINE 或者 PLINE 命令绘制一条直线。直线的起点应定在图 5-23 所示的"中点"处，绘制好中心线后，选定该处的夹点，并使用夹点拉伸编辑的方法向左边延长直线，得到图 5-24 所示的结果。

步骤 3　从"常用"标签中的"绘图"面板中选定"圆"工具，将当前图层设置为"轮廓线"后，完成下述对话过程。

命令: _circle
指定圆的圆心或 [三点(3P)/两点(2P)/相切、相切、半径(T)]: 指定图 5-25 所示的"交点"
指定圆的半径或 [直径(D)] <100>: 'cal
>>>> 表达式: (72-35)/8
正在恢复执行 CIRCLE 命令。
指定圆的半径或 [直径(D)] <100>: 4.625

这里透明执行 CAL 命令的目的是计算出滚珠的直径，对话结束后 AutoCAD 绘制的圆如图 5-26 所示。

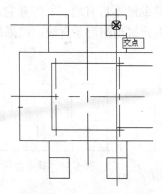

图 5-25　指定"交点"

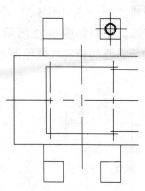

图 5-26　绘制滚珠

步骤 4　将当前图层设置为"辅助线"后，按下述对话过程绘制一条直线，结果如图 5-28 所示。

命令: _line
指定第一点: 指定图 5-27 所示的"圆心"
正在恢复执行 LINE 命令。
指定下一点或 [放弃(U)]: @15<60
指定下一点或 [放弃(U)]: Enter

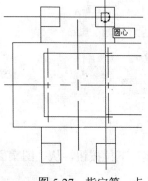

图 5-27　指定第一点

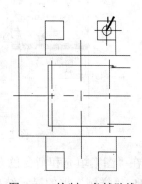

图 5-28　绘制一条辅助线

步骤 5　将当前图层设置为"轮廓线",并绘制一条直线。

操作时,可将图 5-29 所示的"交点"作为直线的起点,图 5-30 所示的"垂足"作为直线的终点。

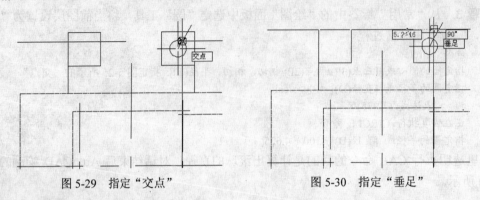

图 5-29　指定"交点"　　　　　　　图 5-30　指定"垂足"

操作结果将绘制一条如图 5-31 所示的直线。此后,辅助线不再有用了,删除它后水平镜像复制这条直线,结果如图 5-32 所示,再垂直镜像复制由此得到的两条直线,结果如图 5-33 所示,滚动轴承需要的轮廓线就绘制好了。

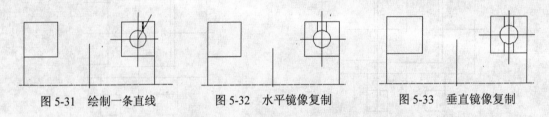

图 5-31　绘制一条直线　　　　　图 5-32　水平镜像复制　　　　　图 5-33　垂直镜像复制

5.4　填充剖面线

绘制好滚动轴承的轮廓线后,就可以按下述步骤填充剖面线了。

步骤 1　从"常用"标签中的"绘图"面板中选择"图案填充"工具,如图 5-34 所示。

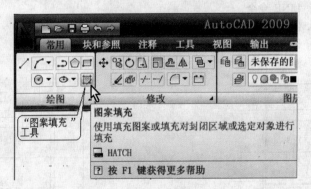

图 5-34　选择"图案填充"工具

步骤 2　在"图案填充和渐变色"对话框中单击"图案"下拉按钮,从"图案"下拉列表中选择 ANSI31,"样例"框的显示结果如图 5-35 所示。

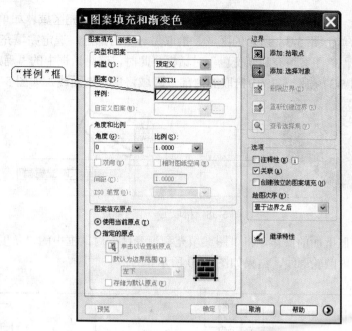

图 5-35 "样例"框的显示结果

ANSI31 是 AutoCAD 按 ISO 标准预定的填充图案。"图案"下拉列表中的所有图案都是这种预置于 AutoCAD 内部的填充图案，它们将保存在 AutoCAD 的图案库文件中。

步骤 3 将"角度"值设置为 0。接着，单击"添加:拾取点"按钮，如图 5-36 所示。

图 5-36 单击"添加：拾取点"按钮

注意："拾取"的意思是在屏幕上使用鼠标器选定一个对象。此对象可以是坐标点或者图形对象。

步骤 4 在绘图区域中单击要填充剖面图案的区域中央某处，如图 5-37 所示。

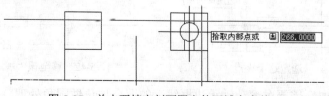

图 5-37 单击要填充剖面图案的区域中央某处

　　填充区域是一个闭合的区域。操作时，用户可以单击各填充区域。如单击图 5-37 所示的区域后，还可以单击图 5-38 所示的区域，拾取另一个内部点。选定完填充区域，按下 Enter 或空格键，将返回"图案填充和渐变色"对话框。此时，该对话框中的"确定"按钮就变得可用，单击它，图 5-37 与图 5-38 中拾取的内部点区域将填充剖面线，如图 5-39 所示。

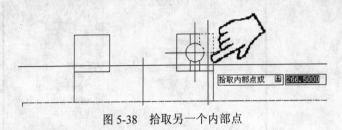

图 5-38　拾取另一个内部点

　　步骤 5　参照上面的操作，将"图案填充和渐变色"对话框中的"角度"值修改为 90，填充滚动轴承的内圈轮廓线，结果如图 5-40 所示。

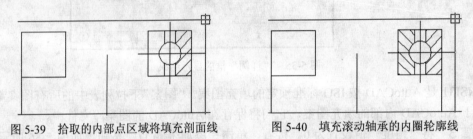

图 5-39　拾取的内部点区域将填充剖面线　　　　图 5-40　填充滚动轴承的内圈轮廓线

　　这步操作也可以改为镜像复制上一步填充的图案。操作时，可如同选择其他图形对象那样选定填充的图案。

5.5　合并多段线

　　在 AutoCAD 中，合并多段线操作的使用频率不高，通常只有那些由多条多段线构成的线条，并且在随后的编辑操作需要时，才合并它们为一条多段线，如下一节将圆角处理上面绘制的滚动轴承剖视图边框线，就需要合并多段线。

　　步骤 1　选定滚动轴承边框线，以及图 5-41 中十字光标所在的夹点，然后对它做拉伸夹点编辑操作，让该夹点移至图 5-42 所示的"端点"处。

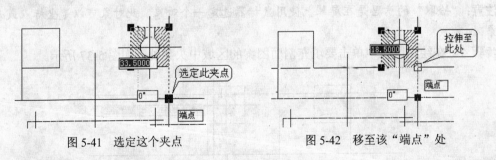

图 5-41　选定这个夹点　　　　　　　　　图 5-42　移至该"端点"处

　　在后面的操作中，需要对滚动轴承边框线上的四个顶角做圆角处理，因此这里需要拉伸

图 5-41 中选定的夹点，结果如图 5-43 所示。

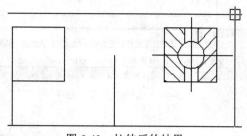

图 5-43　拉伸后的结果

步骤 2　在"命令:"提示符后输入命令 PEDIT，然后完成下述对话过程。

命令: PEDIT

选择多段线或 [多条(M)]: M

选择对象: 选定图 5-44 中靶区所在处的多段线

找到 1 个

选择对象: 选定图 5-45 中靶区所在处的多段线

找到 1 个，总计 2 个

选择对象: Enter

输入选项

[闭合(C)/打开(O)/合并(J)/宽度(W)/拟合(F)/样条曲线(S)/非曲线化(D)/线型生成(L)/放弃(U)]: J

合并类型 = 延伸

输入模糊距离或 [合并类型(J)] <0.00>: Enter

多段线已增加 3 条线段

输入选项

[闭合(C)/打开(O)/合并(J)/宽度(W)/拟合(F)/样条曲线(S)/非曲线化(D)/线型生成(L)/放弃(U)]: C

输入选项

[闭合(C)/打开(O)/合并(J)/宽度(W)/拟合(F)/样条曲线(S)/非曲线化(D)/线型生成(L)/放弃(U)]: Enter

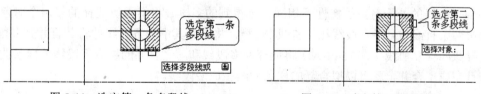

图 5-44　选定第一条多段线　　　　　　图 5-45　选定第二条多段线

按上述对话过程执行完 PEDIT 命令，操作中选定的那些多段线就将合并为一条多段线并闭合。在 AutoCAD 2005 以后的版本中，当用户对最后一行"选择对象:"提示给出空回答后，屏幕上将出现一个快捷菜单，可以从中选择"合并"命令来使用这个选项，如图 5-46 所示。

此后，PEDIT 命令将继续执行，用户也可以在下一次出现的快捷菜单中选择"闭合"命令，如图 5-47 所示。该选项还能创建多段线的闭合线段，以便连接多段线中的最后一条线段与第一条线段。在实际绘图操作中，使用该选项闭合多段线后，该多段线就不再是开放的。最后，对该命令的提示行给出一个空回答，即可结束对此命令的操作。

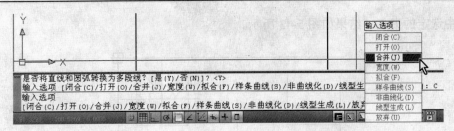

图 5-46　选择"合并"命令

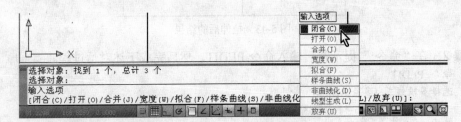

图 5-47　选择"闭合"命令

5.6　PEDIT 命令

这是一条用于编辑二维多段线的命令，也可以用来转换其他类型的二维线段（包括曲线）为多段线，这种转换的目的之一是用此命令来做些编辑修改操作。本章仅使用了此命令的两个选项：合并与闭合。其中，"闭合"选项在多段线没有闭合，处于打开状态时才会出现，若已经闭合了，该选项将由"打开"替换。

在合并多段线线段方面，如果直线、圆弧与另一条多段线的端点相互连接或接近，则可以将它们合并到打开的多段线。如果端点不重合，而是相距一段可设定的距离（在 AutoCAD 中称为"模糊距离"），则通过修剪、延伸或将端点用新的线段连接起来的方式合并端点。如果被合并到多段线的若干对象的特性不相同，则得到的多段线将继承所选择的第一个对象的特性。如果两条直线与一条多段线相接构成 Y 型，将选择其中一条直线并将其合并到多段线。合并将导致隐含非曲线化，AutoCAD 将放弃原多段线和与之合并的所有多段线的样条曲线信息。一旦完成了合并，就可以拟合新的样条曲线生成多段线。

5.7　圆角处理图形对象

圆角是机械设计中常用的操作，在"常用"标签中的"修改"面板中选择"圆角"工具，如图 5-48 所示，然后完成下述对话过程即可达到目的。

命令: _fillet
当前设置: 模式 = 修剪，半径 = 0.00
选择第一个对象或 [放弃(U)/多段线(P)/半径(R)/修剪(T)/多个(M)]: R
指定圆角半径 <0.00>: 1
选择第一个对象或 [放弃(U)/多段线(P)/半径(R)/修剪(T)/多个(M)]: P
选择二维多段线: 选择上一节合并的多段线，如图 5-49 所示
4 条直线已被圆角

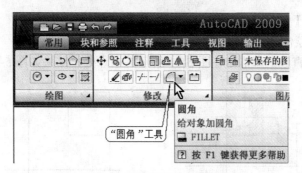

图 5-48　选择"圆角"工具

上述对话过程中，使用 R 回答 FILLET 命令提示行，即使用该提示行中的"半径"选项。此选项用于设置圆角半径，以便修改该命令默认的圆角半径值：0.00，本节的操作设置的圆角半径值为 1.00，圆角的结果如图 5-50 所示。用户在设置这个值时，需要根据国家颁布的技术标准操作。

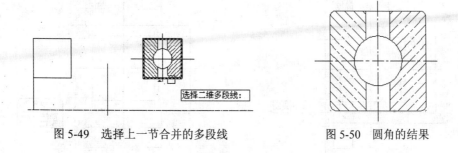

图 5-49　选择上一节合并的多段线　　　　　　图 5-50　圆角的结果

5.8　FILLET 命令

FILLET 命令用于按用户指定的半径圆滑连接二维直线、多段线、圆弧线等图形对象。一旦用户设置了半径，AutoCAD 就将使用它建立一条圆弧线，并且使用该圆弧线平滑连接两条直线、两段圆弧或圆、多段线等图形对象。在实际应用中，用户可用它圆滑处理的图形对象有：直线、圆弧线、圆、椭圆、二维封闭的或者打开的多段线，以及多段线中的各线段等，几乎所有常用的 AutoCAD 二维图形对象都可以用它圆滑连接。

如果被连接的两条线段没有相交，则该命令先让其相交后再按用户指定的圆角半径拟合平滑连接它们。利用这个特性，用户可以调整、延长两条直线或者两条圆弧线等线条，以便准确地与拟合圆弧相连接或者使原来不相交的线条相交在一点。还可以为整条多段线画出圆角或者去掉与修改原来的圆角。

如果系统变量 TRIMMODE 的值设置为 1，该命令还能修剪两条相交线条的多余部分来与拟合圆弧相连接。

5.9　更新图形对象

使用 AutoCAD 设计机械图形与传统的图板绘图有一个不同之处，那就是有时候需要删除一些图形对象，以便于更新它，下面的操作将说明这一点。

步骤 1 在上面绘制的滚动轴承右下角处添加一条直线。

操作时，可以将直线的起点定在图 5-51 所示的端点处，结果如图 5-52 所示。

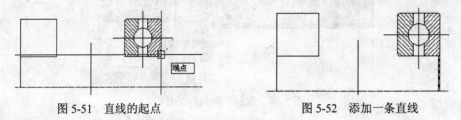

图 5-51 直线的起点 　　　　　　　　图 5-52 添加一条直线

步骤 2 将图 5-53 所示的十字光标位置作为左上角，向左下方拖动，制定一个图 5-54 所示的"交叉"选择方式所用的窗口后，按下键盘上的 Delete 键，删除由此窗口选定的图形对象。

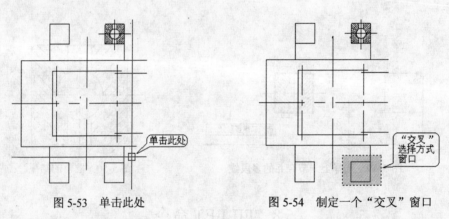

图 5-53 单击此处 　　　　　　　　图 5-54 制定一个"交叉"窗口

步骤 3 以齿轮的水平中心线为镜像线，镜像复制上面绘制的滚动轴承，如图 5-55 所示，结果如图 5-56 所示。

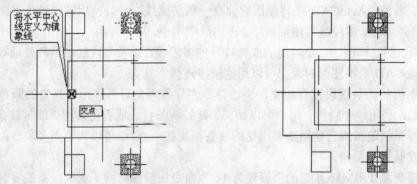

图 5-55 以齿轮的水平中心线为镜像线 　　　　图 5-56 镜像复制上面绘制的滚动轴承

在这些步骤中，步骤 1 用于恢复图 5-42 中移动夹点后缩短的直线。初学者需要注意到，此时不可以将夹点移回原处恢复原貌，最好的处理办法是绘制一条新的直线。接下来的操作就是先删除一个轴承占位符图形对象，然后将上面绘制的滚动轴承图形镜像复制在删除后的位置上，从而达到更新图形对象的目的。

5.10　绘制转动轴与轴承定位端盖

接下来，可以设计并绘制转动轴与轴承固定轴套。尽管转动轴是机构产品中的重要部件之一，但是在 AutoCAD 中完成上面的设计与绘图工作后，不难确定其几何形状与几何尺寸。但轴承定位端盖与转动轴上的定位台阶，则要按照国家颁布的轴承的安装尺寸技术标准设计，如上面绘制的滚动轴承安装尺寸如图 5-57 所示，本节的操作就使用这些安装尺寸绘制转动轴与轴承定位端盖。

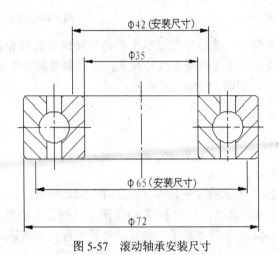

图 5-57　滚动轴承安装尺寸

步骤 1　将当前图层设置为"轮廓线"，然后按下述对话过程执行 LINE 命令绘制一条长度为 21 个绘图单位的直线。

这里也能使用 PLINE 命令绘制直线，使用 LINE 命令的目的是为了便于在后面的编辑操作中，仅处理绘制对象中的某一段直线。

命令: _line
指定第一点: 指定图 5-58 所示的"交点"
指定下一点或 [放弃(U)]: @21<180
指定下一点或 [放弃(U)]: 指定图 5-59 所示的"垂足"
指定下一点或 [闭合(C)/放弃(U)]: 指定图 5-60 所示的"垂足"
指定下一点或 [闭合(C)/放弃(U)]: Enter

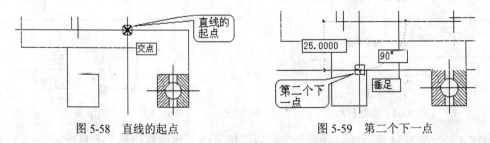

图 5-58　直线的起点　　　　　　　　图 5-59　第二个下一点

这段对话将直线的起点定在齿轮轴中心线与小齿轮轴轮廓线的交点处，@21<180 中的 21 为安装尺寸 φ42 的半径值，绘制的第一段直线用于确定随后要绘制直线段的起点。对话

过程中绘制的两段直线用于描述小齿轮轴的部分轮廓线，操作结果绘制出三段直线，如图 5-61 所示。

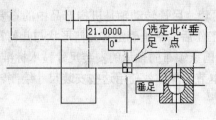

图 5-60　第三个下一点

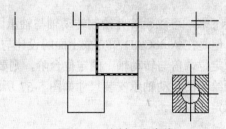

图 5-61　绘制三段直线

注意：在绘制个别图形时，某些绘图过程需要的辅助线可能隐含在操作中，如这里绘制的第一段直线就将用于确定后面要绘制直线的起点，它们都将是图形需要的直线段。

步骤 2　按下述对话过程执行 LINE 命令。

```
命令: Enter
命令: LINE
指定第一点: Enter
指定下一点或 [放弃（U）]: @32.5<180
指定下一点或 [放弃(U)]: Enter
```

该直线的起点如图 5-60 所示的"垂足"，结果如图 5-62 所示。

步骤 3　选定刚才绘制的直线，与位于图 5-63 所示"端点"的夹点，使用夹点移动编辑操作，将该直线移到图 5-64 所示的"垂足"处，其对话过程如下所述，结果如图 5-65 所示。

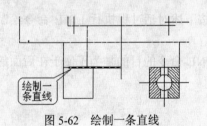

图 5-62　绘制一条直线

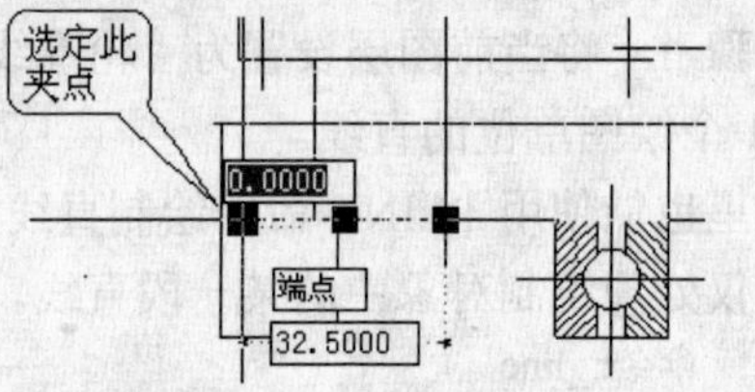

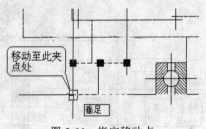

图 5-63　选定此夹点

```
** 移动 **
指定移动点或 [基点(B)/复制(C)/放弃(U)/退出(X)]: 指定图 5-64 所示的"垂足"
```

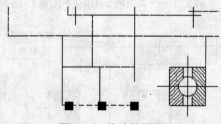

图 5-64　指定移动点

图 5-65　移动的结果

步骤 4　以图 5-64 所示的"垂足"为起点，按下述下述过程绘制一条直线。

```
命令: _line
指定第一点: 指定图 5-64 所示的"垂足"
```

指定下一点或 [放弃(U)]: @10<270
指定下一点或 [放弃(U)]: Enter

这段对话绘制的直线如图 5-66 所示，它将用于在图 5-67 所示的直角处做倒角处理。

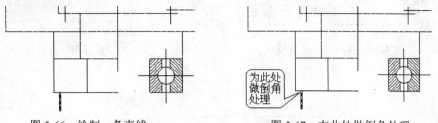

图 5-66　绘制一条直线　　　　　　　　　图 5-67　在此处做倒角处理

上述操作为滚动轴承制定好安装的固定位置与标记，为绘制相关的图形做好准备工作，接下来需要应用 AutoCAD 的倒角与圆角功能绘制这些图形。

5.11　倒角处理图形

"倒角"是机械设计与绘图中常用的操作，也是与圆角处理同样重要的一个问题，AutoCAD 也为它提供了专用命令，并允许设置倒角的距离尺寸，下面的操作就将应用它。

步骤1　从"常用"标签中的"修改"面板里单击"圆角"工具的下拉按钮，然后从下拉列表中选择"倒角"工具，如图 5-68 所示。接着，完成下述对话过程。

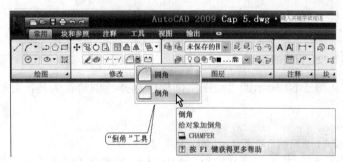

图 5-68　从下拉列表中选择"倒角"工具

命令: _chamfer
("修剪"模式) 当前倒角距离 1 = 0.00，距离 2 = 0.00
选择第一条直线或 [放弃(U)/多段线(P)/距离(D)/角度(A)/修剪(T)/方式(E)/多个(M)]: D
指定第一个倒角距离 <0.00>: 1
指定第二个倒角距离 <1.00>: Enter
选择第一条直线或 [放弃(U)/多段线(P)/距离(D)/角度(A)/修剪(T)/方式(E)/多个(M)]: 选择图 5-69 中示的直线
选择第二条直线，或按住 Shift 键选择要应用角点的直线: 选择图 5-70 中选定的直线

完成上述对话后，AutoCAD 将计算选择的第一条直线与第二条直线的交点，若没有相交，则适当延长后使其相交，然后按对话中对"指定第一个倒角距离"和"指定第二个倒角距离"提示信息回答的值分别截取一段距离，并用一条新的直线连接截取一段距离后的端点，如图 5-71 所示，从而完成倒角处理。

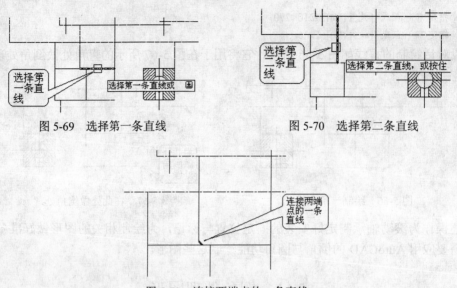

图 5-69　选择第一条直线　　　　　　　图 5-70　选择第二条直线

图 5-71　连接两端点的一条直线

步骤 2　以图 5-72 中的"端点"为起点，以图 5-73 中的"端点"为终点绘制一条直线。

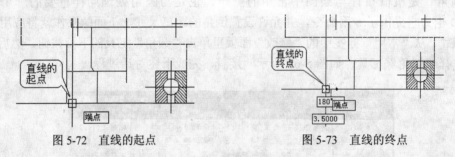

图 5-72　直线的起点　　　　　　　　图 5-73　直线的终点

步骤 3　再次从图 5-68 所示的"绘图"面板中选择"倒角"工具，并按下述对话过程进行倒角处理。

　　命令:_chamfer
　　（"修剪"模式）当前倒角距离　1 = 1.00，距离　2 = 1.00
　　选择第一条直线或 [放弃(U)/多段线(P)/距离(D)/角度(A)/修剪(T)/方式(E)/多个(M)]: L
　　选择第二条直线，或按住 Shift 键选择要应用角点的直线: 选择图 5-74 中选定的直线
　　这段对话的结果如图 5-75 所示。

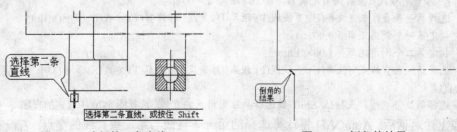

图 5-74　选择第二条直线　　　　　　　图 5-75　倒角的结果

　　上面的操作先是为转动轴上固定滚动轴承的台阶做了倒角处理，然后为该滚动轴承的另一个端面添加了一条直线，接着用它与另一条直线做了倒角处理。这两条直线将用于绘制固定

滚动轴承的端盖，后面的操作会用到它们。

再下来，从"绘图"面板中选择"圆角"工具，按下对话过程进行操作。然后，镜像这些倒角线与圆角线，就能看到转动轴与轴承端盖的设计雏形了。

```
命令: _fillet
当前设置: 模式 = 修剪，半径 = 1.00
选择第一个对象或 [放弃(U)/多段线(P)/半径(R)/修剪(T)/多个(M)]: R
指定圆角半径 <1.00>: 2.5
选择第一个对象或 [放弃(U)/多段线(P)/半径(R)/修剪(T)/多个(M)]: 选择图 5-76 所示的直线
选择第二个对象，或按住 Shift 键选择要应用角点的对象: 选择图 5-77 所示的直线段
```

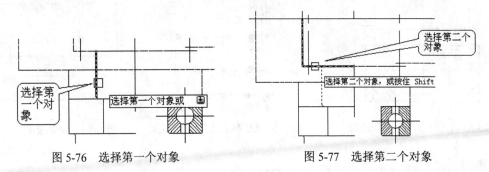

图 5-76　选择第一个对象　　　　　　图 5-77　选择第二个对象

镜像复制时，用户要选择的图形对象如图 5-78 所示，并可以先以转动轴的垂直中心线为镜像线进行操作，如图 5-79 所示。

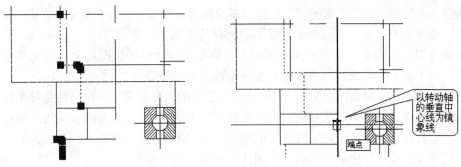

图 5-78　镜像复制要选择的图形对象　　　图 5-79　以转动轴的垂直中心线为镜像线

接着，使用夹点拉伸编辑方式，分别缩短图 5-80 中的直线，延长图 5-81 所示的直线，让结果符合机械制图标准。

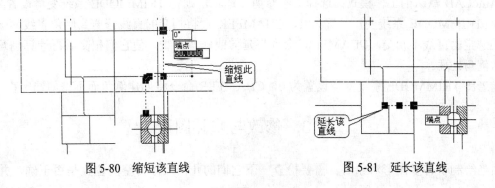

图 5-80　缩短该直线　　　　　　图 5-81　延长该直线

操作结果如图 5-82 所示。最后，以齿轮的水平中心线为镜像线，镜像复制图 5-83 中选定的图形对象，结果如图 5-84 所示，本节的操作就可以结束了。

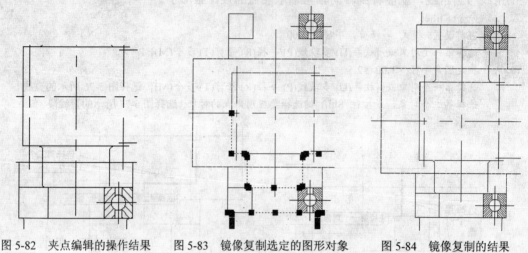

图 5-82 夹点编辑的操作结果　　图 5-83 镜像复制选定的图形对象　　图 5-84 镜像复制的结果

5.12 CHAMFER 命令

使用这条命令可以倒角处理两条直线，并连接这两条直线。在实际应用中，它通常用于处理直线与多段线。若要处理的两条直线或多段线没有相交，此命令将延长它们，使之相交后再处理。处理多段线时，可以为多段线上的所有角点加上倒角。

如果要倒角的两个对象都在同一图层上，则倒角线将位于该图层上；否则将位于当前图层上。使用"多个"选项可以为多组对象倒角而无须结束命令。

在初始状态下，倒角距离为 0。若用户指定了新的倒角距离，该距离将是每个图形对象与倒角线相接，或者与其他对象相交而进行修剪或延伸的长度。 如果两个倒角距离都为 0，倒角操作将修剪或延伸这两个对象直至它们相交，同时不创建倒角线。

通过该命令提示行中的"修剪"选项还能控制使用"修剪"模式。若使用，AutoCAD 将选定的边修剪到倒角直线的端点。操作时，该选项将显示提示：

　　　　输入修剪模式选项 [修剪(T)/不修剪(N)] <当前>:

从该行中选择"修剪"，就将使用修剪模式，并将 TRIMMODE 系统变量设置为 1，这也是 AutoCAD 默认的工作模式；选择"不修剪"选项，则将 TRIMMODE 系统变量设置为 0。如果 TRIMMODE 系统变量设置为 1，CHAMFER 会将相交的直线修剪到倒角直线的端点。如果选定的直线不相交，CHAMFER 命令将延伸或修剪直线，使它们相交后再计算倒角距离并做倒角处理。

若将 TRIMMODE 系统变量设置为 0，CHAMFER 命令将创建倒角而不修剪选定直线。

5.13 修改与修补图形

当绘制了许多图形对象后，需要检查一下它们的几何尺寸与空间位置是否正确，并添加一些必要的图形对象，以便继续设计并绘制后面的图形。例如，对于本书的示例来说，用户可以按下述操作修改与修补图形。

步骤 1　参照前面的设计参数，核查图形对象的几何尺寸与空间位置是否正确。

操作时，可以执行 DIST 命令测量两点的距离，这是检查几何尺寸与空间位置的有效方法，下面的对话过程就将测量滚动轴承内端面与齿轮端面的距离。

命令: DIST
指定第一点: 选定图 5-85 所示的"交点"
指定第二点: 选定图 5-86 所示的"交点"
距离 = 25.00，XY 平面中的倾角 = 270，与 XY 平面的夹角 = 0
X 增量 = 0.00，Y 增量 = -25.00，Z 增量 = 0.00

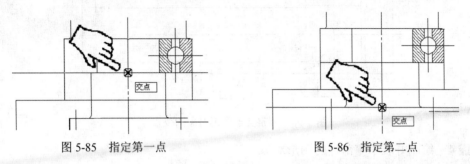

图 5-85　指定第一点　　　　　　　图 5-86　指定第二点

指定第二点后，该命令将测量这两点间的距离，并将测量结果以文本的形式报告给用户，其内容如上所列。

步骤 2　按 DIST 命令报告的结果修改图形。

DIST 命令能准确地测量出两点间的距离，以及直线与坐标系统 XY 平面的夹角，X 轴方向、Y 轴方向、Z 轴方向的增量。如上一步操作报告的结果可见，测量的两点间的距离为25.0000，但设计参数是 15.00，因此需要适当地修改图形。操作时，可先制定一个图 5-87 所示的窗口，选定要移动的图形对象，以及图 5-88 所示的"中点"的夹点，然后按下述夹点移动编辑对话过程移动它们。接着，使用夹点拉伸编辑的方法，修改移动后长度不再合适的各种线段，结果如图 5-89 所示。

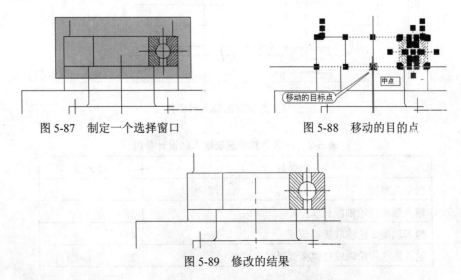

图 5-87　制定一个选择窗口　　　　　图 5-88　移动的目的点

图 5-89　修改的结果

** 移动 **

指定移动点或 [基点(B)/复制(C)/放弃(U)/退出(X)]: @9<270

步骤 3　按修正的结果调整其他图形对象的位置，或者几何尺寸。

在装配图中，修正一个零部件的几何尺寸或空间位置后，可能还要调整其他图形对象的位置或者几何尺寸，如这里就需要调整其他滚动轴承的位置，图 5-90 显示了调整后的结果。操作时，可以选择多种方法修改它们的位置，但最简单的就是删除镜像线另一侧的图形对象，然后将修改的结果镜像复制来取代这些删除的图形对象。

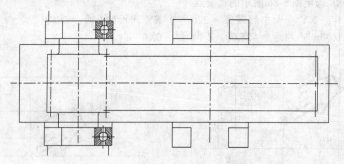

图 5-90　调整其他图形对象的位置

步骤 4　绘制好表示零部件的图形对象。

这步操作是绘制装配图的重要工作，因为它不但能完善零部件图形，还将确定其机械结构与几何尺寸。如输入轴带轮长度为 58（参阅表 5-2），通过绘图将确定其位置，机箱座与机箱盖联接端面宽度为 36，绘制好后，就能设计轴承端盖与油封，最终绘制好输入轴部件图，如图 5-91 所示。

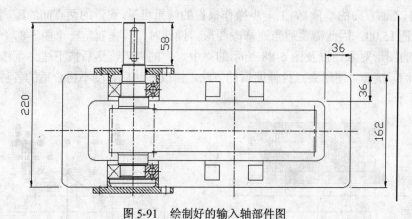

图 5-91　绘制好的输入轴部件图

表 5-2　一级齿轮减速器输入轴设计参数

参数	设计值
轴承盖厚度	10
输入轴端带轮轴段长度	58
输入轴端带轮轴联接键长度	45
输入轴端带轮轴联接键圆弧半径	2

续表

参数	设计值
输入轴轴承盖直径	112
输入轴带轮内端面与轴承盖的距离	18
机箱座与机箱盖结合面宽度	36

5.14　复习

本章通过在 AutoCAD 中使用二维图形绘制总装配图的基本工作，说明了绘图与编辑修改的操作特点，介绍了相关命令的功能与应用方法，涉及的内容包括绘制圆、填充剖面线、圆角、倒角、构造线、样条曲线。本章的内容多而复杂，复习本章内容时，需要多做操作练习，并注意下述问题。

重点内容：

- 在绘图区域中布置二维视图。
- 从一个视图中获取另一个视图中的相应投影点。
- 设置与应用图层，LAYER 命令的功能与应用方法。
- PEDIT 命令的功能与应用方法。
- CHAMFER 命令的功能与应用方法。
- FILLET 命令的功能与应用方法。

熟练应用的操作：

- 应用辅助线绘制各投影视图中的图形。
- 设置与应用图层、颜色、线型、线宽。
- 定义图案的填充方式并填充图案，制定填充边界与绘制剖面线。
- 按机械设计技术要求倒角处理图形。
- 按机械设计技术要求圆角处理图形。
- 将多条线段连接成一条多段线。

本章涉及的理论不多，但操作内容丰富。复习时需要花费较多的时间练习，需要注意的地方如下所述。

1. 绘制辅助线也需要精确地应用长度与角度参数

通过对滑动轴承图形的绘制操作，初学者不难看出绘制辅助线也需要精确地应用长度与角度参数，必须注意的问题是用于辅助绘图的线条宽度应当设置为 0。

2. 绘制剖面线前需要制定好一个边界线

在 AutoCAD 中绘制的剖面线，实际上是应用了一个名为 ANSI31 的填充图案。因此，绘制剖面线前需要制定好填充这个图案的边界线。而且，此边界线将是一个闭合的线框，它可以由多段线条或者单一的线条对象构成。

在绘制复杂的剖面图形时，填充图案时不可以简单地指定填充区域，应当参阅上一节的内容，设计好"填充图案和渐变色"对话框中的各选项。

5.15　作业

本章的作业需要花费的时间较多，其结果将作为用于工程设计的蓝图。

作业内容：绘制好图 5-1 所示的图形。

操作提示：操作前应仔细阅读本章的操作实例。

5.16　测试

时间：45 分钟　满分：100 分

一、选择题（每题 4 分，共 40 分）

1．对某一次执行 PLINE 命令绘制的多条直线段不能做的操作是（　　）。
   A．一次拾取即可选定各段直线　　　　　B．使用不同的线宽
   C．闭合各直线段　　　　　　　　　　　D．分属不同的图层
2．对某一次执行 LINE 命令绘制的多条直线段可以做的操作是（　　）。
   A．一次拾取即可选定各段直线　　　　　B．使用不同的线宽
   C．闭合各直线段　　　　　　　　　　　D．分属不同的图层
3．填充区域的用途是（　　）。
   A．填充预定的图案与渐变色　　　　　　B．填充标准的图案
   C．填充特定的颜色　　　　　　　　　　D．填充用户定义的图案
4．PEDIT 命令的作用是（　　）。
   A．编辑多段线
   B．编辑二维多段线
   C．编辑二维多段线和转换其他类型的线段
   D．闭合多段线
5．FILLET 命令的用途是（　　）。
   A．圆滑连接两条二维直线
   B．圆滑连接两条多段线
   C．按用户指定的半径圆滑连接二维直线
   D．圆滑连接多条多段线
6．CHAMFER 命令的用途是（　　）。
   A．倒角处理两条直线　　　　　　　　　B．倒角处理并连接两条直线
   C．连接两条直线段　　　　　　　　　　D．倒角处理二维线段
7．TRIMMODE 系统变量对 CHAMFER 命令的控制作用是是否（　　）。
   A．显示"修剪"选项　　　　　　　　　　B．执行 TRIM 命令
   C．修剪倒角的直线　　　　　　　　　　D．创建倒角与是否修剪图形
8．DIST 命令不可测量的参数是（　　）。

　　A．两点间的距离　　　　　　　　　B．直线与坐标系统 XY 平面的夹角

　　C．X 轴方向、Y 轴方向　　　　　　D．Z 轴的正方向

9．使用下列编辑操作不会改变对象显示状态的是（　　　）。

　　A．移动　　　　　　　　　　　　　B．比例

　　C．旋转　　　　　　　　　　　　　D．镜象

10．倒角与圆角处理的共同特点是（　　　）。

　　A．使用鼠标器即可操作　　　　　　B．绘制出新的对象

　　C．自动设置参数　　　　　　　　　D．不能闭合图形

二、填空题：（每题 2 分，共 30 分）

1．FILLET 命令是用来倒圆角的。如果两条直线不相交，也不平行，若用 FILLET 命令使其相交在一起，选项 Radius 的值应为_____。若用一段圆弧连接它们，则可将此选项设置为一个不为_____的值。

2．输入坐标点时，若仅输入@符号，相当于输入相对坐标_____，或极坐标_____。

3．打开一个已存在的图形文件可用_____命令，打开一个样板图形文件使用的命令是_____。

4．在 AutoCAD 中可插入 Microsoft 的_____电子报表，操作时需要指定其_____点。

5．在图形窗口与文本窗口间切换的功能键是_____，它们都是独立的窗口，但关闭图形窗口，文本窗口将自动_____。

6．使用_____命令可设置绘图范围，设置绘图单位则需要使用_____命令。

7．已知点 P1 的坐标为(0,20)，点 P2 的坐标为(40,20)，则 P2 点相对于 P1 点的直角坐标为_____，极坐标为_____。

8．AutoCAD 的图形工作文件的后缀是_____，图形备份文件的后缀是_____。

9．如果绘制一条直线后退出了 LINE 命令，按键盘上的_____键可再次执行 LINE 命令，按键盘上的_____键则回退刚才的操作结果。

10．一次删除图形中多条直线可先_____它们，然后按下键盘上的_____键。

11．用于快速保存图形文件的命令是_____，更名保存图形文件可执行_____命令。

12．将全部图形显示在屏幕上，可应用_____命令中的_____选项。

13．填充剖面线前，需要制定填充的_____，而且是一个_____的边界。

14．用于填充的剖面线来源于 AutoCAD 的图案库，每一种填充图案都有 一个_____，其中用于填充为剖面线的图案名称可以是_____。

15．执行 PEDIT 命令将非多段线转换成_____，以及闭合_____和连接多段线。

三、问答题（每题 5 分，共 20 分）

1．执行 FILLET 命令时，若被连接的两条线段没有相交，该命令将如何处理？

2．执行 DIST 命令的操作特点是什么？

3. 直线、射线、构造线，各自有什么特点？

四、操作题（每题 5 分，共 10 分）

1. 绘制一个图 5-92 所示的梅花垫圈。
2. 绘制一个图 5-93 所示的异型垫圈。

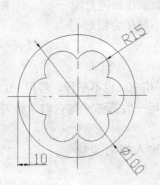

图 5-92　梅花垫圈

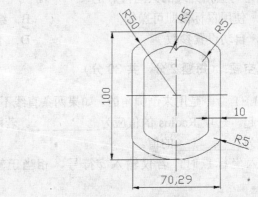

图 5-93　花键断面图

第 6 章　标注尺寸与公差

在 AutoCAD 中标注尺寸时，需要应用尺寸对象。尺寸线、尺寸界线、尺寸文本、旁引线、指引线等对象合称为 "尺寸对象"。尺寸对象用于确定标注尺寸的外观，通过 "标注样式（Dimension Style）" 即可控制和使用尺寸对象。因此，在 AutoCAD 中标注尺寸时需要事先设置 "尺寸样式"，本章将详细讲解相关的操作方法。

本章内容

- 创建与修改标注样式。
- 设置与使用希腊字母 φ 表示直径尺寸。
- 标注直线尺寸与圆的直径尺寸。

本章目的

- 设计尺寸对象。
- 掌握标注样式的概念。
- 掌握标注水平与垂直尺寸、圆的直径尺寸、非圆视图上的直径尺寸的操作方法。

操作内容

本章将为上一章绘制的一级传动齿轮减速器装配图标注尺寸，结果如图 6-1 所示。

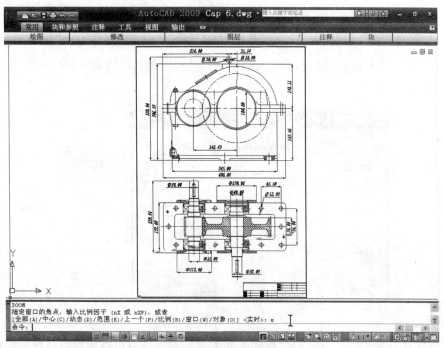

图 6-1　本章的操作结果

涉及的操作内容如下：

● 　按我国的技术标准标注尺寸。

● 　在非圆视图中标注圆的直径尺寸。

本章涉及的命令与功能有：

● 　DIMSTYE，创建、修改标注样式，以及设置当前标注样式，更新尺寸对象。

● 　DIMLINEAR，标注水平与垂直尺寸。

● 　DIMDIAMETER，标注直径尺寸。

6.1　创建尺寸标注样式

为了了解什么是尺寸标注样式，初学者需要记住尺寸的标注样式是由尺寸系统变量（简称尺寸变量，Dimension Various）的当前设置值控制的。AutoCAD 提供一系列的尺寸系统变量，通过它们可以控制尺寸的标注样式。通常，用户第一次标注尺寸时就需要创建自己的标注样式，以便快速指定标注的格式，并确保标注的结果符合国家的相关技术标准，或者满足行业与商业项目的需要。为了创建新的标注样式，可以进行如下操作：

步骤 1　从"注释"标签中的"标注"面板里选择"标注样式"工具，如图 6-2 所示。

图 6-2　选择"标注样式"工具

步骤 2　进入"标注样式管理器"对话框后，从样式列表中选定一种样式，单击"新建"按钮，如图 6-3 所示。

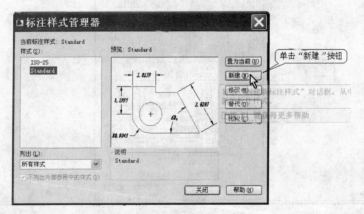

图 6-3　单击"新建"按钮

"标注样式管理器"对话框的"样式"列表里显示出当前可以使用的各种标注样式，初始时只有 ISO-25 与 Standard 标注样式可用，这些是按国际标准制定的标注样式，它们各自的标注结果可以在此对话框的"预览"框中看到。"标注样式管理器"对话框的用途是创建新标注样式、设置当前标注样式、修改标注样式、设置当前标注样式的替代以及比较标注样式，各选项的用途与功能如表 6-1 所述。

表 6-1　"标注样式管理器"对话框中各选项的用途与功能

选项	功能与用途
当前标注样式	显示当前标注样式的名称
样式	列表显示当前图形中的标注样式。当前样式在列表中将被亮显，右击某一个列表项可以在屏幕上显示一个快捷菜单，通过它可以快速设置当前标注样式、重新命名标注样式和删除标注样式
列出	控制"样式"列表中显示的标注样式。如果要查看图形中所有的标注样式，可选择"所有样式"。如果只希望查看图形中当前使用的标注样式，则选择"正在使用的样式"
不列出外部参照中的样式	如果打开此选项，将不在"样式"列表中显示外部参照图形的标注样式
预览	显示"样式"列表中选定样式的标注结果样例
说明	这是一个文本框，用于显示"样式"列表中与当前样式相关的说明文本内容。如果该说明文本超出了显示空间，可以单击该文本框，然后使用箭头键向下滚动
置为当前	将在"样式"下选定的标注样式设置为当前标注样式，以便使用它标注图形
新建	创建新的标注样式
修改	修改当前标注样式
替代	使用一种标注样式来临时替代当前标注样式
比较	比较两个标注样式或列出一个标注样式的所有特性

注意：外部参照图形指的是当前图形中引用的其他图形。这种引用的结果是在当前图形文件中使用其他图形文件中的图形，而且当外部图形文件中的图形被修改后，当前图形还能自动更新并引用其结果。

步骤 3　在"创建新标注样式"对话框的"新样式名"文本框中输入新标注样式的名称，如图 6-4 所示。

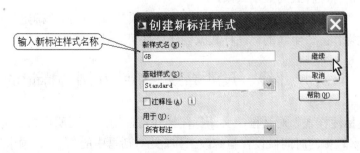

图 6-4　输入新标注样式的名称

在 AutoCAD 中创建新的标注样式时，需要基于当前标注样式操作，这个标注样式称为"基础样式"。因此，创建标注样式的实质就是修改基础样式，但只有将新的标注样式命名保存后才能使用。由图 6-4 可见，此时的基础样式是 Standard。这是 AutoCAD 默认的标注样式，但不符合我国的技术标准。

注意：若用户已经创建了新的样式，在"创建新标注样式"对话框的"基础样式"下拉列表中可选择使用它。

在默认状态下，AutoCAD 会在基础样式名前加上"副本"前缀作为新标注样式名，用户可以将此名称修改成自己想要的，而且可以使用中文或英文。

步骤 4　单击该对话框中的"继续"按钮，进入"新建标注样式"对话框，如图 6-5 所示。接下来，通过"新建标注样式"对话框即可定义新标注样式。

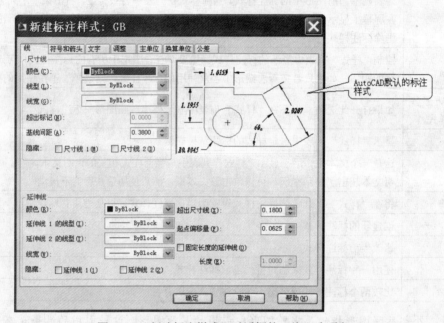

图 6-5　"新建标注样式"对话框的"线"选项卡

"新建标注样式"对话框的预览框里将显示当前标注样式的外观。最初显示的标注样式外观是"创建新标注样式"对话框中选择的基础样式。该对话框中的选项很多，AutoCAD 将它们分类放置在不同的选项卡中，并在每一张选项卡中提供了样例图形，用户可以通过它来了解自己当前设置的标注样式的显示效果。

步骤 5　在"新建标注样式"对话框中设置好各项参数。单击"确定"按钮。

完成了上述操作，一个新的标注样式就创建好并可以使用了。

6.2　设计尺寸线、尺寸界线、箭头和圆心标记的特性

通过"新建标注样式"对话框定义新标注样式前，用户需要明白自己需要的各种标注特性，否则可能花费较多的时间做设置与修改工作。此对话框中的"线"选项卡用于设置尺寸线、尺寸界线、箭头和圆心标记的格式和特性，初学者可参照如下步骤设置。

步骤 1　在"尺寸线"区域的"颜色"下拉列表中选择 ByLayer（随层），如图 6-6 所示。在"尺寸线"区域的"线型"下拉列表中选择 Continuous（实线），如图 6-7 所示。

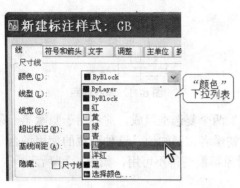

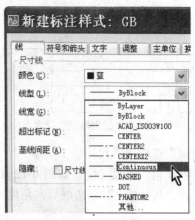

图 6-6　选择 ByLayer　　　　　　　　图 6-7　选择 Continuous

　　AutoCAD 默认的"尺寸线"使用块的颜色，即尺寸线采用与它所在的图形块相同的颜色，这将不利于输入图纸时选择尺寸线的颜色。在实际应用中，通常使用的是图层颜色，因此这里选择 ByLayer（随层）。若操作时为标注尺寸创建一个新的图层，这样选择的意义就更大了。如果图 6-6 所示的下拉列表中没有用户想要的颜色，可选择该下拉列表中的最后一项"选择颜色"，进入图 6-8 所示的"选择颜色"对话框，在更大的范围内选择或定义颜色。

　　注意： 按照我们国家的技术标准，尺寸线需要使用细实线，因此这里选择 Continuous。

　　步骤 2　从"线宽"下拉列表中选择"默认"，如图 6-9 所示。

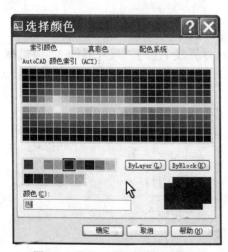

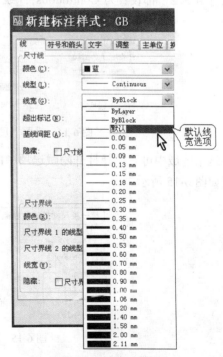

图 6-8　进入"选择颜色"对话框　　　　　图 6-9　选择"默认"

　　接下来，用户可以在"尺寸线"区域中设置超出标记、基线间距、隐藏尺寸线。"超出标记"指的是当箭头使用倾斜、建筑标记、积分和无标记时尺寸线超过尺寸界线的距离，如图

6-10 所示。"基线间距"表示基线标注的尺寸线之间的距离，如图 6-11 所示。

图 6-10　"超出标记"的含义　　　　图 6-11　基线间距

"隐藏"选项由"尺寸线 1"与"尺寸线 2"两个复选框组成，前者用于隐藏第一条尺寸线，后者隐藏第二条尺寸线，如图 6-12 所示。初学者需要知道，这种隐藏的使用场合是有限的，如打开"尺寸线 1"复选框后，角度标注对象可能变得不可用，如图 6-13 所示。

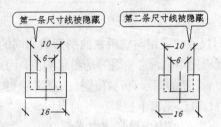
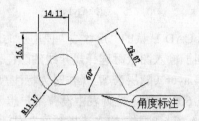

图 6-12　隐藏尺寸线的结果　　　　图 6-13　角度标注对象可能变得不可用

步骤 3　参照图 6-14，在"尺寸界线"区域中将"颜色"设置为 ByLayer；"尺寸界线 1"与"尺寸界线 2"都设置为 Continuous；"线宽"设置为"默认"。

图 6-14　设置"尺寸界线"区域中的选项

在这个区域中可以选择打开隐藏选项中的"尺寸界线 1"与"尺寸界线 2"复选框，它们的作用如图 6-15 所示。

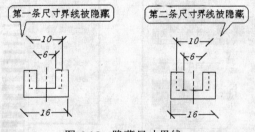

图 6-15　隐藏尺寸界线

接下来，用户还可以在"尺寸界线"区域中设置"超出尺寸线"、"起点偏移量"、"固定长度的尺寸界线"。"超出尺寸线"用于设置尺寸界线超出尺寸线的距离，如图 6-16 所示。"起点偏移量"用于设置图形中定义标注的点到尺寸界线的偏移距离，如图 6-17 所示。

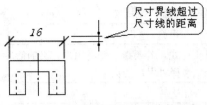

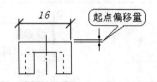

<table>
<tr><td>图 6-16　尺寸界线超出尺寸线的距离</td><td>图 6-17　标注的点到尺寸界线的偏移距离</td></tr>
</table>

"固定长度的尺寸界线"选项控制尺寸界线从尺寸线开始到标注原点的总长度。若不设置该参数，即 AutoCAD 默认的标注结果将如图 6-18 所示。若设置了固定长度的尺寸界线，尺寸界线还将偏移一段距离，这将是从尺寸界线原点开始的最小偏移长度，如图 6-19 所示。

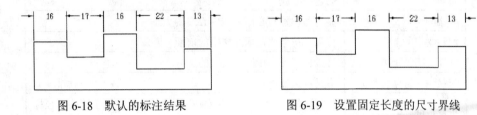

<table>
<tr><td>图 6-18　默认的标注结果</td><td>图 6-19　设置固定长度的尺寸界线</td></tr>
</table>

6.3　设置箭头和圆心标记特性

在默认状态下，AutoCAD 绘制的箭头与圆心标记可以满足幅面较小的图纸需要。对于较大幅面的图纸来说，它们显得有些小，为此进入"符号和箭头"选项卡，将"箭头"区域中的"箭头大小"值设置为 4，如图 6-20 所示，或者设为更大一些的值。

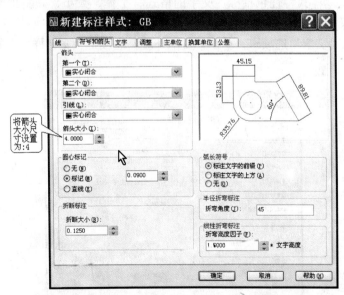

图 6-20　将"箭头"区域中的"箭头大小"值设置为 4

"符号和箭头"选项卡用于设置箭头、圆心标记、弧长符号和折弯半径标注的格式和位置，各选项的用途如表 6-2 所列。

表 6-2　　"符号和箭头"选项卡各选项的用途

选项	用途
第一个	设置第一条尺寸线的箭头样式。若要指定使用用户定义的箭头块，可以从下拉列表中选择"用户箭头"
第二个	设置第二条尺寸线的箭头样式
引线	设置引线箭头样式
箭头大小	显示和设置箭头的大小尺寸
无（圆心标记区域）	不创建圆心中心线
标记	创建圆心标记
直线	创建中心线
大小	显示和设置圆心标记或中心线的大小
标注文字的前面	将弧长符号放在标注文字的前面
标注文字的上方	将弧长符号放在标注文字的上方
无（弧长符号区域）	不显示弧长符号
折弯角度	控制折弯（Z字型）半径标注的显示，确定用于连接半径标注的尺寸界线和尺寸线的横向直线的角度

选择使用用户自定义的箭头块前，该块必须存在于当前图形中。折弯半径标注通常在中心点位于页面外部时创建。

6.4　设置尺寸线中的文本样式

尺寸线中的文本样式特性包括标注文字的格式、字体、大小、倾斜角度、放置位置、对齐方式，下面的操作将设置它们。

步骤 1　进入"文字"选项卡，单击"文字外观"区域中"文字样式"的浏览按钮，如图 6-21 所示。

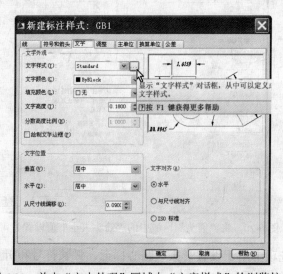

图 6-21　单击"文本外观"区域中"文字样式"的浏览按钮

在这个区域中，用户可以控制标注文字的格式和大小。"文字外观"区域中"文字样式"列表框中显示的是当前标注文字样式。若当前存在多个文字样式，可以从中选择使用一个。若要创建和修改标注文字样式，就需要单击位于此下拉列表框表右旁的浏览按钮。

步骤 2 进入"文字样式"对话框后，单击"新建"按钮，如图 6-22 所示。

图 6-22 单击"新建"按钮

接着，在"新建文字样式"对话框的"样式名"文本编辑框里，输入新建文字样式名，如"文本 1"，如图 6-23 所示。然后，单击"确定"按钮，

步骤 3 返回"文字样式"对话框后，在"样式"列表中选定新建的样式，并关闭"大字体"复选框，如图 6-24 所示。接着，将"字体名"设置为"仿宋"、"高度"参数设置为 0、"宽度因子"设置为 0.8、"倾斜角度"设置为 15。接着，单击"应用"按钮后，单击"关闭"按钮，返回"新建标注样式"对话框的"文字"选项卡。

图 6-23 输入新建文字样式名

图 6-24 关闭"大字体"复选框

"文字样式"对话框用于设置 AutoCAD 的文字样式，这里所做的设置将应用于尺寸文本。用户可参阅表 6-3 中对此对话框中各选项功能的描述设置文本样式。

表 6-3 "文字样式"对话框的选项与功能

选项	说明
样式名	显示已有的文字样式名，并让用户从中选择一个用于当前设置
新建	通过"新建文字样式"对话框创建新的文字样式
置为当前	将样式列表中选定的样式设置为当前样式
删除	删除当前样式列表中选定的文字样式
字体名	列出当前可用的字体名，并让用户从中选择一个作为当前字体

续表

选项	说明
字体样式	指定字体格式：斜体、粗体或者常规字体。选定"使用大字体"后，该选项变为"大字体"，此后可选择大字体文件
图纸文字高度	指定文字高度。AutoCAD 将根据该值设置文字高度。如果高度为 0，此后每次用该样式输入文字时，AutoCAD 都将提示输入文字高度。输入大于 0.0 的高度值则为该样式设置固定的文字高度
注释性	将当前样式设置为注释性对象
使文字方向与布局匹配	指定图纸空间视口中的文字方向与布局方向匹配
颠倒	颠倒显示字符
反向	反向显示字符
垂直	显示垂直对齐的字符。只有在当前选定的字体支持双向时"垂直"才可用
宽度因子	设置字符间距。输入小于 1.0 的值将压缩文字宽度，大于 1.0 则扩大宽度
倾斜角度	设置文字的倾斜角。输入一个-85 和 85 之间的值将使文字倾斜
应用	将对话框中所做的样式更改应用到图形中具有当前样式的文字
关闭	将当前设置或更改的结果应用到当前样式。只要对"样式名"中的任何一个选项做出更改，"取消"按钮就会变为"关闭"按钮

步骤 4　将"文字"选项卡中的"文字颜色"设置为 ByLayer、"填充颜色"设置为"无"，"高度"设置为 8。最后，单击"确定"按钮，返回"标注样式管理器"对话框。

完成了上述操作，一个可用来按我国技术标准标注圆形对象直径的标注样式就创建好了。新建的标注样式名称将出现在"标注样式管理器"对话框的"样式"列表里，如图 6-25 所示，用户设置的特性（不同于默认值的部分参数）也将出现在该对话框的"说明"框中。此后，用户即可将它设置为当前样式来标注图形。

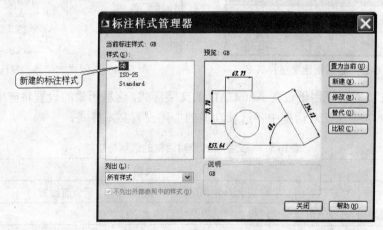

图 6-25　新建的标注样式

本节仅使用了"文字"选项卡中的四个选项，用户可参阅表 6-2 中的内容了解此选项卡中的各选项与功能，并设置使用它们。

进入"标注样式管理器"执行的命令是 DIMSTYLE，初学者最好按本章所述的方法操作，不要在命令行上完成那些复杂的对话过程。

6.5　水平与垂直标注尺寸

完成了上面的操作，用户就可以为图形标注尺寸了。图形的基本尺寸包括长度、直径、半径、角度这些值。在 AutoCAD 中，当用户执行相关的标注命令后，该命令会显示相应的提示信息，要求用户选择要标注的图形对象，或者起始测量点，下面将接着上一章的操作结果标注水平长度尺寸。

步骤 1　从"注释"标签中的"标注"面板里单击图 6-26 所示的下拉按钮。然后，从图 6-27 所示的下拉列表中选择"线性"工具。

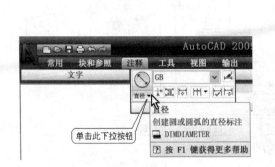

图 6-26　单击此下拉按钮

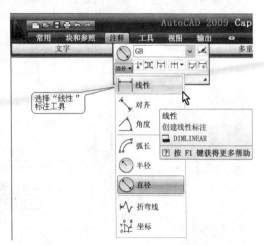

图 6-27　选择"线性"标注工具

步骤 2　打开捕捉功能，在绘图区域中单击第一条尺寸界线的原点，如图 6-28 所示。

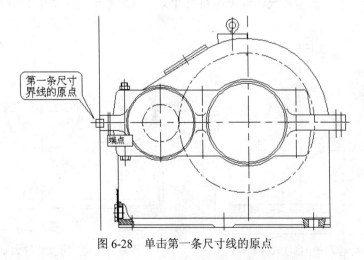

图 6-28　单击第一条尺寸线的原点

步骤 3　单击第二条尺寸界线的原点，如图 6-29 所示。

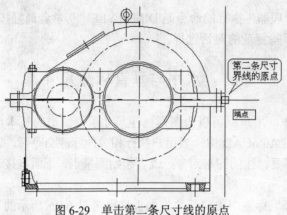

图 6-29　单击第二条尺寸线的原点

步骤4　移动鼠标器，指定尺寸线的位置，如图 6-30 所示。

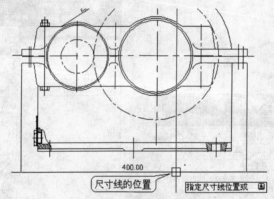

图 6-30　指定尺寸线的位置

在上述操作中，第二步与第三步分别指定了两条尺寸界线的原点，步骤 4 指定了尺寸线的位置，因而确定并标注了一个尺寸对象，如图 6-31 所示，AutoCAD 将自动测量两条尺寸界线的原点间的距离，并显示在尺寸线上，将尺寸文字放大显示后，结果如图 6-32 所示。

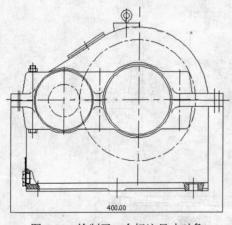

图 6-31　绘制了一个标注尺寸对象

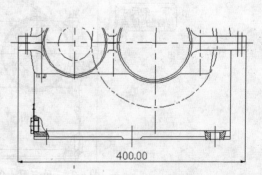

图 6-32　将尺寸文字放大显示

上面的操作称为"水平标注"尺寸，测量的尺寸是工件在水平方向上的投影值，用户可参照上面的操作标注更多的尺寸，如图 6-33 所示是水平标注的其他尺寸，图 6-34 是垂直标注的其他尺寸。

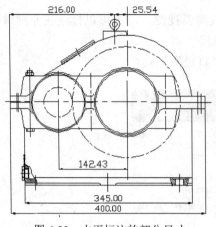

图 6-33 水平标注的部分尺寸

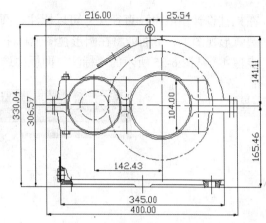

图 6-34 垂直标注的部分尺寸

6.6 DIMLINEAR 命令

该命令用于创建一个线性标注尺寸对象。执行此命令，屏幕上显示的提示信息与对话过程如下：

命令:DIMLINEAR

指定第一条尺寸界线原点或 <选择对象>: 指定点或按下键盘上的 Enter 键选择要标注的对象

指定尺寸界线原点或要标注的对象后，将显示下面的提示：

指定尺寸线位置或 [多行文字(M)/文字(T)/角度(A)/水平(H)/垂直(V)/旋转(R)]: 指定点或输入选项

系统继续提示指定第二条尺寸界线的原点。

指定第二条尺寸界线原点: 指定一个点

提示行中的各选项与功能如下所述。

- 多行文字，显示在线文字编辑器，以便编辑标注文字。
- 文字，在命令提示下，自定义标注文字。
- 水平，创建水平线性标注。
- 垂直，创建垂直线性标注。
- 旋转，创建旋转线性标注。

对第一行提示选择一个对象来回答后，该命令将自动确定第一条和第二条尺寸界线的原点。对多段线和其他可分解对象，可仅标注独立的直线段和圆弧段。如果选择直线或圆弧，将使用其端点作为尺寸界线的原点。尺寸界线偏移端点的距离，在"新建标注样式"、"修改标注样式"和"替代标注样式"对话框或者"特性"选项板中指定。如果选择圆，将使用直径的端点作为尺寸界线的原点。如果用于选择圆的点靠近南北象限点，将绘制垂直标注。如果用于选择圆的点靠近东西象限点，将绘制水平标注。

6.7　标注直径尺寸

在机械设计图纸中，直径尺寸可以标注在圆形或圆弧视图上，也可以标注在非圆形视图或非圆弧形视图上。下面就将在圆形视图上标注直径尺寸。

步骤1　从图6-35所示的"标注"面板中选择"直径"工具。

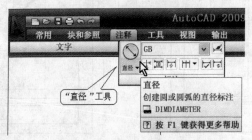

图6-35　选择"直径"工具

步骤2　选择要标注尺寸的圆形，如图6-36所示。

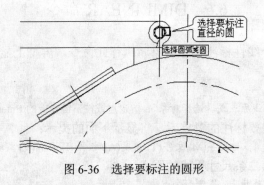

图6-36　选择要标注的圆形

步骤3　移动鼠标器指定尺寸线的位置，如图6-37所示。

一旦用户选定了要标注直径的圆形，AutoCAD 就将测量出它的直径，并显示出直径尺寸对象，以便让用户确定其位置。确定好直径尺寸线的位置，直径尺寸也就标注好了，结果如图6-38所示。

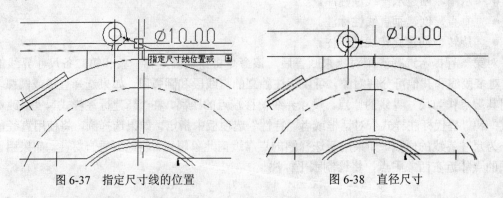

图6-37　指定尺寸线的位置　　　　　　图6-38　直径尺寸

AutoCAD 默认的直径尺寸对象只有一个箭头，如图6-38所示，若想得到图6-39所示的外观，可以在标注操作结束后选定直径尺寸对象，然后右击它的某一个夹点，在快捷菜单中选择"特性"命令，进入"特性"选项板并将"尺寸线限制"选项设置为"开"，如图 6-40 所示。这个选项板中的选项很多，许多项需要关闭一些分类选项组后才能在屏幕上看到。关闭分类选项组的操作很简单，单击某分类选项组隔离栏上的卷动按钮，即可达到目的。

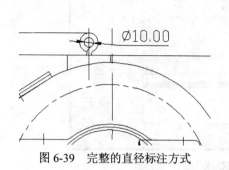

图 6-39　完整的直径标注方式

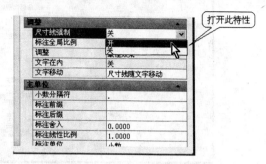

图 6-40　打开"尺寸线限制"选项

6.8　DIMDIAMETER

该命令用于创建一个圆和圆弧的直径标注尺寸对象。执行此命令，屏幕上显示的提示信息与对话过程如下。

命令:DIMDIAMETER
选择圆弧或圆: 选定圆或圆弧线
指定尺寸线位置或 [多行文字(M)/文字(T)/角度(A)]: （指定点或输入选项）

提示行中的各选项功能如下所列。

- 多行文字，显示在线文字编辑器，以便编辑标注文字。
- 文字，在命令提示下，自定义标注文字。
- 角度，修改标注文字的角度。

6.9　创建非圆视图中标注直径的样式

在非圆视图中标注直径的尺寸对象也将由尺寸界线、尺寸线、尺寸文字构成。只是在尺寸文字前面需要添加一个国家技术标准要求的前缀：φ，这是一个希腊字母，在 Windows 系统中可以通过"软键盘"输入在图形中，但创建一个专用于在非圆视图中标注直径的尺寸样式，让这个前缀自动出现在尺寸文字前面，操作将变得非常简便。为了定义这个尺寸样式，可使用的操作步骤如下所述。

步骤 1　参照前面的操作，通过"标注"面板中的"标注样式"工具进入"标注样式管理器"。然后，选定当前图形使用的标注样式，单击"新建"按钮。

步骤 2　进入"创建新标注样式"对话框后，在"新样式名"文本框中输入新建标注样式的名称：非圆视图直径。接着，单击"继续"按钮，在"新建标注样式"对话框中单击"确定"按钮。

步骤 3　在"标注样式管理器"中选定"非圆视图直径"标注样式，单击"新建"按钮，接着，在"创建新标注样式"对话框的"新样式名"文本框里仍然使用该样式名。从"用于"下拉列表中选择"线性标注"，如图 6-41 所示，单击"继续"按钮。

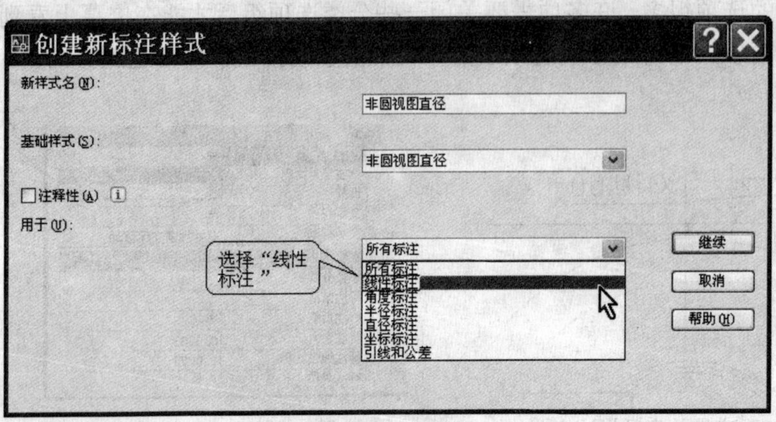

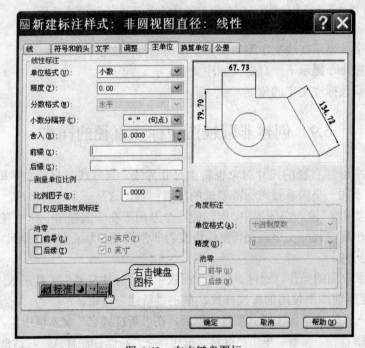

图 6-41　选择"线性标注"

在"创建新标注样式"对话框的"基础样式"列表中，显示了当前基本样式，此时从"用于"下拉列表中选定一种标注方式后，就将为这个标注样式定义一个子标注样式，让此标注样式下的这种标注方式绘制一种特定标注类型的标注尺寸对象。

步骤 4　进入"新建标注样式"对话框的"主单位"选项卡，单击"前缀"文本框，让插入点光标出现在里面。接着，按下 Ctrl+Shift 组合键，打开 Windows 操作系统的"智能 ABC"中文输入法，并右击它的键盘图标，如图 6-42 所示。

图 6-42　右击键盘图标

步骤 5　从快捷菜单中选择"希腊字母"，如图 6-43 所示。

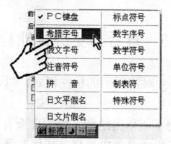

图 6-43 选择"希腊字母"

步骤 6 按住键盘上的 Shift 键，在随后出现在屏幕上的"软键盘"中单击 V 键，让希腊字母 φ 出现在"前缀"文本框中后释放此键，结果如图 6-44 所示。

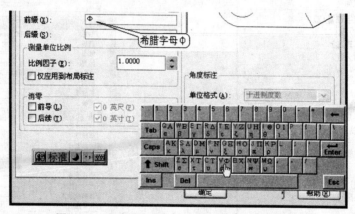

图 6-44 让希腊字母 φ 出现在"前缀"文本框中

此后，从屏幕上清除键盘图表（可再次按下 Ctrl+Shift 组合键），让"新建标注样式"对话框中的"确定"按钮出现在屏幕上，然后单击它，一个专用于在非圆视图上标注直径的标注样式就创建好了。在"标注样式管理器"中选定它，并设置为当前标注样式，本节的操作就可以结束了。接下来，在"标注样式管理器"中单击"关闭"按钮后，从"标注"下拉菜单中选择"线性"命令来标注尺寸，就可以在非圆视图中标注圆的直径尺寸文本了，如图 6-45 所示。其操作步骤如前所述。

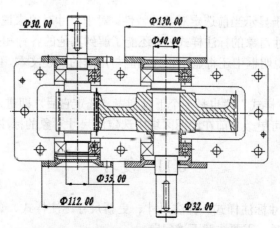

图 6-45 在非圆视图中标注圆直径尺寸文本

6.10　查看与更改标注样式

若想查看当前图形某一个尺寸对象采用的标注样式，以及将它改用为其他的标注样式，可以如下操作。

步骤 1　在"命令:"提示符下，单击绘图区域中要查看标注样式的尺寸对象，然后右击某一个夹点，如图 6-46 所示，从快捷菜单中选择"特性"命令。

步骤2　在显示于屏幕上的"特性"选项板中找到"标注样式"栏，如图 6-47 所示。

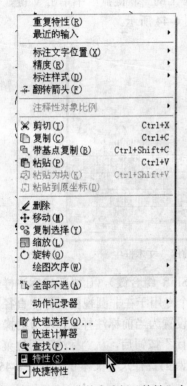

图 6-46　从快捷菜单中选择"特性"命令

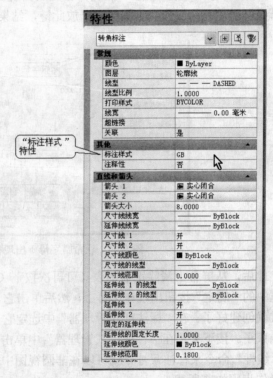

图 6-47　找到"标注样式"栏

"特性"选项板用于显示当前选定对象的特性。对于尺寸对象来说，除了可以在它的"标注样式"栏查看到该尺寸对象的标注样式外，还能了解到其他的各种相关特性。若选定某一个特性，该选项板底部的说明框中还将显示相关功能与用途的简述文本，以及控制使用该功能的尺寸系统变量。

图 6-47 所示"标注样式"栏也是一个下拉列表。选定它后，即进入下拉列表，从中选定一种尺寸标注样式，即可更改当前在绘图区域中选定的尺寸对象的标注样式。

6.11　复习

本章讲述了定义尺寸标注样式、标注尺寸、更新尺寸标注样式、查阅尺寸标注样式的基本操作，复习本章内容时，需要注意下述问题。

重点内容：

- 认识尺寸对象的构成
- 创建标注样式
- 标注水平与垂直方向上的线性尺寸
- 标注圆形尺寸
- 在非圆视图中标注直径尺寸

熟练应用的操作：

- 创建与修改标注样式
- 修改尺寸对象的标注样式
- 标注线性与圆形尺寸
- 在非圆视图中标注直径尺寸

复习时，需要注意的问题如下所列。

1. 标注样式决定尺寸对象的外观

不同的尺寸显示外观采用的标注样式是不一样的，每种标注样式都有自己的一组尺寸变量值。因此，设置好相关的尺寸变量值，并将设置结果存储在一个标注样式中，就能通过这个标注样式按自己的需要标注尺寸了。AutoCAD 提供的尺寸变量很多，但用户不必直接在"命令"行上设置它们的值，通过"标注样式管理器"，以及其他的相关对话框即可设置各相关的尺寸变量值，包括控制使用的标注样式。

2. 标注样式由尺寸变量的值决定

标注样式集合了各种与标注相关的尺寸系统变量的设置结果，AutoCAD 要求将此集合命名保存起来方可使用，否则就不能由用户控制尺寸对象的外观，如箭头样式、文字位置和尺寸公差等都将使用 AutoCAD 的默认外观。

3. 每一种标注样式都有自己的，而且是系统中唯一的名称

与图层名称一样，样式名称可长达 255 个字符，包括字母、数字以及特殊字符，例如，美元符号（$）、下划线（_）和连字符（-）。如果改变现有文字样式的方向或字体文件，当图形重生成时所有具有该样式的文字对象都将使用新值。大字体是一种用于亚洲语言的字体，用户只有在"字体名"中指定了相关的 SHX 文件，才能使用"大字体"，也只有通过 SHX 文件才可以创建"大字体"。

6.12　作业

本章的作业需要花费的时间较多，其结果将作为用于工程设计的蓝图。

作业内容： 标注好图 6-1 所示的各尺寸。

操作提示： 操作前应仔细阅读本章的操作实例。

6.13　测试

时间：45 分钟　满分：100 分

一、选择题（每题 4 分，共 60 分）

1. 下列不属于 AutoCAD 尺寸对象的是（　　）。
　　A. 尺寸线　　　　　　　　　　　B. 尺寸界线
　　C. 标注样式　　　　　　　　　　D. 尺寸文本
2. 控制尺寸外观的是（　　）。
　　A. 标注命令　　　　　　　　　　B. 标注样式
　　C. 图形外观　　　　　　　　　　D. 尺寸对象
3. 控制标注样式的是（　　）。
　　A. 尺寸文字　　　　　　　　　　B. 标注命令
　　C. 尺寸对象　　　　　　　　　　D. 尺寸变量
4. 尺寸变量不能这样来修改（　　）。
　　A. 在命令行上输入其名称
　　B. 在"标注样式管理器"中设置相应的选项
　　C. 执行标注命令中的特定选项
　　D. 使用面板
5. 希腊字母 φ 的输入途径是（　　）。
　　A. 由键盘直接输入　　　　　　　B. 由标注样式输入
　　C. 由标注命令输入　　　　　　　D. 由尺寸变量确定
6. 在"标注样式管理器"对话框中不能完成的是（　　）。
　　A. 创建新标注样式　　　　　　　B. 设置当前标注样式
　　C. 修改标注样式　　　　　　　　D. 查阅标注的尺寸对象
7. 创建新的标注样式时不需要做的操作是（　　）。
　　A. 基于当前标注样式进行设置　　B. 选择"基础样式"
　　C. 制定新标注样式的应用范围　　D. 为新标注样式命名
8. 控制尺寸线超过尺寸界线的距离的选项是（　　）。
　　A. 基线间距　　　　　　　　　　B. 超出标记
　　C. 隐藏尺寸线　　　　　　　　　D. 尺寸线线型
9. 不能设置尺寸界线的（　　）。
　　A. 超出尺寸线值　　　　　　　　B. 起点偏移量
　　C. 固定长度的尺寸界线长度值　　D. 起点标记符号
10. 不能通过"标注样式管理器"设置尺寸线中（　　）。
　　A. 文字的格式　　　　　　　　　B. 文字的字体、大小
　　C. 文字的倾斜角度、放置位置　　D. 文字的下划线
11. 关联标注的用途是（　　）。

　　A．自动修改尺寸文字　　　　　　　　B．自动调整其位置、方向和测量值
　　C．自动调整尺寸样式　　　　　　　　D．自动修改尺寸界线

12．如何设置尺寸对象中的数字小数位设置？（　　　）
　　A．设置"标注样式"的"精度"选项　B．执行 UNITS 命令
　　C．通过"选项"对话框设置　　　　　D．使用"特性"选项板

13．如何设置标注尺寸自动无关联？（　　　）
　　A．使用"特性"选项板　　　　　　　B．使用"特性"选项板
　　C．通过"选项"对话框设置　　　　　D．标注尺寸时设定

14．通常将尺寸对象的颜色设置成"随层"的原因是（　　　）。
　　A．比"随块"方便　　　　　　　　　B．有利于使用颜色
　　C．便于使用笔式绘图仪输出图纸　　　D．AutoCAD 默认设置为"随层"

15．标注好尺寸后，不可以修改的是（　　　）。
　　A．标注样式　　　　　　　　　　　　B．尺寸文本
　　C．尺寸界线位置　　　　　　　　　　D．尺寸对象颜色

二、填空题（每题 4 分，共 40 分）

1．在 AutoCAD 中标注的线性尺寸一定有_____、_____、_____，它们同旁引线、指引线等对象一样，都是_____的组成部分。

2．不同的尺寸标注形式，_____的组成与显示方式不同。所有的尺寸对象都将表现为标注后的_____外观，通过"_____"即可控制使用尺寸对象，得到特定的显示外观。因此，标注尺寸前需要_____好标注样式，而且要为不同的尺寸标注形式制定不同的标注样式。

3．不同的尺寸形式的显示外观采用的_____是不一样的，每一种标注样式都有自己的一组_____值。因此，在使用 AutoCAD 的尺寸标注功能时，首先需要设置好相关的尺寸变量值，并将设置结果存储在一个_____中，这样就能通过它来按用户自己的需要_____了。

4．AutoCAD 提供的尺寸变量很多，但用户不必直接在_____上设置它们的值，只需要通过_____，以及其他的相关的_____即可设置各_____的尺寸变量值，包括控制使用标注样式。

5．执行 DIMDIAMETER 时，需要选定_____，然后指定_____的位置，或者通过提示行中的选项"多行文字"，显示在线_____，以便编辑标注文字；"文字"选项，在命令提示下，自定义_____；"角度"选项，修改标注文字的角度。

6．"标注样式管理器"对话框的"_____"列表里，显示了当前_____使用的各种标注样式，初始时只有 ISO-25 与 Standard 标注样式可用，这些是按_____制定的标注样式，它们各自标注的结果可在此对话框中的_____框中看到。

7．AutoCAD 默认的"尺寸线"使用_____的颜色，即_____采用与它所在的图形块相同的颜色，这将不利于输出图纸时选择_____的颜色。在实际应用中，通常使用的是图层颜色，因此需要选择_____。

8．尺寸线的"超出标记"指的是当_____使用倾斜、建筑标记、积分和无标记时尺

寸线超过尺寸界线的_____。"基线间距"表示基线标注的尺寸线_____的距离。"隐藏"用于控制显示_____。

9．尺寸界线的"超出尺寸线"用于设置尺寸界线超出_____的距离；"起点偏移量"用于设置图形中定义标注的点到_____的偏移距离；"固定长度的尺寸界线"控制的是尺寸界线从尺寸线开始到标注原点的_____。尺寸界线 1 与尺寸界线 2 的线型可以_____设置。

10．尺寸线中的文本样式内容包括_____的格式、字体、大小、倾斜角度、放置位置、对齐方式，等等。指定_____高度后，AutoCAD 将根据该值设置文字高度。如果高度设置为_____，此后每次用该样式输入文字时，AutoCAD 都将_____输入文字高度。输入大于 0.0 的高度值则为该样式设置固定的文字高度。

第7章　应用块与属性

　　块与属性与 AutoCAD 使用图形和文字的经典工具。"块"是由用户赋予名称的一组图形对象，若将包含特定文字应用方法的属性附加在它的上面，就可以快速而准确地绘制图形和使用文字信息。使用块的主要目的是要快速绘制一些图形中多处出现的相同图形及与文字有所区别的对象，如在装配图中标注零部件编号时就可考虑使用它。

本章内容

● 属性与块的概念。
● 定义块、属性与插入属性块。
● 属性与块的关系。

本章目的

● 掌握定义与应用图形块、应用属性块的操作步骤。
● 学会应用与编辑属性的技巧。

操作内容

本章将为上一章绘制的一级传动齿轮减速器装配图标注零部件编号，结果如图 7-1 所示。

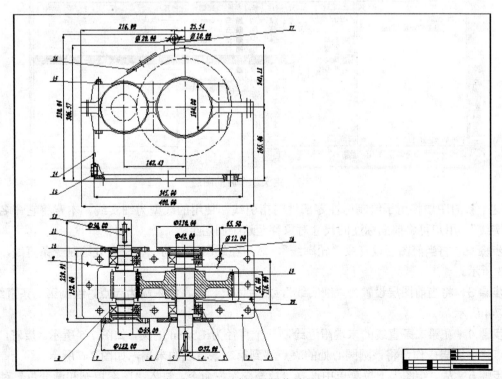

图 7-1　本章的操作结果

涉及的操作内容如下：

- 定义块、属性、图形块、属性块。
- 应用插入属性块的技巧。

本章涉及的命令如下所列：

- BLOCK，定义块。
- INSERT，插入块。
- ATTDEF，定义属性。
- BATTMAN，编辑块定义的属性特性。
- EXPLODE，将合成对象分解为其部件对象。

7.1　绘制图形块

为了定义一个块，首先要做的事情是绘制好相关的图形，然后使用 AutoCAD 提供的相关命令将它定义为块。这个相关的图形可以是一个复杂的图形，如齿轮轴与联接键，或者只是一个圆，甚至就是一条直线。在总装配图中，标注零部件的编号就可以定义为由直线与圆形组成的块，其步骤如下所述。

步骤 1　打开前面绘制的总装配图文件，定义一个新的图层，并让该图层使用红色，或者其他的颜色，如图 7-2 所示。

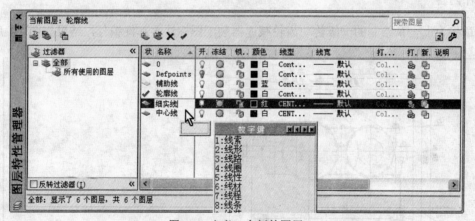

图 7-2　定义一个新的图层

这个新的图层将用于绘制标注零部件的指引线，使用的线型为细实线，本章将它命名为"细实线"。用户可将前面标注的尺寸对象移至这个图层上。

步骤 2　将当前图层设置成"轮廓线"，然后在绘图区域的一个空白处绘制一条直线，如图 7-3 所示。

步骤 3　将当前图层设置为"细实线"，然后以上一条直线末端为起点，绘制第二条直线，如图 7-4 所示。

步骤 4　在第二条直线的末端附近绘制一个直径为 1.5mm 的圆，如图 7-5 所示。接着，通过夹点移动编辑操作，将该圆圆心处的夹点移到第二条直线的末端，如图 7-6 所示。

步骤 5　从"绘图"下拉菜单中选择"填充图案"命令，进入"图案填充和渐变色"对话框，在"图案填充"选项卡中单击"图案"浏览按钮，如图 7-7 所示。

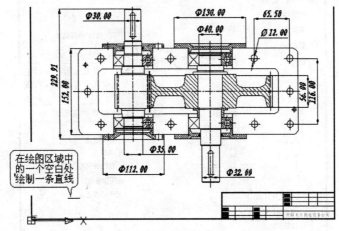

图 7-3 绘制一条直线

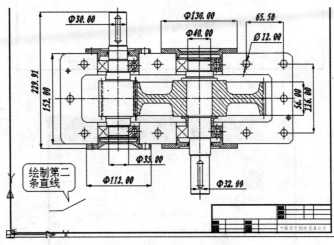

图 7-4 绘制第二条直线

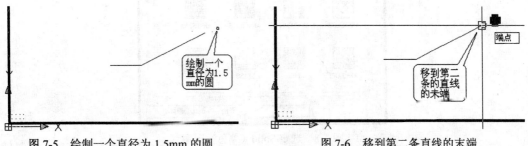

图 7-5 绘制一个直径为 1.5mm 的圆   图 7-6 移到第二条直线的末端

接着，进入"填充图案选项板"对话框中的"其他预定义"选项卡，从中选定 Solid（单色）图案，如图 7-8 所示。单击"确定"按钮，返回"填充图案和渐变色"对话框。

单击"填充图案和渐变色"对话框中的"添加:拾取点"按钮，然后与 AutoCAD 完成下述对话过程，最后在此对话框中单击"确定"按钮。

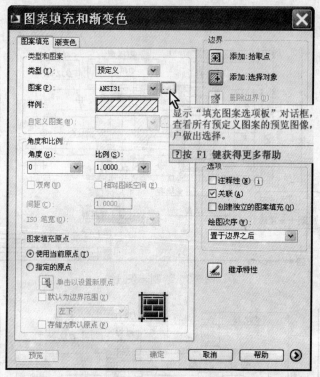

图 7-7　单击"图案"浏览按钮

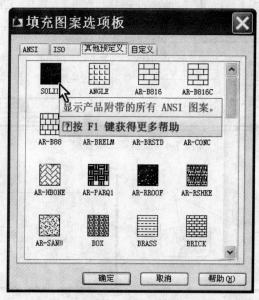

图 7-8　选定 Solid（单色）图案

命令:_bhatch
拾取内部点或 [选择对象(S)/删除边界(B)]: S
选择对象或 [拾取内部点(K)/删除边界(B)]: L
找到 1 个
选择对象或 [拾取内部点(K)/删除边界(B)]: Enter

在这段对话中，使用 BHATCH 命令提示行中的"选择对象"选项，然后使用了 Last（最后一个）对象选择方式，因此操作结果是将 Solid（单色）图案填充进了上面绘制的圆中。这样，一个用于标注总装配图中零部件编辑的图形块就绘制好了。

7.2　定义块

定义块的操作包括指定块中的图形，以及将该块插入在图形中定位时需要的基准参考点。后者在 AutoCAD 中简称为"基点"，通过下述操作可以定义块并指定这个点。

步骤 1　从"常用"标签的"块"面板里选择"创建"工具，如图 7-9 所示。

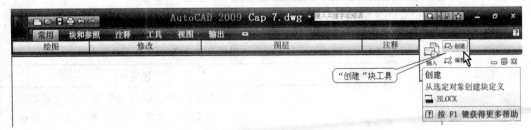

图 7-9　选择"创建"工具

步骤 2　在"块定义"对话框中的"名称"文本框里输入要定义的块名，如"编号"，打开"注释性"复选框，单击"选择对象"按钮，如图 7-10 所示。接着，在绘图区域中使用"窗口"方式选择用于块的图形，如图 7-11 所示。

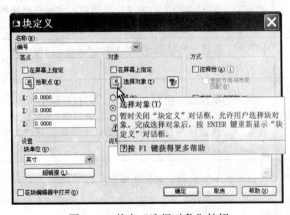

图 7-10　单击"选择对象"按钮

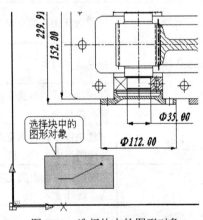

图 7-11　选择块中的图形对象

步骤 3　对下一行"选择对象"提示给出空回答，在"块定义"对话框的预览框中确认选定的图形对象正是块中需要的。单击"拾取点"按钮，如图 7-12 所示，接着，在绘图区域中选定块的插入基点，如图 7-13 所示。

接下来，返回"块定义"对话框后，设置好块的单位，单击"确定"按钮，一个块就定义好了。可见，尽管这个对话框提供的选项很多，但简单地说其用途就是定义并命名块，提供的主要选项与功能如表 7-1 所列。

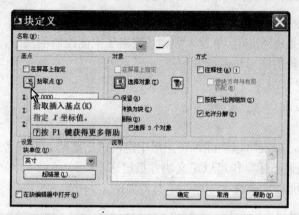

图 7-12　单击"拾取点"按钮

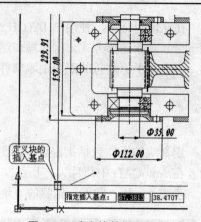

图 7-13　选定块的插入基点

表 7-1　　"块定义"对话框所提供的主要选项与功能

选项	用途	说明
名称	指定块的名称	如果将系统变量 EXTNAMES 设置为 1，块名最多可以包含 255 个字符。块名用中文、字母、数字、空格，以及未被 Microsoft Windows 和 AutoCAD 用于其他目的的特殊字符
在屏幕上指定	指定块的插入基点	默认值是(0,0,0)。X 文本框用于指定 X 坐标值，Y 文本框用于指定 Y 坐标值，Z 文本框用于指定 Z 坐标值
拾取点	在当前图形中拾取插入基点	操作时，暂时关闭"块定义"对话框
选择对象	用户选择块中的对象	操作时，暂时关闭"块定义"对话框。完成选择操作后，按下 Enter 键返回"块定义"对话框
快速选择	快速选择对象	操作时，屏幕上将显示"快速选择"对话框，以便定义一个对象选择集
保留	创建块以后，将选定对象保留在图形中	当后面的操作或者图形中需要时，可打开这个功能
转换为块	创建块以后，将选定对象转换成图形中的块实例	转换后，选定用于块的图形将变成一个块，并成为一个单独的对象
注释性	控制附加在块上的文字是否为注释性文本	仅用于块上附加有文本的情况下
使块方向与布局匹配	控制块打印的方向	用于输出图纸的情况下
删除	创建块以后，从图形中删除选定的对象	这是绝大数情况下使用的功能
块单位	指定块参照插入单位	默认值同图形的绘图单位
按统一比例缩放	控制是否按统一比例缩放块中的图形	可用于阻止块不按统一比例缩放块中的图形
允许分解	指定块参照是否可以被分解	若插入后，需要编辑修改块中的个别图形对象，即可使用这个功能

选项	用途	说明
说明	指定块的文字说明	由用户输入一些说明块用途的文本
超链接	定义块的超链接对象	操作时，屏幕上将显示"插入超链接"对话框
在块编辑器中打开	在块编辑器中打开当前的块定义	单击"确定"后，"块编辑器"就将打开，并装入当前的块定义

本章的操作说明每个块定义都包括块名、一个或多个对象、用于插入块的基点坐标值和所有相关的属性数据（参阅本章后面的内容）。插入块时，基点将作为放置块的参照点，以便在图形中定位块的位置。若不指定此点，AutoCAD 将把当前坐标原点作为插入基点。通常，基点位于块中对象的左下角。在上述操作中，选定块的插入基点操作，即选择一条直线的端点。在这种操作中，可采用任何一种点捕捉方式，而常用于此处的捕捉方式是"端点"、"中点"。

块名称及块定义保存在当前图形中。不能用 DIRECT、LIGHT、AVE_RENDER、RM_SDB、SH_SPOT 和 OVERHEAD 作为块名称。

7.3　BLOCK 命令

上述操作执行的是 BLOCK 命令。除了上述操作外，在命令行上能快速完成 BLOCK 命令的操作。在"命令"提示符后输入-BLOCK 命令，屏幕上将显示提示行：

　　　　输入块名或 [?]:

该行提示请求输入一个名称。定义好的块将保存在当前图形中，为了能够随后准确地引用它，它必须有一个在当前图形中唯一的名称，因此该命令首先显示的是该行提示，用户可以使用两种方式来回答它：

1. 输入一个英文问号（?）

给出一个问号后屏幕上将显示提示：

　　　　输入要列出的块 <*>:

该行提示用于查看在当前图形中已经存在的块名称与定义情况，可以回答它一个或者几个块名（用英文逗号分隔），若给出一个空回答则将显示当前图形中所有的块定义情况。所列的内容有：

　　　　已定义的块。
　　　　"编号"
　　　　用户块　　外部参照　　　依赖块　　　未命名块
　　　　1　　　　0　　　　　　0　　　　　　20

注意："外部参照"指来自当前图形外部的块，即作为单独的图形文件而存在的块。"依赖块"指来自外部参考文件中的块。一份已经存在的图形文件也可以作为一个块插入当前图形中，或者被当前图形参照引用。前者将产生"外部参照"块，若作为参照的图形中定义有块，就将产生"依赖块"。

2. 输入新的块名

若要定义一个新的块就必须给出一个块名。如果输入一个当前图形中已经存在的块名，屏幕上将显示提示：

块名称已存在。是否重定义？[是(Y)/否(N)] <否>:

用户回答该行提示后，即可指定插入基点与选择块中的图形。结束该命令以后，选择的图形对象将从屏幕上擦去，此时可使用 OOPS 命令使它重新显示在屏幕上。这条命令还可以在 ERASE、WBLOCK（将块写成一份图形）命令使用之后执行，操作时屏幕上将不出现提示信息。

7.4　插入块

在 AutoCAD 中，插入一个块时需要指定块名与插入的基点，以及 X、Y、Z 轴方向上的比例，采用的操作步骤如下所述。

步骤 1　从"常用"标签中的"块"面板里选择"插入"工具，如图 7-14 所示。

此后，屏幕上将显示"插入"对话框，如图 7-15 所示。

图 7-14　选择"块"工具

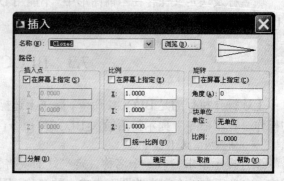

图 7-15　"插入"对话框

步骤 2　进入"插入"对话框后，若"名称"文本框中显示的块名不是用户想要的，则从"名称"下拉列表中重新选定它，如图 7-16 所示。接着打开"插入点"区域中的"在屏幕上指定"复选框。

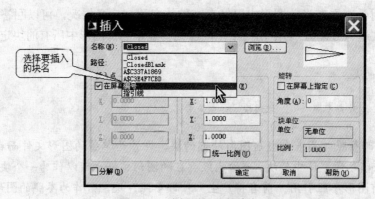

图 7-16　选择要插入的块名

步骤 3　单击"确定"按钮，关闭"插入"对话框后，在绘图区域中单击插入块处，以指定块的插入点。

完成这几步操作，用户定义的块就将插入在图形中，如图 7-17 所示。

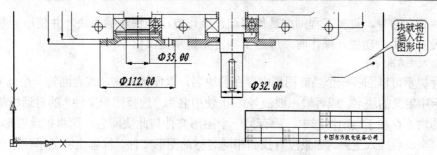

图 7-17　用户定义的块插入在图形中

操作中执行的命令名为 INSERT（插入），"插入"对话框中的各选项功能如表 7-2 所列。

表 7-2　"插入"对话框中的各选项功能

选项	功能
名称	指定要插入块的名称，或指定要作为块插入的图形文件的名称
浏览	打开"选择图形文件"对话框，从中可选择要插入的块或图形文件
路径	显示指定块的路径
预览	预览要插入的块
在屏幕上指定（"插入点"区域）	用定点设备指定块的插入点
X	设置插入点的 X 坐标值
Y	设置插入点的 Y 坐标值
Z	设置插入点的 Z 坐标值
在屏幕上指定（"缩放比例"区域）	用定点设备（如鼠标器）指定块的比例
X	设置 X 轴方向的缩放比例因子
Y	设置 Y 轴方向的缩放比例因子
Z	设置 Z 轴方向的缩放比例因子
统一比例	为 X、Y 和 Z 坐标指定单一的比例值。为 X 指定的值也反映在 Y 和 Z 的值中
旋转	在当前 UCS（由用户定义的坐标系统）中指定插入块的旋转角度
在屏幕上指定（"旋转"区域）	用定点设备指定块的旋转角度
角度	设置插入块的旋转角度
块单位	显示有关块单位的信息
单位	指定插入块的插入单位值
因子	显示单位比例因子，该比例因子是根据块的插入单位值和图形单位计算的
分解	分解块并插入该块的各个部分

7.5　INSERT 命令

在默认状态下，执行此命令后屏幕上将显示"插入"对话框。在命令前加上一个减号（-），就可以行执行此命令，许多工程师就是使用这种操作方法来快速插入块，并使用一些"插入"对话框中没有提供的功能。操作时，屏幕上将首先显示提供信息：

　　　　输入块名或 [?]:

　　对该行提示可以回答一个当前图形中存在的块名，以便插入它，或者回答一个问号（?）列出当前图形中定义的块名，或者输入波浪号（~）使用名为"选择图形文件"的对话框进行操作。如果回答的块不存在于当前图形中，而有另一个图形文件与此块同名，则将把此图形文件定义为当前的一个块后插入进去。如果没有找到相同名称的图形文件，屏幕上将显示一条出错信息。

　　操作时，如果在给出的块名前放置一个星号（*），则该块被插入以后将分离成组成块的各图形，并且不将块定义添加到图形中；若使用"块名=文件名"格式来回答则可以为插入一个图形文件而定义的块赋予另外的块名。

　　如果输入的块名没有路径名，INSERT 命令将先按照该名称在当前图形数据中搜索现有的块定义。如果当前图形中没有这样的块定义，INSERT 命令将在库搜索路径（AutoCAD 默认的路径）中搜索。如果找到使用该名称的图形文件，将用此文件名作为块名插入它，并定义成块。该块还将作为当前图形中的块保存起来，以便用于以后的插入操作。

　　如果修改插入到图形中的块文件，并希望修改现有块定义而不创建新的块，可在"指定插入点:"提示下输入：块名=，以便让现有的块定义由新的块定义替换。如果不希望在图形中插入新块，需要在提示输入插入点时按下 Esc 键。

　　用户还可以对一个块进行多重插入操作，其结果如同建立一个矩形阵列，操作使用的命令是 MINSERT。该命令与 INSERT 命令的功能相似，但它可以把指定的块插入多次，从而建立一个矩形阵列。操作时，该命令将提示用户输入阵列的行数、列数、单元或者行间距、列间距，回答好了这些参数，一个块阵列就创建好了。

　　使用 INSERT 命令插入的块，可以由 EXPLODE 命令爆破分离成图形，而使用 MINSERT 命令插入的块则不能使用 EXPLODE 命令分解，也不能使用上述星号（*）进行操作。前面的操作仅讲述了定义与插入块的方法，这里将用它说明为块添加属性的操作方法。用户可以分离插入前面定义的"编号"块，以便得到下面的操作要使用的图形。

　　注意： 在图层 0 上绘制的块仍保留在图层 0 上。具有 ByBlock 颜色的对象显示为白色或黑色。带有 ByBlock 线型的对象具有 Continuous（实线）线型。如果指定负的 X、Y 和 Z 缩放比例因子，则插入块的镜像图像。

7.6　定义属性

　　"属性"是由文字构成的一种非图形数据，用于增强图形的可读性和表达图形不能说明的问题。使用属性的第一步是绘制用于定义块的图形对象和定义属性，接着使用 BLOCK 命令将该图形对象与属性一起定义为一个块，随后使用 INSERT 命令在插入该块时引用属性。

　　定义属性时，操作步骤如下所述。

　　步骤 1　参照前面的内容，绘制好用于块定义的图形。接着，从"块和参照"标签中的"属性"面板里选择"定义属性"工具，如图 7-18 所示。

　　步骤 2　在"属性定义"对话框中设置"标记"、"提示"文本，及"对齐"方式、"文字样式"后，打开"在屏幕上指定"复选框，如图 7-19 所示。最后，单击"确定"按钮。

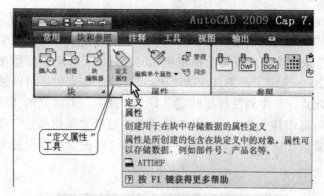

图 7-18 选择"定义属性"工具

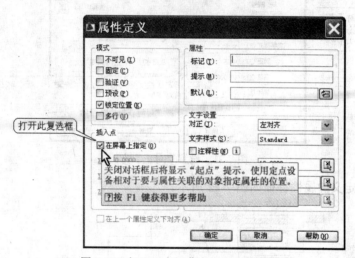

图 7-19 打开"在屏幕上指定"复选框

步骤 3 在绘图区域中指定属性文本的起点，如图 7-20 所示。

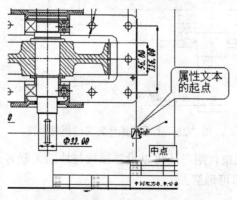

图 7-20 指定属性文本的起点

"属性定义"对话框中的"标记"用于标识图形中出现的属性，它可以使用任何字符串（空格除外），若用户输入小写字母则会自动转换为大写字母。"提示"用于指定在插入包含该属性定义的块时，显示在屏幕上的提示信息。如果用户在"属性定义"对话框中不输入提示，属性标记就将作为提示。

　　"插入点"指的是属性的显示位置。它可以在"属性定义"对话框中输入坐标值或者选择"在屏幕上指定"来定义。在屏幕上指定坐标时，只需要移动鼠标器在绘图区域中选定一个点即可，如图 7-20 中选定了一条直线的"中点"。选定该点时，可以采用任何一种点捕捉方式。一旦选定了此点，一个属性特征就定义好了。此后，若定义的"属性"显示外观还需要调整，可选定它后右击其一个夹点，从快捷菜单中选择"编辑属性"命令，进入"增强属性编辑器"对话框修改相应的选项，如图 7-21 中将"对正"选项设置为"中下"，"样式"设置为"文本 1"。

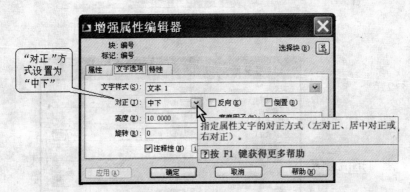

图 7-21　设置"对正"方式

　　上面的操作定义的属性特征如图 7-22 所示。

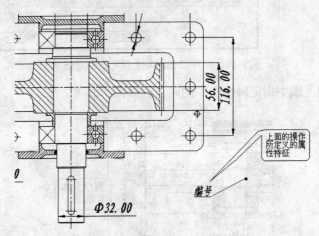

图 7-22　上面的操作定义的属性特征

　　通过"属性定义"对话框，用户还可以设置属性与块的关联方式，参阅表 7-3 中对该对话框中的选项与功能的描述即可理解。

表 7-3　"属性定义"对话框中的选项

选项	功能
不可见	指定插入块时不显示或打印属性值
固定	在插入块时赋予属性固定值

续表

选项	功能
验证	插入块时提示验证属性值是否正确
预置	插入包含预置属性值的块时，将属性设置为默认值
标记	标识图形中的属性
提示	指定在插入包含该属性定义的块时显示输入属性值的提示
值	指定默认属性值
插入字段	显示"字段"对话框，以便插入一个字段作为属性的全部或部分值
在屏幕上指定	让用户使用定点设备指定属性的显示位置
X	指定属性插入点的 X 坐标
Y	指定属性插入点的 Y 坐标
Z	指定属性插入点的 Z 坐标
对正	指定属性文字的对齐方式
文字样式	指定属性文字的预定义样式
注释性	将文本设置为注释性
高度	指定属性文字的高度
旋转	指定属性文字的旋转角度
在上一个属性定义下对齐	将属性标记直接置于定义的上一个属性的下面
锁定块中的位置	锁定块参照中属性的位置

7.7　定义属性块

上一节操作创建了描述属性特征的属性定义。接下来就可以将它与相关的图形一起定义为块，这种带有属性定义的块称为属性块，下面的操作就将定义它。

步骤 1　接着图 7-22 所示的操作结果，选定上面操作插入的块。接着，从"常用"标签中的"修改"面板里选择"分解"工具，如图 7-23 所示。

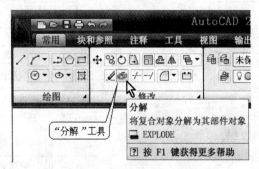

图 7-23　选择"分解"工具

此后，选择块中的组成元素将被分解成单独的对象。

步骤 2　制定一个图 7-24 所示的窗口，选定属性定义标记，以及位于它下方的直线。

步骤 3　从"绘制"下拉菜单中的"块"子菜单里选择"创建"命令。在"块定义"对话框的预览框中确认要定义块的图形，如图 7-25 所示。

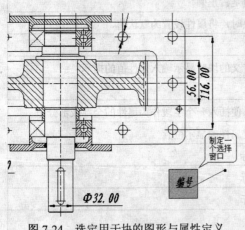

图 7-24　选定用于块的图形与属性定义

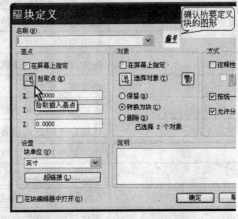

图 7-25　确认要定义块的图形

步骤 4　输入块名：编号，接着单击"拾取点"按钮。在绘图区域中选定插入点，返回"块定义"对话框后，打开"允许分离"复选框。接着，单击该对话框中的"确定"按钮。然后，在屏幕上显示的确认对话框中单击"确定"按钮。接着，在"编辑属性"对话框中单击"确定"按钮。

注意：不包含属性的块，称为"图形块"。

完成这几步操作，一个名为"编号"的属性块就定义好了。初学者应当注意到，上述操作先选定了用于定义块的图形与属性对象，然后执行 BLOCK 命令将它们定义为块。因此，操作中，不需要为选定块中的图形而单击"块定义"对话框中的"选择对象"按钮，也不必随后在绘图区域中选定对象。这里定义的块名与前面定义的块名相同，因此 AutoCAD 将显示一个确认对话框。

步骤 5　再一次执行 BLOCK 命令，并选定指引线与小圆形，如图 7-26 所示，定义一个名为"指引线"的图形块，将插入点定在图 7-27 所示的位置。

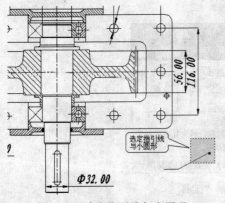

图 7-26　选定指引线与小圆形

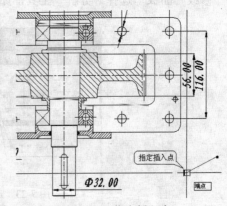

图 7-27　指定插入点

图 7-24 采用了"窗口"对象选择方式，图 7-28 采用的是"交叉"选择方式。

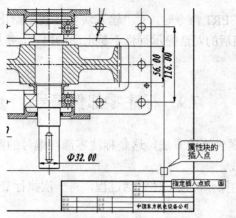

图 7-28   指定属性块的插入点

本节的操作就可以结束了。

7.8   应用属性

在图形中应用属性的主要目的是快速写入文字特性相同并伴随插入块的位置而插入在图形中的文本。用户在当前图形中插入属性块，即可应用属性。操作时，可在命令行上执行INSERT 命令，即在"命令"提示符后输入：-INSERT，并用下述对话过程来快速插入属性块。

  命令: -INSERT

  输入块名或 [?]: 编号

  单位: 毫米   转换: 1.00

  指定插入点或 [基点(B)/比例(S)/X/Y/Z/旋转(R)/预览比例(PS)/PX/PY/PZ/预览旋转(PR)]: 指定图7-28 中十字光标所在处的点

  输入 X 比例因子，指定对角点，或 [角点(C)/XYZ] <1>: Enter

  输入 Y 比例因子或 <使用 X 比例因子>: Enter

  指定旋转角度 <0>: Enter

  输入属性值

  输入零部件编号: 1

对话结束后，一个属性块就将插入在当前图形中，如图 7-29 所示。

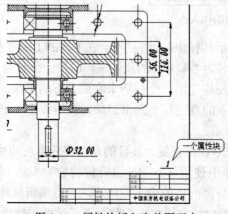

图 7-29   属性块插入当前图形中

若用户在上述执行-INSERT 命令时，对"输入块名:"提示给出的块名前加上了星号（*），以便插入分离的块，那么随后的对话提示行将不是上面的内容，并且可以为随后的编辑操作带来方便。

7.9　标注零部件编号

上述操作说明了插入属性块的方法，这是标注零部件编号的第一步工作，余下的工作将是插入图形块来绘制指引线。

步骤 1　接着上一节的操作，按下述对话过程，再一次执行 INSERT 命令。

命令: Enter
命令: -INSERT
输入块名或 [?] <编号>: *指引线
指定块的插入点: 指定图 7-30 中十字光标线所在的点
指定 XYZ 轴比例因子: Enter
指定旋转角度 <0>: Enter

这段对话使用了一个星号（*）来回答块名，插入的图形块如图 7-31 所示。这种操作方法将插入分离块，无论此块是否包含属性定义，分离的结果都将是产生组成块的图形对象。通常，这种分离的目的是为了完成随后的编辑修改操作。

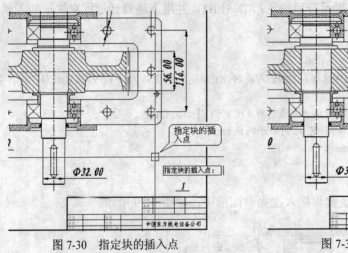

图 7-30　指定块的插入点

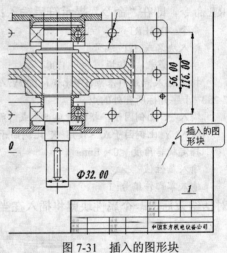

图 7-31　插入的图形块

由于属性在分离后将显示其标识名，而且不会在 INSERT 命令执行期间显示输入属性值的提示，因此本章创建了一个名为"编号"的属性块，以及一个名为"指引线"的图形块来标注零部件编号。接下来，本章还将使用一个技巧来完成余下的工作。

步骤 2　选定上一步插入的直线与小圆形对象，接着按下 Ctrl+C 组合键。然后，选定小圆形上的夹点，如图 7-32 所示。

这一操作中先使用了 Ctrl+C 组合键，其目的是要将分离后的块保存在 Windows 系统的剪贴板中，以便在随后的操作中使用 Ctrl+V 组合键将它粘贴在图形中，从而避免重复执行-INSERT 命令插入这个块。分离的目的为了完成下述夹点编辑操作。

步骤 3　使用夹点移动编辑的方法将它们移至要标注的零部件上，如图 7-33 所示。

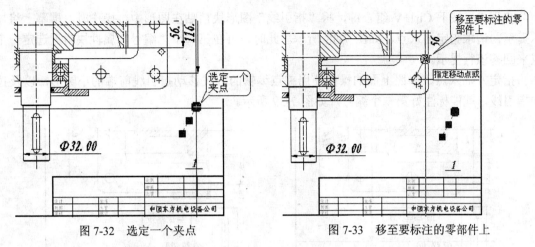

图 7-32　选定一个夹点　　　　　　　　　图 7-33　移至要标注的零部件上

步骤 4　按下 Esc 键，取消夹点后，选定指引线，并选定位于其末端的夹点，如图 7-34 所示。接着，使用夹点拉伸编辑的方法将该夹点拉至图 7-35 所示的位置上。

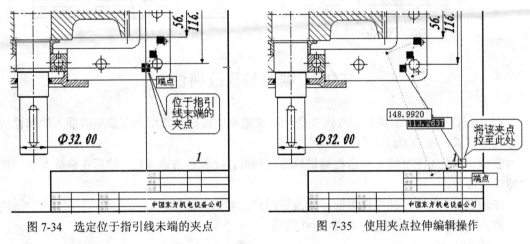

图 7-34　选定位于指引线末端的夹点　　　　图 7-35　使用夹点拉伸编辑操作

完成了上述操作，一个零部件编号标注好了，如图 7-36 所示。

步骤 5　再一次执行-INSERT 命令，插入第二个"编号"属性块，并输入零部件编号 2，结果如图 7-37 所示。

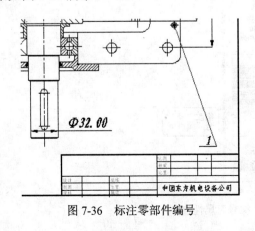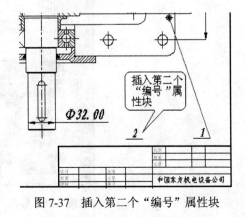

图 7-36　标注零部件编号　　　　　　　图 7-37　插入第二个"编号"属性块

步骤 6　按下 Ctrl+V 组合键，将"指引线"图形块粘贴在图形中。操作时，屏幕上将显示提示，请求指定插入点，如图 7-38 所示。此时，可在第二个"编号"属性块附近选定一个点来回答该行提示。

指定好插入点，参照上面的操作使用夹点编辑的方式移动指引线前端的小圆形，以及拉伸指引线，就能标注好第二个编号，如图 7-39 所示。

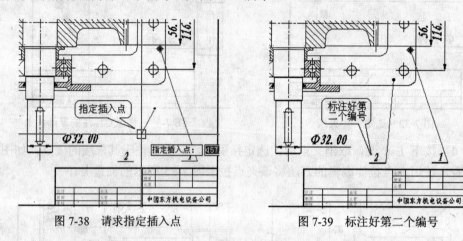

图 7-38　请求指定插入点　　　　　　图 7-39　标注好第二个编号

7.10　编辑与修改属性

在 AutoCAD 中，编辑与修改属性是一种很重要的操作。若用户需要更改插入的属性块值或者文本样式，就需要这么做。

步骤 1　在绘图区域中单击要编辑修改的属性，接着右击该属性，然后在快捷菜单中选择"特性"命令。

步骤 2　进入"特性"选项板，修改好用户想要修改的值，如将"属性"栏中的"编号"属性值由当前值改为新的值，如图 7-40 所示。

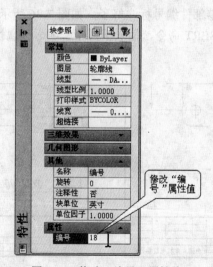

图 7-40　修改"编号"属性值

在"特性"选项板中，用户可以修改除文本样式以外的所有属性块特性，不可以编辑修改的值将有灰色背景。在默认状态下，"特性"面板将显示在屏幕上左边缘，双击它的状态栏，可让它变成图 7-40 所示的浮动面板。若要关闭这个面板，可以单击它的"关闭"按钮，如图 7-41 所示。

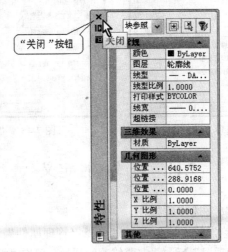

图 7-41 单击"关闭"按钮

若要修改属性的文本样式，可按下述步骤操作。

步骤 1 右击要编辑修改的属性，然后从快捷菜单中选择"编辑属性"命令，如图 7-42 所示。

此后，屏幕上将出现"增强属性编辑器"对话框。在这个对话框的"属性"选项卡中，将显示当前属性块中的所有属性，并让用户修改选定属性的值，如图 7-43 所示。由于本章仅在属性块中定义了一个名为"编号"的属性，因此这里只显示了一条属性。

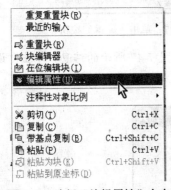

图 7-42 选择"编辑属性"命令

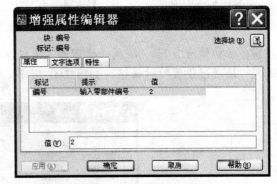

图 7-43 选定要修改的属性

步骤2 在"属性"选项卡中选择要修改的属性。

步骤3 进入"文字选项"选项卡中修改好文本样式后，单击"确定"按钮。

此后，当前图形中的属性显示外观将自动使用上述操作结果更新。在"文字选项"选项卡中，用户可以修改设置文字的各种特性，如图 7-44 所示，各选项的功能如本书前面所述。

"增强属性编辑器"的"特性"选项卡如图 7-45 所示,它所提供的选项也可以在图 7-40 所示的"特性"选项板中找到。

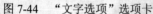

图 7-44　"文字选项"选项卡

图 7-45　"特性"选项卡

7.11　修改属性定义

为了修改属性定义,可按下述步骤操作。

步骤 1　从"常用"标签中的"块"面板里选择"管理属性"工具,如图 7-46 所示。

步骤 2　进入"块属性管理器"后,选定要修改的属性,单击"编辑"按钮,如图 7-47 所示。

图 7-46　选择"管理属性"工具

图 7-47　单击"编辑"按钮

注意：在初始状态下,"块属性管理器"中仅显示了图 7-47 所示的信息,单击"设置"按钮,进入"块属性设置"对话框,如图 7-48 所示,可添加显示新的内容。

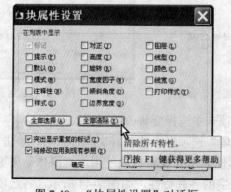

图 7-48　"块属性设置"对话框

步骤 3　进入"编辑属性"对话框，编辑修改好各属性，单击"确定"按钮。

这个对话框提供的选项如图 7-49 所示，用户可以参照前面的讲述使用它们。

图 7-49　"编辑属性"对话框

步骤 4　返回"块属性管理器"后，单击"应用"按钮。

此后，"块属性管理器"中将显示修改后的属性定义信息，单击"确定"按钮，结束操作后，下一次插入属性块时就将使用新的属性定义。

7.12　复习

本章通过为总装配图绘制零部件编号与指引线的操作，说明了定义与插入图形块、定义与插入属性块的操作方法，以及相关命令的功能与应用方法，涉及的内容包括绘制图形块，定义图形块与属性块，插入与应用图形块的方法和技巧。复习本章内容时，需要细致地做好操作练习，并注意下述问题。

重点内容：

- 绘制用于定义块的图形
- 制定和定义属性块的步骤
- 定义块的插入点

熟练应用的操作：

- 确定用于定义块的图形
- 定义和插入属性块

复习时，除了认真理解各小节所述的理论，并参照实例进行操作外，还要注意下述问题。

1. 可让同一个属性块附带多个属性定义

在同一个属性块中可定义多个属性，操作时可以先定义好各属性，然后定义块时选定所有的属性，即可达到目的。

2. 同一个属性块中的属性将有序显示

定义属性块时，选择属性的顺序决定了在插入该块时提示属性信息的顺序。使用"块属性管理器"更改属性顺序后，属性值的提示顺序将在下次插入属性块时使用。

3. 属性可修改

通过"块属性管理器"，可以编辑已经附加在块中的全部属性的值及其他特性，并让用户修改没有附加在块中的属性设置。例如，可以定义如何将值指定给属性，以及控制属性值在绘图区域中是否可见、定义属性文字如何在图形中显示、删除块属性、定义属性所在图层及属性的颜色、线宽和线型。若属性块中存在多个属性，还可以更改输入属性值的提示顺序。

4. 属性与图形块可分解

执行 EXPLODE 命令即可分解图形对象或者块。当用户需要在一个块中单独修改一个或多个对象时，就可以应用此命令将一个块分解为它的组成对象。此外，该命令还常用来分解其他类型的图形对象，如二维多段线、三维多段线、圆、文本等。初学者需要注意到，任何被分解对象的颜色、线型和线宽都可能会改变，其结果根据分解的组成对象类型的不同会有所不同。如分离属性块后，属性将变成不变的常量，并用属性的标识名作为这个常量的值。分离二维和三维多段线后，AutoCAD 会放弃所有关联的宽度或切线信息。对于有宽度的多段线，将沿多段线中心绘制直线和圆弧，并以此构成分离后的原多段线图形。

7.13　作业

本章的作业需要花费的时间较多，其结果将作为用于工程设计的蓝图。

作业内容：标注好图 7-1 所示的零部件编号。

操作提示：操作前应仔细阅读本章的操作实例。

7.14　测试

时间：45 分钟　满分：100 分

一、选择题（每题 4 分，共 40 分）

1. 使用块的主要目的是（　　）。
   A. 批量绘制图形对象　　　　　　　　B. 应用属性
   C. 快速绘制图形中多处相同的对象　　D. 简化绘图操作
2. 定义块的第一步操作是（　　）。
   A. 绘制设计图形　　　　　　　　　　B. 绘制用于块的图形对象
   C. 确定要插入块的地方　　　　　　　D. 选定用于块的图形对象
3. 定义块时不需要做的操作是（　　）。
   A. 指定块中的图形　　　　　　　　　B. 指定块的名称
   C. 指定插入的基点　　　　　　　　　D. 指定插入的比例
4. BLOCK 命令不能完成的工作是（　　）。
   A. 定义图形块　　　　　　　　　　　B. 定义属性块
   C. 查阅当前可用的块名　　　　　　　D. 插入指定的块
5. INSERT 命令不能完成的工作是（　　）。
   A. 插入指定的图形块　　　　　　　　B. 插入指定的属性块

　　C．查阅当前可用的块名　　　　　　　　D．定义块

　　6．附加在块上的"属性"的用途是（　　　）。

　　　　A．随插入块一起应用文字数据　　　　B．随块一起输入文字

　　　　C．随一起显示文字处理　　　　　　　D．说明块的特性

　　7．使用属性的第一步操作是（　　　）。

　　　　A．定义一个包含文字的块　　　　　　B．绘制并定义一个块

　　　　C．绘制用于定义块的图形对象　　　　D．绘制用于属性的图形定义属性标识

　　8．属性的插入点的用途是（　　　）。

　　　　A．确定属性在块中的显示位置　　　　B．确定属性块插入位置

　　　　C．确定输入属性文字的起点　　　　　D．确定输入属性文字的中点

　　9．图形中同一个属性的文字特性（　　　）。

　　　　A．相同　　　　　　　　　　　　　　B．不同

　　　　C．可个别修改　　　　　　　　　　　D．不能个别修改

　　10．执行 INSERT 命令不能完成任务的操作是（　　　）。

　　　　A．插入分离的块　　　　　　　　　　B．查阅可用的块

　　　　C．查阅当前图形中定义的所有属性　　D．输入属性值

二、填空题（每题 4 分，共 40 分）

　　1．AutoCAD 中的"块"是由用户赋予_____的一组图形对象，若将包含特定_____应用方法的属性附加在它的上面，就可以快速而准确地绘制_____和输入_____信息。

　　2．为了定义一个块，首先要做的事情是绘制好相关的_____，然后使用 AutoCAD 提供的相关命令将它定义为_____。这个相关的图形可以是一个_____的图形，或者只是一个圆，甚至就是一条直线。块中需要的图形与图形的绘制范围_____，只能插入在图形的绘制范围内。

　　3．定义块的操作包括指定_____中的图形、以及将该块插入在图形中_____时需要的基准参考点。后者在 AutoCAD 中简称为"_____"。该点的用途是在插入块时，确定块在图形中的位置。若不指定此点，AutoCAD 将把当前坐标系统_____作为插入基点。

　　4．每一个被定义好的块定义都包括_____、一个或多个对象、用于插入块的_____坐标值和所有相关的_____。其中，可有可无的是属性数据，必须指定的是_____与所包含的对象。

　　5．执行 INSERT 命令插入一个块时，需要指定_____与插入的_____，以及 X、Y、Z 轴方向上的_____。操作时，可以在"插入"对话框中选择插入当前图形中可用的块，若想分解插入后的块，可以打开该对话框中的"_____"复选框。

　　6．在命令上执行-INSERT 命令，对"输入块名或 [?]:"提示回答_____，可以通过"选择图形文件"对话框选择插入 AutoCAD 的_____。如果回答一个块名，而该块并不存在于当前图形中，但有另一个 AutoCAD_____与此块同名，则将把此图形文件定义为当前的一个_____后插入进去。

　　7．"属性"是由_____构成的一种非图形数据，用于增强图形的可读性和表达图形

不能说明的问题。使用属性的第一步是绘制用于定义块的_____和_____，接着使用 BLOCK 命令将该图形对象与_____一起定义为一个块，随后使用 INSERT 命令在插入该块时引用属性。

8．"标记"、"提示"、"值"这些属性数据最多可以使用_____个字符。如果属性提示或默认值需要以空格开始，必须在字符串_____加一个_____。要使第一个字符为反斜杠线，则需要加上_____反斜杠线。

9．在图形中应用属性的主要目的是快速写入文字特性_____、伴随块的插入_____而插入在图形中的文本。用户在当前图形中插入_____，即可应用属性。操作时，可在命令行上执行 INSERT 命令，即在"命令"提示符后输入_____。

10．AutoCAD 为了分解图形对象或者块提供有专用命令：_____。当需要在一个块中_____修改一个或多个对象，就可以应用此命令将一个块分解为它的_____。此外，该命令还常用来分解其他类型的图形对象，如_____等。

三、问答题（每题 5 分，共 20 分）

1．如何插入块的镜像图像？
2．属性中"提示"的用途是什么？
3．图形块与属性块的区别是什么？
4．属性块的用途是什么？

第8章 插入表格与字段

在图纸中插入表格与文字及属性，其目的是让图形附带文字数据。在 AutoCAD 中，还能使用字段，这也是一种文字对象。表格是条理化处理文字数据的重要手段，字段可以用于提供包含特定说明的文字，通过它可以在图形中插入任意种类的文字数据，包括表格与表格中的单元格、属性和属性定义中的文字。

本章内容

- 定义表格样式。
- 在表格中输入文字与字段。
- 修改表格的列与行数。

本章目的

- 掌握定义与使用表格样式的方法。
- 掌握插入与调整表格宽度、单元格高度与宽度、修改行数与列数的方法。
- 掌握应用图形文件属性的方法。

操作内容

本章将为上一章绘制的一级传动齿轮减速器装配图添加技术要求文字和明细表，结果如图 8-1 所示。

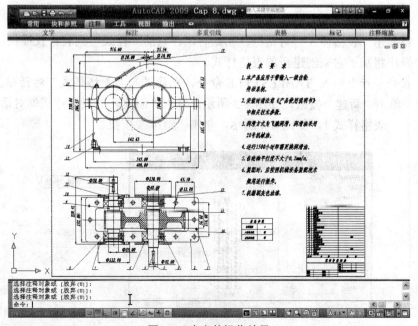

图 8-1 本章的操作结果

涉及的操作内容如下：

- 插入用于零部件明细表的表格。
- 插入 AutoCAD 预定的字段。

本章涉及的主要命令有：

- TABLE，定义表格样式、在当前图形中插入表格。
- TABLESTYLE，定义表格样式。
- DWGPROPS，查阅与定义图形文件属性，以及定义某些字段数据。
- FIELD，在图形中插入字段。

8.1　创建表格样式

使用表格是在 AutoCAD 中应用文字数据的重要手段。尽管 AutoCAD 模仿传统图板绘图方式来提供相关的功能与操作方法，使用起来没有专业表格制作软件那么便利，甚至还不及 Microsoft Word 中处理表格的能力强大，但它还是工程师常用的一个功能。如在绘制总装配图时，可以用它来绘制零部件明细表，为此可先按如下操作创建一个表格样式。

步骤1　从"注释"标签中的"表格"面板里选择"表格样式"工具，如图 8-2 所示。

图 8-2　选择"表格样式"工具

屏幕上将显示"表格样式"对话框。初始时，在它的"样式"列表中仅提供 Standard 样式，下面的操作将基于它来创建新的表格样式。

注意：在命令行上输入_TABLESTYLE 命令，也能进入"表格样式"对话框。

步骤2　单击"新建"按钮，如图 8-3 所示。进入"创建新的表格样式"对话框，设置新建表格样式名：表格样式 1，如图 8-4 所示，单击"继续"按钮。

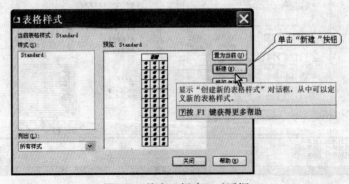

图 8-3　单击"新建"对话框

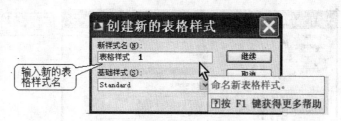

图 8-4　设置新建表格样式名

步骤 3　在"新建表格样式: 表格样式 1"对话框中将"表格方向"设置为"向上",如图 8-5 所示。

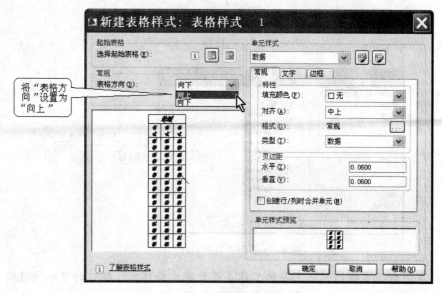

图 8-5　将"表格方向"设置为"向上"

在这个对话框中,可以参照前面定义尺寸标注样式的方法设置好各选项。操作时,用户可以指定表格中各行的格式。在 Standard 表格样式中,第一行是标题行,由文字居中的合并单元行组成。第二行是表头,即列标题行,其他行都是数据行。通过设置单元样式可指定不同用途的行使用不同的文字样式,以及网格线的宽度,文字的对齐方式。这里新建了一个名为"表格样式 1"的表格样式,它的标题行使用了比其他行更大一号的文字,列标题行指定正中对齐,以及为数据行指定左对齐。

在"表格样式"对话框中创建新的样式后,还可以通过该对话框中的"修改"按钮重新定义它。新建与修改表格样式使用的对话框中的选项一样,只是标题栏中显示的文字不同。在这两个对话框中,用户可通过"单元样式"卜拉列表选定"标题"、"表头"、"数据"这三个单元样式,分别设置标题文本、表头文本、数据文本的样式,如图 8-6 所示。

完成上述设置操作,单击"确定"按钮,结束"新建表格样式: 表格样式 1"对话框中的操作,返回"表格样式"对话框后,即可在"样式"列表中看到新建的"表格样式 1",而且该样式正处于选定状态,单击"置为当前"按钮,如图 8-7 所示。最后,单击"关闭"按钮,即可使用这个新建的样式在图形中创建表格。

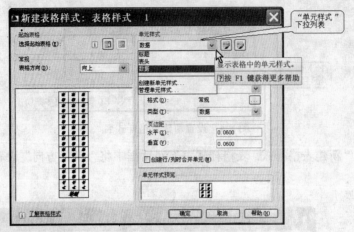

图 8-6 "单元样式"下拉列表

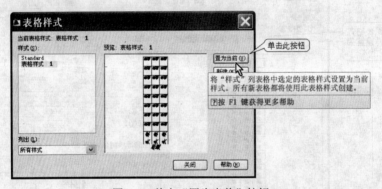

图 8-7 单击"置为当前"按钮

注意：在进行设置操作时，主要的工作是设置单元格样式，操作时可以通过位于这个对话框底部的"单元样式预览"框看到当前单元格的样式外观。

8.2 插入表格

按上述操作定义好表格样式后，即可应用它按下述操作在当前图形中插入表格，并输入表格中的文字。

步骤 1 从"注释"标签中的"表格"面板里选择"表格"工具，如图 8-8 所示。

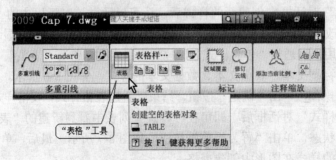

图 8-8 选择"表格"工具

步骤 2　在"插入表格"对话框中的"列和行设置"区域里，将"列数"值设置为 3；"数据行数"设置为 20，如图 8-9 所示。

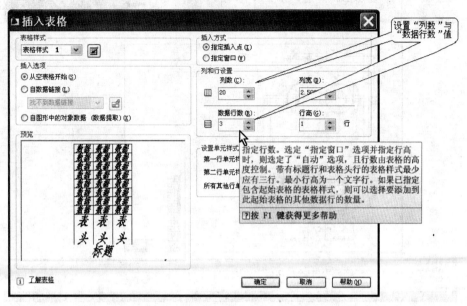

图 8-9　设置"列数"与"数据行数"

进入"插入表格"对话框，在它的预览框中显示当前表格样式，如图 8-9 所示。初学者需要注意到，表格中的数据行里的文本将使用当前文字样式，并将上一次在该对话框中所做的设置作为当前默认值，因此下面的操作将基于该预览结果进行。本章要插入一个用于列出总装配图中零部件详情的表格，表格中的行数多达 22 行，其中标题栏与表头各占一行，因而这一步操作将数据行数设置为 20。

步骤 3　打开"指定插入点"单选按钮后，单击"确定"按钮。在绘图区域中指定插入点，如图 8-10 所示。

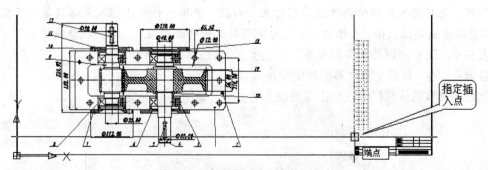

图 8-10　在绘图区域中指定插入点

指定了插入点，一个表格就将插入在图形中，用于输入标题文字的文本编辑框，当前插入点光标也将出现在标题栏。同时，功能区中将自动显示"多行文字"标签，如图 8-11 所示。图 8-12 为放大显示后的标题栏，由此图可见插入点光标位于标题栏内，说明此时可输入文字了。

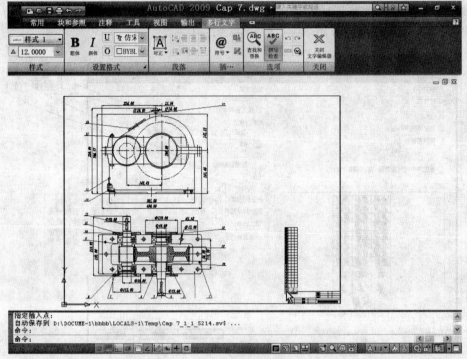

图 8-11　插入一张表格

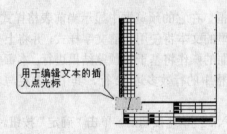

图 8-12　当前光标焦点位于输入标题文字的文本编辑框内

注意：此时插入表格的操作还没有结束。而且，使用这种方法插入表格只是为了操作方便，不能准确地定位表格，表格的大小尺寸也需要做一些调整操作。这种调整操作除了可重新定位表格外，还可以调整表格以及各列的宽度。

步骤4　输入标题文本"零部件明细表"。

此后，表格的标题栏中就会出现所输入的文字，如图 8-13 所示。

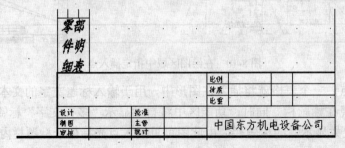

图 8-13　输入文字

　　上述操作演示了在 AutoCAD 中插入表格的操作方法。操作中，通过"插入表格"对话框可以选择插入方法、列数和列宽、行数和行高。若在对话框中选择"指定插入点"方式，可随后在绘图区域指定表格的插入点；选择"指定窗口"方式则可通过两个对角点定义表格的插入位置与表格的宽度。

8.3　调整表格与列宽度

　　由图 8-13 可见，插入在图形中的表格还需要进一步调整表格及列宽度。为此，可按下述步骤操作。

　　步骤 1　选定表格的边框线，以及位于表格右下角处的拉伸表格宽度所用的夹点，如图 8-14 所示。

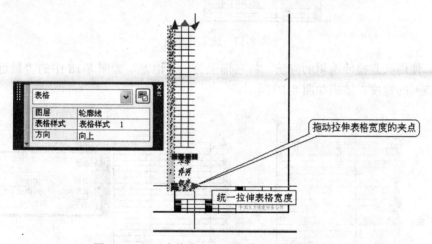

图 8-14　位于表格右下角和拉伸表格宽度的夹点

　　步骤 2　使用夹点拉伸的方法将该夹点拖至图 8-15 所示的端点处，调整好表格的宽度，结果如图 8-16 所示。

图 8-15　将它拖至此"端点"处　　　　　图 8-16　调整表格的宽度

完成这两步操作后，用于零部件清单的表格将与图纸的标题栏对齐。此后，用户可以选定表格中某列的夹点，如图 8-17 所示。

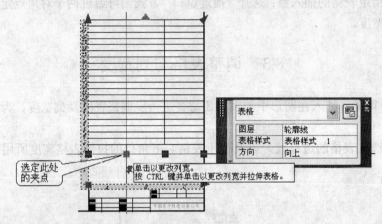

图 8-17　选定此夹点

然后，使用夹点拉伸编辑的方法，将它拖至另一个地方，如图 8-18 中的"最近点"处，即可调整该列的宽度，结果如图 8-19 所示。

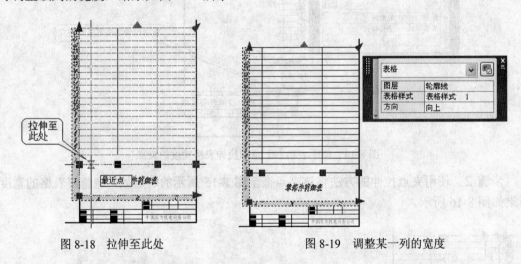

图 8-18　拉伸至此处　　　　　　　　　　图 8-19　调整某一列的宽度

8.4　调整表格中的行高

AutoCAD 中的表格类似于 Microsoft Excel 表格，在默认状态下表格中的行高与输入的文字高度有关，并根据文字高度自动调整其行高，由文字与单元格的上下边距共同确定其高度值。对于标题栏来说，文字与上下边框的距离为文字高度的三分之二。机械设计图纸中通常会将表格中各栏的高度设置为一个定值，标题栏仅稍稍高一点即可，这就需要在表格中调整标题栏的行高。为此，可采用的操作步骤如下所述。

步骤 1　单击要调整行高的单元格内部某处，让它处于当前活动状态，如图 8-20 所示。

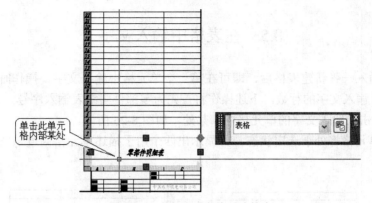

图 8-20　让它处于当前活动状态

步骤 2　选定该单元格的上边框线或下边框线上的夹点，如图 8-21 所示。接着，使用夹点拉伸编辑的方法，将它拖至图 8-22 所示的位置。

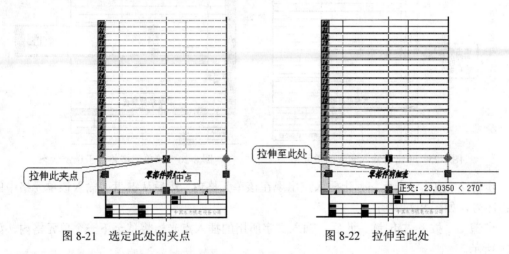

图 8-21　选定此处的夹点　　　　　　　　　　图 8-22　拉伸至此处

上述操作调整了一个单元格的行高，结果如图 8-23 所示。按下 Esc 键，取消对表格的选定后，结果如图 8-24 所示。

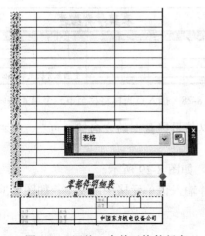

图 8-23　调整一个单元格的行高

图 8-24　操作结果

8.5　在表格中输入文字

在图形中插入一张新建表格后，即可在第一个单元格中输入文字。操作时，单元的行高会加大以适应所输入文字的行数。下述操作将首先为零部件明细表输入序号。

步骤 1　单击要输入文字的单元格内部某处，如图 8-25 所示。

此后，该单元格将处于选定状态，并显示出四个用于描述单元格高度与宽度的夹点，如图 8-26 所示。

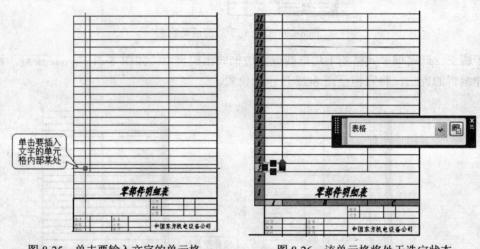

图 8-25　单击要输入文字的单元格　　　　图 8-26　该单元格将处于选定状态

步骤 2　双击该单元格，让插入点出现在该单元格内。然后从键盘上输入该单元格中的文字：序号，如图 8-27 所示。

步骤 3　按下 Tab 键。此后，输入文字所用的插入点光标将移至下一个单元格内，如图 8-28 所示。

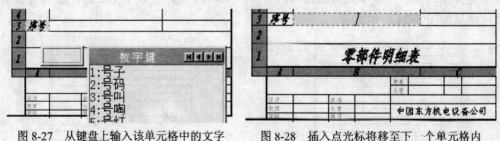

图 8-27　从键盘上输入该单元格中的文字　　　图 8-28　插入点光标将移至下一个单元格内

注意：与使用 Microsoft Excel 一样，用户也可以使用键盘上的方向键，向左、向右、向上和向下移动插入点光标至下一个单元格内。

接着，从键盘上输入此单元格中的文字：名称，如图 8-29 所示。

此后，可将插入点光标移至再下一个单元格，并输入该单元格中的文字，如图 8-30 所示，直到输入完所有单元格中的文字。

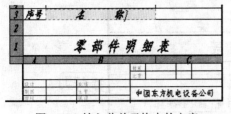
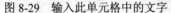
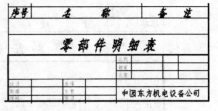

图 8-29 输入此单元格中的文字　　　　　　图 8-30 在第三个单元格中输入文字

8.6 修改组成表格的单元格与行

为了在表格中插入列或行，可以先选定某一个单元格。接着，右击该单元格，然后从表格快捷菜单的"列"或"行"子菜单里选择插入位置，如图 8-31 与图 8-32 所示，即可完成操作。若在选定单元格时，按住 Shift 键可选定多个单元格，并从表格快捷菜单中选择"合并"命令，选定的单元格就会合并为一个单元格。这些操作非常简单，这里就不多说了。

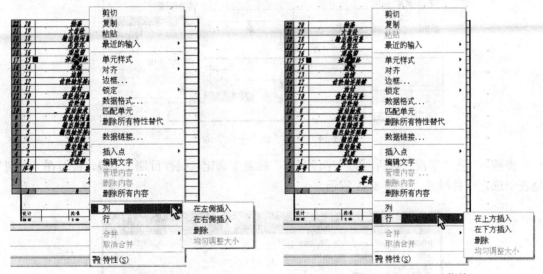

图 8-31 "列"子菜单　　　　　　　　图 8-32 "行"子菜单

从图 8-31 或图 8-32 所示的快捷菜单中选择"删除"，即可删除当前选定单元格所在行或列。

8.7 插入字段

字段是包含某些说明信息的文字，这些说明信息用于显示可能会在图形生命周期中修改的数据，如图形的最后修改日期。一旦在图形中插入这类信息，当字段更新时，AutoCAD 将自动显示最新的数据。下面的操作就将插入一个日期字段。

步骤 1 参照前面的操作，进入"文字样式"对话框，创建一个的新的文字样式。该文字样式将用于图纸标题栏。最后，将它设置为当前文字样式。

步骤 2 在图形中插入字段的地方任意书写几个文字，如图 8-33 所示。

图 8-33   任意书写几个文字

步骤 3   双击这几个文字，让它进入编辑状态。然后，右击它，进入图 8-34 所示快捷菜单中选择"插入字段"命令。

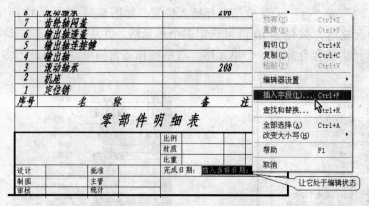

图 8-34   选择"插入字段"命令

步骤 4   在"字段"对话框的"字段名称"列表中选定"保存日期"字段，接着在"样例"列表中选定一种样式，如图 8-35 所示。

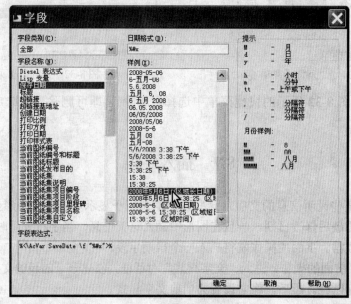

图 8-35   选定一种样式

　　操作时，用户可以从"字段类别"下拉列表中选定一种类别，让"字段名称"列表框中仅显示该类别的字段，以便于查找和选定字段。一旦选定了一个字段，就可以在"字段类别"右侧的提示框中看到一些可用的提示信息，或者该字段的当前值。如图 8-35 中显示了日期字段的数据格式。

　　单击"确定"按钮，结束在"字段"对话框中的操作，选定的字段与样式将替换当前处于编辑状态的文字，如图 8-36 所示。

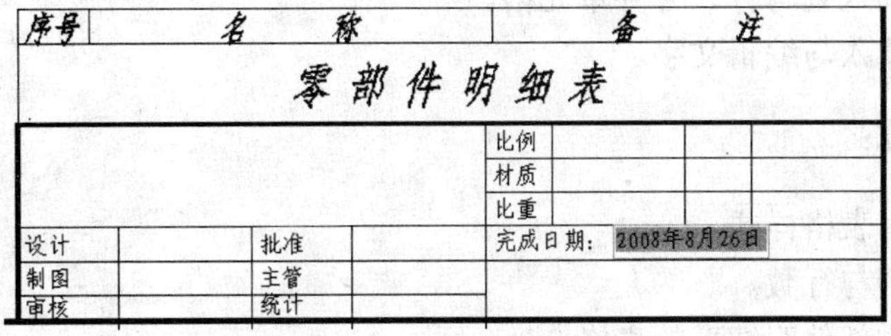

图 8-36　插入日期字段

　　此后，用户再一次保存该图形文件，插入在图形中的这个日期值将使用当前值自动更新。由此插入的字段文字与执行 TEXT 命令输入的文字不同，在默认状态下会显示浅灰色背景，该背景颜色不会输出至图纸上，仅为了在屏幕上区别其他的文字数据。若要控制是否显示此背景颜色，可以修改 FIELDDISPLAY 系统变量的值。此系统变量可取用的值有两个：0，显示的字段不带背景；1（默认值），显示的字段带有灰色背景。执行下述对话过程后，上面插入的日期如图 8-37 所示。

命令: FIELDDISPLAY
输入 FIELDDISPLAY 的新值 <1>: 0
正在重生成模型。

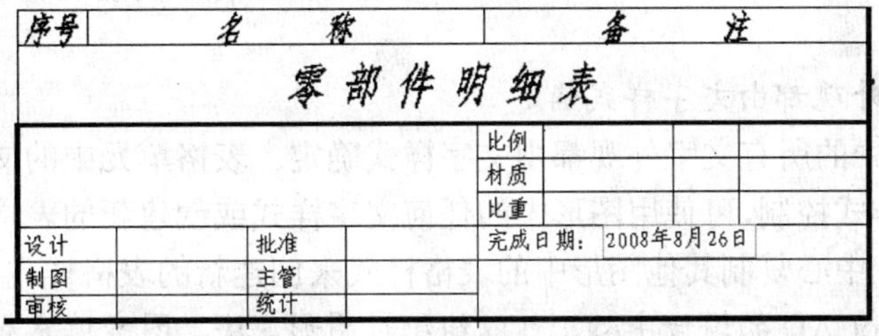

图 8-37　将 FIELDDISPLAY 系统变量的值设置为 0 后的结果

　　注意： 由于字段是文本对象的一部分，因此可以在文字编辑器中编辑字段。编辑字段最简单的方法是双击包含该字段的文本对象，然后双击该字段显示"字段"对话框。这些操作在快捷菜单上也可用。如果不再希望更新字段，可以通过将字段转换为文字来保留当前显示的值。

　　将在"字段"对话框中显示字段表达式（包含转义字符和字段代码），但是无法编辑该表达式。

8.8　复习

　　本章通过在总装配图中插入零部件明细表的工作，说明了定义表格样式、插入表格与编辑表格的操作特点，介绍了相关命令的功能与应用方法，涉及的内容不多，但操作复杂，初学者需要多做练习，并注意下述问题。

重点内容：

- 定义表格样式。
- 插入表格与字段。
- 在表格中插入列与行、合并单元格。
- 在表格中输入与编辑文字。

熟练应用的操作：

- 定义与使用表格样式。
- 设置表格列与行数。
- 插入用于零部件明细表的表格。
- 在表格中输入文字。
- 应用图形文件属性。

复习时，除了要认真阅读各小节的内容外，还应当注意下述问题。

1. 表格需要占用图形空间

设计机械产品的工作特点是边设计、边修改、边绘图，因此绘制好图形后还可能需要调整各视图的位置或者幅面，以便于在图形中准备好插入表格的空间。

2. 表格方向可以设置与修改

在修改与新建表格样式所使用的对话框中，可以在"表格方向"下拉列表中选择由上而下或由下而上读取表格。在"边框"选项卡中可控制网格线的显示外观，这些网格线将表格分隔成若干个单元格。其中，标题行、表头和数据行的边框具有不同的线宽设置和颜色，可以显示或不显示。

3. 所有的文字外观都由文字样式确定

AutoCAD 图形中的所有文字外观都由文字样式确定。表格单元中的文字外观由当前表格样式中指定的文字样式控制，可使用图形中的任何文字样式或创建新的表格样式来定义这种外观。也可以使用设计中心复制其他图形中的表格样式来创建新的表格样式。

注意：通过 AutoCAD 的设计中心，可以组织对图形、块、图案填充和其他图形内容的访问，其操作方法不难掌握。

4. 通过夹点编辑可修改表格的行高与列宽

这种操作不能用于调整某一行的宽度，这一点需要初学者注意。修改某些列的宽度，可能会引起表格的宽度发生变化。此时，可以参照上面的操作，使用夹点拉伸编辑的方法再一次修改表格的大小尺寸，从而达到调整列宽度与表格宽度的目的。

若对某行中的某一个单元格做上述调整，结果将使得该行的其他单元格高度同时被调整，最终的结果将是调整了行高。若要选定多个单元格，可按住键盘上的 Shift 键后，依次单击各单元格。如果单击一个单元格后，接着单击另一个不相邻的单元格，还可以选定这两个单元格，以及它们之间的所有单元格。

5. 在表格中输入文字需要耐心

本章的操作说明在表格中输入文字比较繁琐。在实际工作中，工程师通常是从表格的第一个单元格，即左上角的第一个单元格开始输入文字，每输完一个单元格中的文字，按 Enter 键，让插入点光标自动跳至下一个单元格内，避免使用鼠标器选择单元格，从而快速输入各单元格中的文字。

8.9　作业

本章的作业需要花费的时间较多，其结果将用于工程设计的蓝图。

作业内容： 参见图 8-1，接着上一章的操作结果，在图形中插入表格与字段。

操作提示： 操作前应仔细阅读本章的操作实例。

8.10　测试

时间：45 分钟　　满分：100 分

一、选择题（每题 4 分，共 40 分）

1. 插入表格的第一步操作是（　　）。
   A. 定义表格样式　　　　　　　　B. 定义表格中的文字样式
   C. 准备表格的插入区域　　　　　D. 执行 INSERT 命令
2. 定义表格样式执行的命令是（　　）。
   A. TABLESTYLE　　　　　　　　B. TABLE
   C. INSERT　　　　　　　　　　　D. STYLE
3. 用于新建表格样式对话框中没有提供的选项卡是（　　）。
   A. 文字　　　　　　B. 表头　　　　　　C. 基本　　　　　　D. 边框
4. 表格的外观由（　　）控制。
   A. 边框与列数和行数　　　　　　B. 表格样式
   C. 单元格与文字　　　　　　　　D. 标题、表头、数据
5. 用于新建与修改表格样式的对话框不同之处在于（　　）。
   A. 可设置的选项　　　　　　　　B. 对话框标题栏中的文本
   C. 可选择的单元格样式　　　　　D. 预览功能
6. 控制表格单元中文字外观的是（　　）。
   A. 文字样式　　　　　B. 表格样式　　　　　C. 边框线　　　　　D. 单元格样式
7. 表格中的单元格边框线可（　　）。
   A. 单独设置或修改　　　　　　　B. 由"表头"控制
   C. 通过"特性"选项板修改　　　　D. 由单元格样式控制
8. 使用"指定插入点"插入表格时，该点将确定表格的（　　）。
   A. 正中心位置　　　　　　　　　B. 左上角位置
   C. 左下角位置　　　　　　　　　D. 右下角位置

9. 结束在表格中输入文字操作的方法是（　　　）。

A. 按下键盘上的 Enter 键

B. 按下键盘上的 Esc 键

C. 执行其他的 AutoCAD 命令

D. 单击"文本格式"工具栏中的"确定"按钮

10. 可用于修改单元格内文字内容的 AutoCAD 操作是（　　　）。

A. 进入"特性"选项板　　　　　　　　B. 修改文字样式

C. 使用夹点编辑操作　　　　　　　　D. 修改单元格样式

二、填空题（每题 4 分，共 40 分）

1. 使用表格是在 AutoCAD 中应用＿＿＿＿＿＿＿数据的重要手段。从"注释"标签的"表格"面板中选择"＿＿＿＿＿＿"工具后，屏幕上将显示"＿＿＿＿＿＿"对话框，并在它的预览框中显示当前＿＿＿＿＿＿。单击该对话框中的"确定"按钮后，就能在绘图区域中使用当前表格样式插入一张表格，并接着输入表格中的文字。

2. 为了定义表格样式，首先要进入"＿＿＿＿＿＿"对话框。该对话框是一个表格样式管理器，单击它的"＿＿＿＿＿＿"按钮，即可进入"创建新的表格样式"对话框，为新建的表格样式设置好＿＿＿＿＿＿，然后在"新建表格样式"对话框中定义新的表格样式。一旦建立好了新的表格样式，还可以使用"表格样式"对话框中的"＿＿＿＿＿＿"按钮重新定义它。

3. 表格中的数据＿＿＿＿＿＿将使用当前文字样式。在默认状态下，AutoCAD 提供了"数据"、"标题"、"表头"这三种＿＿＿＿＿＿。它们都能由用户＿＿＿＿＿＿设置其"文字"、"边框"、"＿＿＿＿＿＿"样式。

4. 设置表格样式时，可以指定表格中各行的格式。在 Standard 表格样式中，第一行是＿＿＿＿＿＿，由文字居中的合并单元行组成。第二行是＿＿＿＿＿＿，即列标题行，其他行都是＿＿＿＿＿＿行。通过设置＿＿＿＿＿＿可以指定不同用途的行使用不同的文字样式，以及网格线的宽度、文字的对齐方式。

5. 在"表格样式"对话框中创建新的样式后，还可以通过该对话框中的"修改"按钮重新定义它。新建与修改表格样式所使用的对话框中的选项将是＿＿＿＿＿＿的。在这两个对话框中，用户可通过"单元样式"下拉列表选定"标题"、"表头"、"数据"这三个＿＿＿＿＿＿，分别设置标题文本、表头文本、数据文本的＿＿＿＿＿＿。

6. 在修改与新建表格样式所使用的对话框中，通过"＿＿＿＿＿＿"选项卡可以控制网格线的＿＿＿＿＿＿，这些网格线将表格分隔成＿＿＿＿＿＿个单元格。其中，标题行、表头和数据行的边框具有＿＿＿＿＿＿的线宽设置和颜色，可以显示或不显示。

7. 在新建与修改表格样式对话框中，设置边框线时，AutoCAD 会同时更新"＿＿＿＿＿＿"对话框中的预览图像。表格单元中的文字外观由当前表格样式中指定的＿＿＿＿＿＿控制。该＿＿＿＿＿＿可以是图形中已经存在的或新创建的。此外，也可以使用设计中心复制其他图形中的表格样式来创建新的＿＿＿＿＿＿。

8. 插入表格时指定了插入点，一张表格就将＿＿＿＿＿＿在图形中，用于输入＿＿＿＿＿＿的文本编辑框，"＿＿＿＿＿＿"工具栏也将出现在屏幕上。而且，当前光标焦点位于输入＿＿＿＿＿＿的文本编辑框内。

9. 选定表格中某列的左或右两边框线上的夹点，使用_____编辑的方法，将它拖至另一个地方，可以此来调整该列的_____。选定表格中某_____的上或下两边框线上的夹点，使用夹点拉伸编辑的方法，将它拖至另一个地方，可以此来调整该列所在行的_____。

10. 若调整表格某行中的某一个单元格，结果将使得该行的_____单元格高度同时被调整，最终的结果将是调整了_____。若要选定多个单元格，可按住键盘上的_____键后，依次单击各单元格。在单击一个单元格后，接着单击另一个不_____的单元格，还可以选定这两个单元格，以及它们之间的所有单元格。

三、问答题（每题 5 分，共 20 分）

1. 在默认状态下，AutoCAD 设置的表格方向是什么？意义何在？
2. 插入表格时确定表格位置的方法有哪两种？各自的主要特点是什么？

第 9 章　输出图纸与输出图形

现在，用户可以使用多种方法输出在 AutoCAD 中绘制好的图形。其中，常用的方法是采用打印机、绘图仪输出图纸，将图形文件压缩打包、制作 Web 页面，以及向图纸集发布图形。

本章内容

- 为输出图纸与发布图形准备图形内容。
- 将图形文件压缩打包。
- 使用图形文件中的图形制作 Web 页面。

本章目的

- 全面掌握准备要输出的图形与设置输出设备的方法。
- 掌握设置绘图比例与输出比例的关系。
- 掌握将图形文件压缩打包、创建包含图形的 Web 页面的方法。

操作内容

本章将接着上一章的操作打印输出一级传动齿轮减速器装配图，结果如图 9-1 所示。

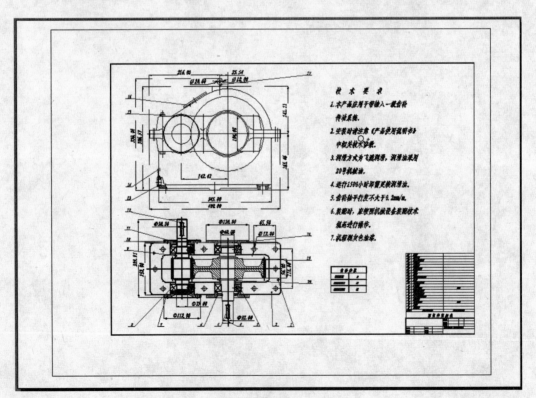

图 9-1　打印输出图纸

涉及的操作内容如下。

- 指定笔式绘图仪中各支笔的颜色与线宽参数。
- 使用模型空间与图纸空间。
- 打印输出图纸。

本章涉及的主要命令有：

- DSVIEWER，打开"鸟瞰视图"。
- PAGESETUP，控制每个新建布局的页面布局、打印设备、图纸尺寸和其他设置。
- PLOT，将图形发送到绘图仪、打印机输出为图纸，或输出为指定格式的图形文件。
- PLOTTERMANAGER，管理打印输出设备。

9.1　准备输出图纸

为了输出 AutoCAD 中的图形，首先按下列步骤做些准备工作。

步骤 1　查看所绘制的图形、查看尺寸对象、文本内容，并修改和纠正错误。

在查看图形时，对于总装配图这样的大幅面图形，若要看清楚屏幕上显示的图形各部位的细节，只能放大显示局部图形，而不能在显示全局图形的情况下观看到图形中的错误。为此，AutoCAD 提供了"鸟瞰视图"功能，单击"菜单浏览器"按钮，如图 9-2 所示，进入菜单后从"视图"菜单组中选择"鸟瞰视图"命令，如图 9-3 所示，即可在屏幕上看到"鸟瞰视图"窗口，如图 9-4 所示。

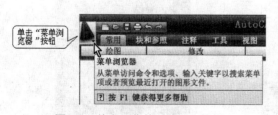

图 9-2　单击"菜单浏览器"按钮

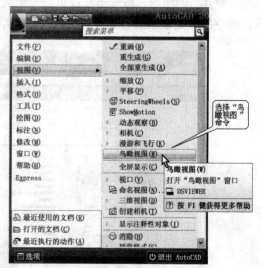

图 9-3　选择"鸟瞰视图"命令

在"鸟瞰视图"窗口中，可以双击它的视图框，让它的右边框线附近显示一个箭头，如图 9-5 所示。此后，向右拖动可缩小视图，向左拖动则放大视图，从而在绘图区域中缩小或放大显示图形。

步骤 2　单击绘图区域底部的"布局 1"按钮，如图 9-6 所示。

图 9-4　"鸟瞰视图"窗口

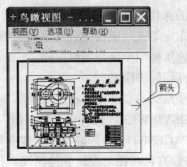

图 9-5　显示一个箭头

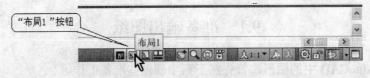

图 9-6　单击绘图区域底部的"布局 1"选项卡

　　AutoCAD 提供了两种工作环境：模型空间与布局空间。它们的用途与性质截然不同，前面的所有操作都发生在模型空间。通常，由几何图形对象组成的图形在"模型空间"中创建，也就是在这个空间中设计与绘制图形。"布局空间"的用途是为输出图纸做些准备工作，完成这一步操作后，就将进入布局空间。

　　在布局空间中，用户可进一步划分视图，从而创建多个视口，每一个视口就类似于包含模型"照片"的相框。每一个视口也是一个视图，初始时图纸中将显示单一视口，如图 9-7 所示，图中的虚线表示当前配置的图纸尺寸和绘图仪的可打印区域，即输出的图纸范围。

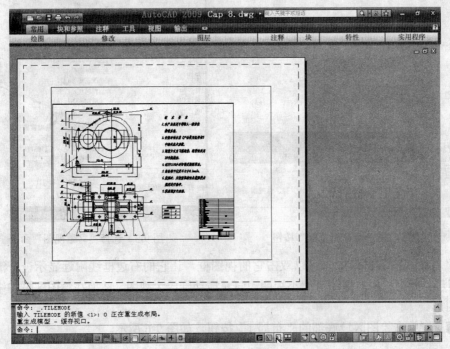

图 9-7　进入"布局空间"

在布局空间中，可对图形做些整理，如果需要还可以拼接图纸。若用户的图形已经绘制并编辑好了，进入这个空间后就不需要做任何整理操作。

步骤3 进一步检查"布局空间"中的图形显示内容，并且预览输出结果。

这一步操作可用来预览和查阅输出在图纸上的图形，若还有需要修改的地方，可以单击"绘图区域"左下方的"模型"按钮（位于"布局 1"按钮左侧），进入"模型空间"进行操作。修改结束后，可以再一次返回"布局空间"，继续查阅，直到用户对预览的输出结果满意为止。

9.2 指定输出设备

为了打印输出图纸或发布图形，做一些与输出图形相关的设置操作是非常必要的。这些设置包括创建要打印的布局，指定输出设备，以及指定图纸的外观和格式。工程设计中所用的图纸输出设备是绘图仪、打印机等，第一次输出图纸时可按下述步骤设置。

步骤1 进入"布局1"空间，在功能区的"输出"标签中打开"打印"面板，并从此面板中选择"绘图仪管理器"工具，如图9-8所示。

图9-8 选择"绘图仪管理器"工具

步骤2 在Plotters（绘图仪）窗口中双击"添加绘图仪向导"项，如图9-9所示。

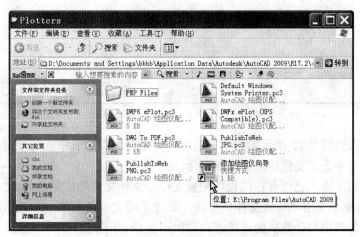

图9-9 双击"添加绘图仪向导"项

Plotters（绘图仪）窗口中列出了当前可用的绘图仪设备，若没有用户要使用的设备，就需要通过这一步操作添加它。

完成**步骤 2** 的操作后，屏幕上将显示"添加绘图仪"向导。此向导将首先显示一个说明其用途的文本框，如图 9-10 所示。用户在确认自己的输出设备与计算机系统连接好后，就可以单击"下一步"按钮，进入下一步操作对话框。

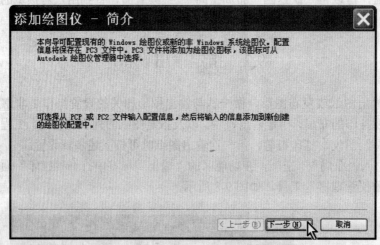

图 9-10　显示一个说明其用途的文本框

在下一步操作对话框中，打开"我的电脑"单选按钮，如图 9-11 所示。

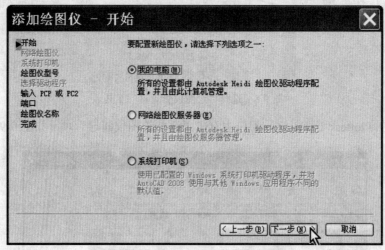

图 9-11　打开"我的电脑"单选按钮

步骤 3　进入如图 9-12 所示的对话框后，从"生产商"列表中选定绘图仪的生产商，接着在"型号"列表中选定要使用的绘图仪型号。

下一步操作用于输入已经存在的设备配置文件，这种文件的扩展名为 PCP 或 PC2，在图 9-13 所示的对话框中单击"输入文件"按钮，即可使用它。进入下一步操作对话框，用户可为当前选定的设备指定与计算机的连接端口，如图 9-14 所示。

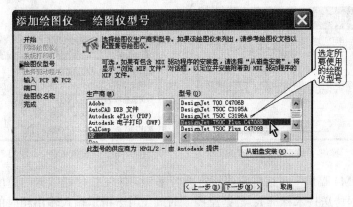

图 9-12 选定要使用的绘图仪型号

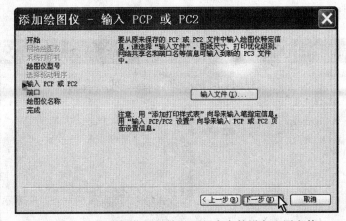

图 9-13 下一步操作用于输入已经存在的设备配置文件

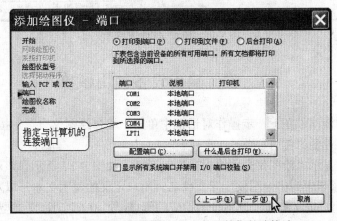

图 9-14 为当前选定的设备指定与计算机的连接端口

在这个对话框中，用户可选择将图形输出至端口，即使用外部设备（绘图仪或打印机）输出图纸，或者输出为一份文件。打开"后台打印"单选按钮，则将在后台打印。单击"什么是后台打印"按钮，可从图 9-15 所示的信息框中详细了解这种打印方式。通过该对话框中的"配置端口"按钮，可进一步配置端口。如若前面选定使用 COM4 端口，单击此按钮屏幕上将显示"设置 COM4 端口"对话框，如图 9-16 所示，让用户设置此端口使用的参数。

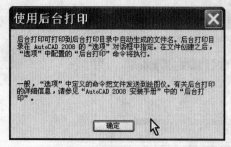

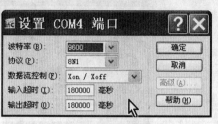

图 9-15　详细了解后台打印方式　　　　图 9-16　"设置 COM4 端口"对话框

在"设置 COM4 端口"对话框中可指定波特率（向绘图仪传送数据的速度）、协议（设备制造商推荐的数据传送技术标准）、数据流控制时间（用于指定输入输出超时的等待时间）。接着，在下一步操作对话框中指定绘图仪的名称，如图 9-17 所示，以便在设置页面时使用该设备，一台用于输出图纸的设备就设置好了。

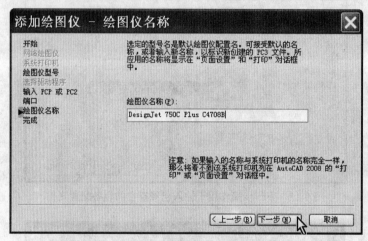

图 9-17　指定绘图仪的名称

9.3　设置输出设备使用参数

接着上一节的操作，在下一步操作对话框中单击"编辑绘图仪设置"按钮，如图 9-18 所示，即可设置输出设备的使用参数。

此后屏幕上将显示"绘图仪配置编辑器"对话框，如图 9-19 所示。该对话框中有三张选项卡，"基本"选项卡中列出绘图仪配置文件名，用户定义的说明文本，以及驱动程序信息。AutoCAD 会根据用户定义的输出设备显示相应的信息：绘图仪驱动程序类型（系统或非系统）、名称、型号和位置、HDI 驱动程序文件版本号（AutoCAD 专用驱动程序文件）、网络服务器UNC 名（如果绘图仪与网络服务器连接）、I/O 端口（如果绘图仪连接在本地）、系统打印机名（如果配置的绘图仪是系统打印机）、PMP（绘图仪型号参数）文件名和位置。

在"端口"选项卡中（参见图 9-20），可以更改前面的操作所配置的输出设备与计算机或网络系统之间的通信设置。可以指定通过端口打印、打印到文件或使用后台打印。如果通过并行端口打印，可指定超时值。如果通过串行端口打印，可修改波特率、协议、流控制和输入/

输出超时值。单击"浏览网络"按钮，可显示网络中可以连接使用的输出设备，单击"配置端口"按钮，可以在"配置 LPT 端口"对话框或"COM 端口设置"对话框中设置详细的参数。

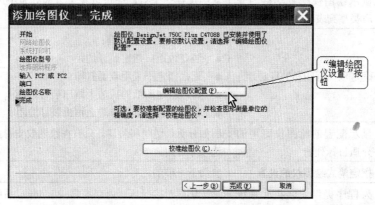

图 9-18　单击"编辑绘图仪设置"按钮

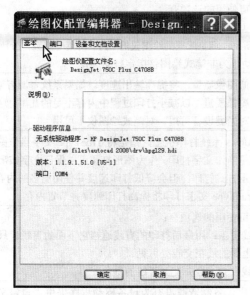

图 9-19　"基本"选项卡

图 9-20　"端口"选项卡

"设备和文档设置"选项卡使用树型列表，如图 9-21 所示，用于设置输出设备使用参数的主要工作将通过它们来完成，用户可参阅表 9-1 中所列的各选项与功能进行设置。

表 9-1　"设备和文档设置"选项卡中的选项与功能

选项	功能	使用说明
源和大小	指定纸张来源和尺寸	操作时可使用的选项有： ● 源：指定纸张来源 ● 宽度：指定卷筒进纸源的图纸卷宽度 ● 自动：让打印机指定适当的纸张来源 ● 尺寸：显示可用纸张来源以及标准和自定义图纸尺寸的 　　列表可打印边界：显示打印边界

续表

选项	功能	使用说明
介质类型	显示绘图仪配置支持的介质类型列表	从中选择一个后，还可以在下方的列表中选择设置介质类型，如图 9-22 所示
双面打印	确定双面打印和装订边距	操作时可使用的选项有： ● 装订边距：指定装订边距 ● 无：指定不采用双面打印 ● 短边：在图纸的短边上留出装订边距 ● 长边：在图纸的长边上留出装订边距
介质目标	显示配置的绘图仪可用的介质目标列表	例如分页、切割和装订。只有在绘图仪支持此功能时，这些选项才可用
笔配置	指定笔式绘图仪的设置	参阅下一节的内容
安装的内存	为程序提供安装在非系统打印机上的内存总量	此选项只对接受可选内存的非 Windows 系统打印机有效。如果打印机有额外内存，则需要指定内存总量
矢量图形	提供选项指定矢量输出的颜色深度、分辨率和抖动	操作时可使用的选项有： ● 颜色深度：显示列表，以便为绘图仪选择颜色深度 ● 分辨率：调整配置的绘图仪的 DPI（每英寸点数）分辨率 ● 抖动：为非笔式绘图仪指定抖动选择
光栅图形	指定打印光栅对象（仅限于非笔式绘图仪）时，打印速度与输出质量之间的平衡	如果降低图像质量，将提高输出速度。如果系统资源有限，则降低图像质量可以减小打印过程中内存不足的几率。这些选项只对光栅设备可用，对笔式绘图仪不可用
TrueType 文字	指定打印 TrueType 类型文字的方式	在 Windows 系统打印机上，指定将 TrueType 文字当作图形图像还是当作文字打印。作为图形打印可以保证文字按屏幕上的显示方式打印，但会降低打印速度并使用更多的内存。作为 TrueType 文字打印将提高打印速度并节省内存
合并控制	在光栅打印机上，控制交叉线的外观	操作时可使用的选项有： ● 直线覆盖：用最后打印的直线遮挡它下面的直线。只有最上面的线在交点处可见 ● 直线合并：合并交叉直线的颜色
自定义特性	修改绘图仪配置的特定设备特性	如果输出设备制造商没有为设备驱动程序提供"自定义特性"功能，则此选项不可用
初始化字符串	设置初始化之前、初始化之后和终止绘图仪字符串（仅限于非系统绘图仪）	如果以仿真模式打印到不支持的绘图仪，可以指定 ASCII（计算机中所用一种的标准字符与代码）文字初始化字符串为绘图仪打印做准备、设置设备特定选项以及将绘图仪恢复全原始状态。初始化字符串只应由高级用户使用
初始化之前	通过在初始化之前将初始化字符串发送到绘图仪强迫绘图仪仿真其他绘图仪	文字字符串（反斜杠线[\]除外）将按原样发送
初始化之后	在程序中设置别处不支持的针对设备的选项	指定初始化后字符串，它将在初始化之后发送至绘图仪
终止	在打印之后将打印机恢复到初始状态	指定终止字符串，它将在打印完成之后发送至绘图仪

续表

选项	功能	使用说明
自定义图纸尺寸	创建自定义的图纸尺寸或者修改标准或非标准图纸尺寸的可打印区域。仅限于非系统打印机	操作时可使用的选项有： ● 添加：创建新的图纸尺寸或基于列出的选择配置绘图仪可用图纸尺寸来创建新图纸尺寸 ● 删除：从列表中删除选定的自定义图纸尺寸 ● 编辑：可以修改自定义图纸尺寸设置
修改标准图纸尺寸	将可打印区域调整到标准图纸尺寸以符合打印机的工作范围。	操作时可使用的选项有： ● 标准图纸尺寸列表：显示可用的标准图纸尺寸集 ● 修改：修改可打印区域和文件名
过滤图纸尺寸	为在"打印"和"页面设置"对话框中选择的输出设备过滤显示的图纸尺寸列表	操作时可使用的选项有： ● 全部选定：为设备隐藏所有图纸尺寸 ● 全部不选：为设备显示所有图纸尺寸
绘图仪校准	启动"校准绘图仪"向导。	如果需要纠正缩放比例不一致的问题，可以使用"绘图仪校准"向导调整绘图仪校准
PMP 文件	将 PMP（绘图仪型号参数）文件附着到或拆离正在编辑的 PC3 文件	操作时可使用的选项有： ● 附着：将 PMP（绘图仪型号参数）文件附着到 PC3（程序配置 3）文件。 ● 保存 PMP：将 PMP 文件保存为新文件 ● 拆离：从正在编辑的 PC3 文件中拆离 PMP 文件
输入	从 AutoCAD 的早期版本中输入文件信息	如果用户有 AutoCAD 早期版本的 PCP（程序配置参数）或 PC2 文件，则可将它们的某些信息输入到 PC3 文件中
另存为	用新文件名保存 PC3 文件	此文件保存在 AutoCAD 2009\drv 文件夹中
默认	将"设备和文档设置"选项卡上的设置设为默认值	AutoCAD 提供的默认设置不一定符合用户的需要，使用该选项的目的主要是清除先前的操作结果，以便重新设置

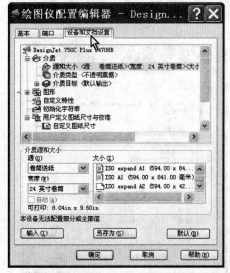

图 9-21　"设备和文档设置"选项卡中的选项

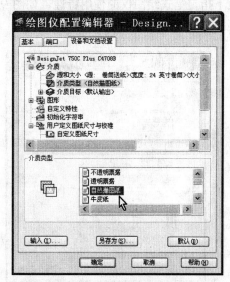

图 9-22　在下方的列表中选择介质类型

PC3 文件用于存储绘图仪名称、端口信息、笔优化等级、图纸尺寸和分辨率。颜色深度选项的作用效果将随分辨率和抖动值的修改而变化。颜色深度值越大，使用的内存越多，打印时间越长。可指定彩色输出或单色输出。修改 DPI 分辨率将改变"抖动"列表中的可用选项。设置较高的分辨率将使用较多的内存，并比较低分辨率需要较长的打印时间。某些抖动选择将降低打印速度。在光栅和着色/渲染视口中指定滑动条的位置，可平衡打印光栅图像和着色/渲染视口时的输出质量、内存使用和打印速度这三者的关系。将滑动条放在"无"处可以禁止光栅图像打印。降低图像质量可以缩短打印时间。将滑动条放在"最佳"处可获得最佳输出质量，但需要较多内存和较长的打印时间。OLE 用于指定滑动条的位置，以平衡打印 OLE 对象时的输出质量、内存使用和打印速度。将滑动条放在"无"处可以禁止 OLE 对象打印。降低图像质量可以缩短打印时间。将滑动条放在"最佳"处可获得最佳输出质量，但需要较多内存和较长的打印时间。权衡：如果不能以最高质量输入，指定平衡质量的位置。移动滑动条，降低分辨率，减少颜色。

　　在"设备和文档设置"选项卡中打开设置"用户定义图纸尺寸和校准"时，可选择将 PMP（绘图仪型号参数）文件附着到 PC3 文件，校准打印机并添加、删除、修订或过滤自定义图纸尺寸。通过该节点可以访问"绘图仪校准"和"自定义图纸尺寸"这两个向导。

　　初学者需要注意到，AutoCAD 的图形可由光栅绘图仪与笔式绘图仪输出至图纸上（参阅本章后面的内容）。使用光栅绘图仪时，用户不需要在上述"设备和文档设置"选项卡中设置笔宽度，AutoCAD 也不提供相关的选项，用户只能在"图层特性管理器"中选定好图层，然后单击"线宽"栏，通过"线宽"对话框设置线宽。

9.4　配置绘图笔宽度

　　若用户在图 9-12 所示的对话框中选择了一台笔式绘图仪，"设备和文档设置"选项卡将提供"物理笔配置"选项。由于 AutoCAD 不能自动检测物理笔信息，因此除了要在"笔配置"选项下指定笔式绘图仪的使用特性，如图 9-23 所示，还需要在"物理笔特性"选项表中指定各笔的宽度参数，如图 9-24 所示。

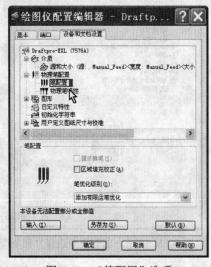

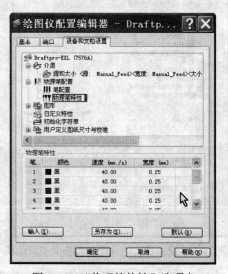

图 9-23　"笔配置"选项　　　　　　　　　图 9-24　"物理笔特性"选项表

"笔配置"选项的功能如表 9-2 所列。

表 9-2　　"笔配置"选项的功能

选项	功能	使用说明
提示换笔	在单笔绘图仪上绘图时使用多支笔	可以在"物理笔特性"选项下为各支笔指定线宽，并在需要更换笔时提示用户
区域填充校正	在打印填充区域和宽多段线时对笔宽进行补偿	通过将绘制多边形的笔宽减半来缩小每个多边形，可防止绘图仪使用粗笔填充超出填充区域。如果打印必须精确到半个笔宽的图形（如印刷电路图），就需要使用该选项
笔优化级别	通过优化笔的运动来缩短打印时间并提高笔的效率	例如，用户为防止笔重复绘制同一条线就需要使用此选项。如果图形中使用了许多颜色或宽度，则可以选择"添加笔排序"来缩短换笔时间

使用"物理笔特征"选项时，可以为绘图仪中的每一支绘图笔指定颜色和宽度，并优化绘图笔性能，指定绘图速度。操作时，可使用的步骤如下所述。

步骤 1　通过"图层管理器"或"图层"工具栏中的图层列表查阅并记住绘图时为不同线型设置的颜色。

步骤 2　确定各颜色所在图层将要使用的线宽。

步骤 3　参阅前面的操作，在图 9-12 所示的对话框中选定连接在计算机系统中的笔式绘图仪，并进入图 9-24 所示的"物理笔特性"选项表。

步骤 4　单击 1 号笔的颜色框，如图 9-25 所示。接着，从图 9-26 所示的下拉列表中选定一种颜色，如黑色。

图 9-25　单击 1 号笔的颜色框

图 9-26　选定一种颜色

此颜色将是用户为某图层设置的，这里选定它的目的是让绘图仪为使用此颜色的图形应用下一步操作设置的线宽。

步骤 5　单击 1 号笔的"宽度"栏，如图 9-27 所示，接着从图 9-28 所示的下拉列表中选择一种线宽值，如 0.80 mm。

步骤 6　参照前面的操作，单击 2 号笔的颜色栏，为它设置好颜色以及笔宽后，继续设置其他号笔的颜色与宽度。

最后，单击"确定"按钮，结束在"绘图仪配置编辑器"中的操作，返回"添加绘图仪"向导后单击"完成"按钮，用户指定的输出设备就可以使用了。上面定义的绘图仪设备也将出现在 Plotters 窗口中，若此时不再添加输出设备，可关闭此窗口。

图 9-27　单击 1 号笔的"宽度"栏 　　　　　　图 9-28　选择一种线宽值

9.5　设置打印页面

完成前面各节的操作后，就可以为布局的页面指定各种设置，其中包含打印设备设置和其他影响输出的外观与格式的设置。在默认状态下，每个初始化的布局都有一个与其关联的页面设置，但用户指定了输出设备后，还需要按下述步骤修正它。

步骤 1　在功能区中的"输出"标签里打开"打印"面板，并从此面板中选择"页面设置管理器"工具，如图 9-29 所示。

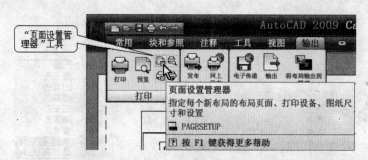

图 9-29　选择"页面设置管理器"工具

步骤 2　在"页面设置管理器"对话框中单击"修改"按钮，如图 9-30 所示。

"页面设置管理器"对话框中的"页面设置"列表中将列出当前所有的页面设置，用户从中选定一个后，可在下方的信息框中看到该设置的详细信息。初始时，当前图形中仅有一个名为"布局"的页面设置，而且将自动处于选定状态，因此用户可以在进入此对话框后直接单击"修改"按钮，进入图 9-31 所示的"页面设置"对话框修改它。若单击"新建"按钮，则可创建一个新的页面设置。

步骤 3　从"打印机/绘图仪"区域中的"名称"下拉列表中选定一台输出设备。

此列表中列出当前可以使用的输出设备，如图 9-32 中选定的正是本章前面设置的绘图仪。

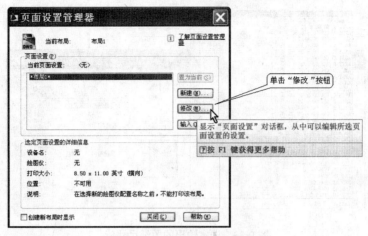

图 9-30 单击"修改"按钮

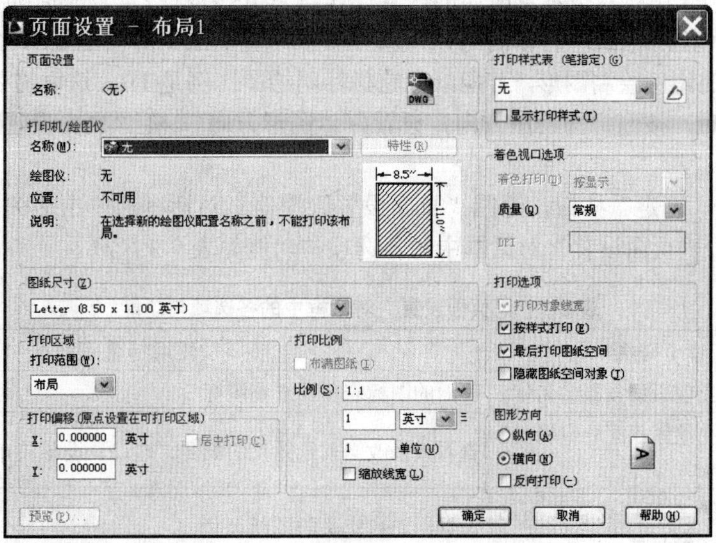

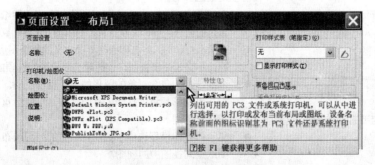

图 9-31 "页面设置"对话框

图 9-32 选择输出设备

步骤 4 从"图纸尺寸"下拉列表中选定输出的图纸尺寸值，如图 9-33 所示。

步骤 5 将"打印区域"设置为"布局"，"打印比例"设置为 1:1，并按绘图方向设置好"图形方向"。

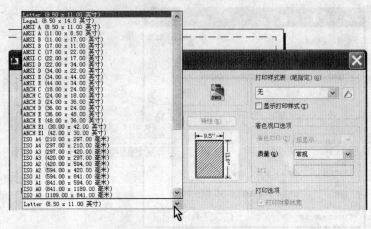

图 9-33　选定输出的图纸尺寸值

在默认状态下，用户若按本章所述的内容操作，打印区域就将是"布局"范围。在 AutoCAD 中可以以任意比例绘制图形，打印时可以重新设置输出在图纸上的图形显示比例，绝大多数情况下用户按 1:1 的比例绘制图形，若图纸标题栏标明绘图比例是 1:1，这里需要将"打印比例"设置为 1:1。最后，按用户的绘图方向，设置好"图形方向"，在"页面设置"对话框中的基本操作就结束了。

此后，单击"确定"按钮，返回"页面设置管理器"对话框后单击"关闭"按钮，本节的操作就结束了。"页面设置"对话框中的各选项与功能如表 9-3 所列。

表 9-3　"页面设置"对话框中的各选项与功能

选项	功能	使用特点
名称	显示当前页面设置的名称	后面的图标表示图纸集图标
特性	显示"绘图仪配置编辑器"对话框	查看或修改当前绘图仪的配置、端口、设备和介质设置
图纸尺寸	显示所选打印设备可用的标准图纸尺寸	设置用户自定义的图纸尺寸
打印范围	指定要打印的图形区域	可使用的选项有： ● 布局/图形界限：打印布局时，将打印指定图纸尺寸的可打印区域内的所有内容，其原点从布局中的 0,0 点计算得出。从"模型"选项卡打印时，将打印栅格界限定义的整个图形区域。如果当前视口不显示平面视图，该选项与"范围"选项的效果相同 ● 范围：打印包含对象的图形的部分当前空间。当前空间内的所有几何图形都将被打印。打印之前，可能会重新生成图形以重新计算范围 ● 显示：打印模型选项卡当前视口中的视图或布局选项卡上当前图纸空间视图中的视图 ● 视图：打印以前使用 VIEW 命令保存的视图，并可从列表中选择命名视图。如果图形中没有已保存的视图，此选项不可用 ● 窗口：打印指定的图形部分。指定要打印区域的两个角点时，"窗口"按钮才可用。单击"窗口"按钮以使用定点设备指定要打印区域的两个角点，或输入坐标值

续表

选项	功能	使用特点
X、Y	在 X 偏移和 Y 偏移框中输入正值或负值	结果将偏移一段距离输出图纸
居中打印	自动计算 X 偏移和 Y 偏移值，并在图纸上居中打印	当"打印区域"设置为"布局"时，此选项不可用
打印比例	控制图形单位与打印单位之间的相对尺寸	打印布局时，默认缩放比例设置为 1:1。从"模型"选项卡打印时，默认设置为"布满图纸"。如果在"打印区域"中指定了"布局"选项，则无论在"比例"中指定了何种设置，都将以 1:1 的比例打印布局
布满图纸	缩放打印图形以布满所选图纸尺寸	在"比例"、"英寸"和"单位"框中显示自定义的缩放比例因子
比例	定义打印的精确比例	通过"自定义"选项可定义用户定义的比例
单位	指定与英寸、毫米或像素数等价的单位数	可用于换算图形绘制单位
缩放线宽	与打印比例成正比缩放线宽	线宽通常指定打印对象的线的宽度并按线宽尺寸打印，而不考虑打印比例
名称（无标签）	显示指定给当前"模型"选项卡或"布局"选项卡的打印样式表，并提供当前可用的打印样式表的列表	如果选择"新建"，将显示"添加打印样式表"向导，从中可创建新的打印样式表
编辑	显示"打印样式表编辑器"	可以查看或修改当前指定的打印样式表中的打印样式
显示打印样式	控制是否在屏幕上显示指定给对象的打印样式的特性	用户可以选择打印样式
着色打印	指定视图的打印方式	要为"布局"选项卡上的视口指定此设置，就需要选择该视口。在"模型"选项卡上，此时可使用的选项有： ● 按显示：按对象在屏幕上的显示方式打印 ● 线框：在线框中打印对象，不考虑其在屏幕上的显示方式 ● 消隐：打印对象时消除隐藏线渲染：按渲染的方式打印对象
质量	指定着色和渲染视口的打印分辨率	可使用的选项有： ● 草稿：将渲染和着色模型空间视图设置为线框打印 ● 预览：将渲染模型和着色模型空间视图的打印分辨率设置为当前设备分辨率的四分之一，最大值为 150 DPI ● 普通：将渲染模型和着色模型空间视图的打印分辨率设置为当前设备分辨率的二分之一，最大值为 300 DPI ● 演示：将渲染模型和着色模型空间视图的打印分辨率设置为当前设备的分辨率，最大值为 600 DPI ● 最大：将渲染模型和着色模型空间视图的打印分辨率设置为当前设备的分辨率，无最大值 ● 自定义：将渲染模型和着色模型空间视图的打印分辨率设置为 DPI 框中指定的分辨率，最大可为当前设备的分辨率

续表

选项	功能	使用特点
DPI	指定渲染和着色视图的每英寸内的点数，最大可为当前打印设备的最大分辨率	只有在"质量"框中选择了"自定义"后，此选项才可用
打印对象线宽	指定是否打印为对象或图层指定的线宽	光栅绘图仪可使用此选项
按样式打印	指定是否打印应用于对象和图层的打印样式	如果选择该选项，也将自动使用"打印对象线宽"
最后打印图纸空间	首先打印模型空间几何图形	AutoCAD 通常先打印图纸空间中的几何图形，然后再打印模型空间中的几何图形
隐藏图纸空间对象	指定 HIDE 命令（用于隐藏三维图形中看不见的轮廓线）操作是否应用于图纸空间视口中的对象	仅在"布局"选项卡中可用。此设置的效果反映在打印预览中，而不反映在布局中
纵向	纵向放置并打印图形	使图纸的短边位于图形页面的顶部
横向	横向放置并打印图形	使图纸的长边位于图形页面的顶部
反向打印	上下颠倒地放置并打印图形	默认时不使用此选项
图标	指示选定图纸的介质方向并用图纸上的字母表示页面上的图形方向	注意：这种打印方向还受 PLOTROTMODE 系统变量的控制
预览	预览打印输出的图纸	要退出打印预览可按下键盘上的 Esc 键，或者工具栏中的退出按钮，或单击鼠标右键并在快捷菜单中选择"退出"命令，参阅下一节的内容可以了解更多的操作方法

9.6　预览与打印输出图纸

完成了上述操作，即可预览与打印输出图纸，可使用的操作步骤如下所述。

步骤 1　在功能区的"输出"标签里打开"打印"面板，并从此面板中选择"预览"工具，如图 9-34 所示。

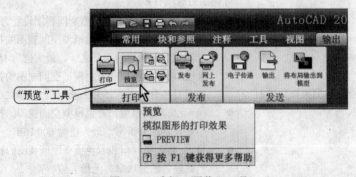

图 9-34　选择"预览"工具

此后，屏幕上将显示预览的结果，如图 9-35 所示，这也是打印输出的图纸。因此，可通过预览窗口看到输出的图纸，确认无误后，即可输出它。否则，适当地做出修改后再预览，直至满意。

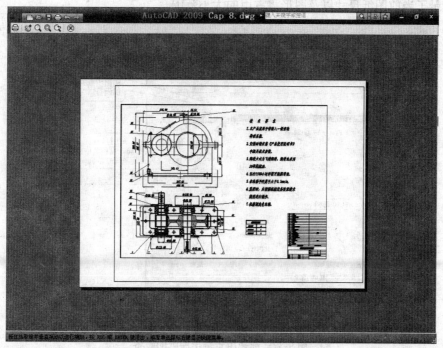

图 9-35　预览打印输出的图纸

在预览窗口中，用户可以通过"预览"工具栏中的工具打印、平移、缩放、关闭预览窗口。初学者需要注意到，在这个工具栏中单击"打印"按钮后，AutoCAD 将按在"打印"对话框中设置的打印份数输出图纸。

步骤 2　对预览结果满意后，在功能区的"输出"标签里打开"打印"面板，并从此面板中选择"打印"工具，如图 9-36 所示。

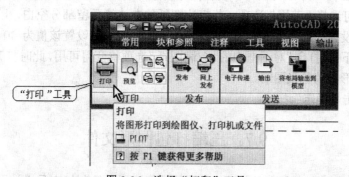

图 9-36　选择"打印"工具

步骤 3　在"打印"对话框的"打印机/绘图仪"区域里单击"名称"下拉按钮，然后从下拉列表中选择用于输出图纸的设备，如图 9-37 所示。

在默认状态下，AutoCAD 不使用页面设置打印输出图纸，默认的输出设备是 Windows 系统中配置的打印机，因此在这里需要选择用于输出图纸的设备。在这个下拉列表中，列出了当前可以使用的所有输出设备以及绘图仪参数文件。选定一种输出设备后，还可以单击"特性"按钮，进入"绘图仪参数编辑器"修改相关的参数。在此按钮的下方是一个预览框，它以简图的形式显示了当前图纸尺寸以及图形将占用的大小范围。

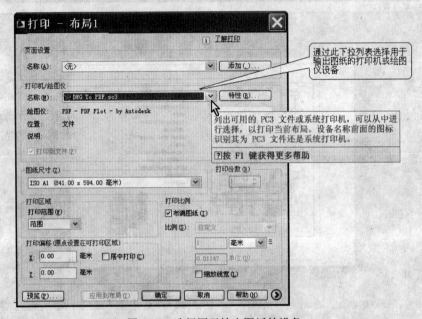

图 9-37　选择用于输出图纸的设备

步骤 4　在"图纸尺寸"下拉列表中选定图纸尺寸。

在默认状态下，AutoCAD 不会自动设置图纸尺寸，用户需要根据图形的绘制范围选择适当的图纸尺寸。

注意：若图形的绘制范围在图纸尺寸范围内，采用 1:1 的比例绘制的图形即可按这个比例输出在图纸上。

此后，还可以在"打印区域"中设置打印区域，若用户设置了图形绘制范围，并将图形布满了该范围，可选择"范围"选项。若想让图纸的左边缘预留部分空白，以便与其他图纸一起装订成册，可设置一个不为 0 的 X 偏移值，工程师们通常设置该值为 30～50mm。在打印绘图范围的设置下，"打印"对话框中的"布满图纸"选项将变得可用，此时打开它后，AutoCAD 将尽可能地将图形布满整张图纸。

步骤 5　单击"确定"按钮。

9.7　压缩打包图形文件

AutoCAD 提供了一个名为"电子传递"的功能，用户绘制好产品设计图形后，可通过它压缩打包成图形文件归类保存起来。为了使用这个功能，可采用的操作步骤如下所述。

步骤 1　在功能区的"输出"标签里打开"发送"面板，并从此面板中选择"电子传递"工具，如图 9-38 所示。

步骤 2　在"创建传递"对话框中单击"传递设置"按钮，如图 9-39 所示。

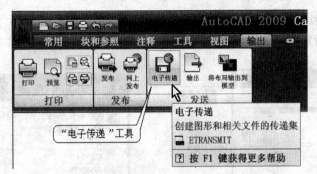

图 9-38 选择"电子传递"工具

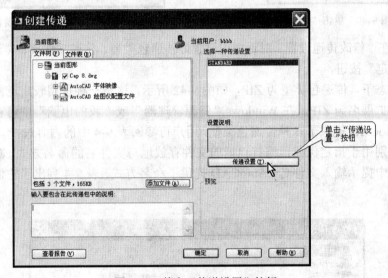

图 9-39 单击"传递设置"按钮

通常，将图形文件发送给其他人时，常见的一个问题是忽略了包含相关的依赖文件，例如外部参照和字体文件。在某些情况下，接收者会因没有包含这些文件而无法使用图形文件。使用电子传递，依赖文件会自动包含在传递包内，从而降低了出错的可能性。通过"创建传递"对话框创建的压缩打包文件，不但可用于在计算机间传送或在 Internet 上传递，传递包中的图形文件会自动包含所有相关的依赖文件。对于单个图形文件，"创建传递"对话框提供两个选项卡；对于图纸集或图纸集参照的图形文件，则显示三个选项卡。使用这些选项卡，可以查看和修改要包含在传递包中的文件。

- 图纸：只有打开图纸集时，此选项卡才可用。它显示当前图纸集中图纸的层次结构列表。当检查图纸时，所有依赖文件会自动包含在传递包中。
- 文件树：此选项卡显示文件列表。用户可以展开或收拢列表中的每个图形文件以显示它们的依赖文件。默认情况下，依赖文件会自动包含在传递包中，除非用户取消选中它们。
- 文件表：此选项卡显示文件表、文件所在文件夹的位置以及文件详细信息。可以选中或取消选中每个文件，从而可以对传递包内容进行最直接的控制。不会自动选中或取消选中文件。

步骤 3　在"传递设置"对话框中单击"新建"按钮，如图 9-40 所示。接着，在"新传递设置"对话框中指定"新传递设置名"，如图 9-41 所示。然后，单击"继续"按钮。

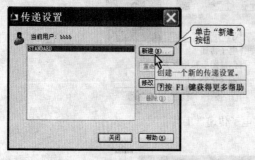

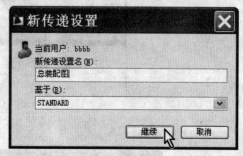

图 9-40　单击"新建"按钮　　　　　　　　　图 9-41　指定"新传递设置名"

步骤 4　在"修改传递设置"对话框中设置好传递包类型、传递文件夹、传递文件名等选项，单击"确定"按钮。

在默认状态下，传递包类型为 ZIP，如图 9-42 所示，这是一种使用较广泛的文件档案压缩格式，文件扩展名为 ZIP，在 Windows"资源管理器"或"我的电脑"中可直接打开该类型的文件。AutoCAD 提供了多种传递包类型，用户可参阅表 9-4 中的内容选择。传递文件夹、传递文件名分别用于指定保存压缩打包后的文件存放地与文件名的命名方式，默认的设置为在后面的操作中提示输入文件名，AutoCAD 提供了命名方式，表 9-4 列出了它们各自的使用特点。

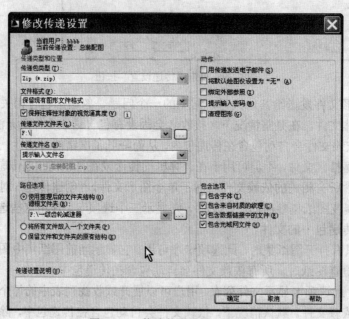

图 9-42　"修改传递设置"对话框

步骤 5　返回"创建传递"对话框后，在"选择一种传递设置"列表框中选定上面创建的设置，然后单击"确定"按钮。在此之前，还可以单击"创建传递"对话框中的"添加文件"按钮，以便添加更多的文件在压缩打包的文件中。

表 9-4 "修改传递设置"对话框的选项与功能

选项	功能	使用特点
传递包类型	指定创建的传递包的类型	操作时可用的选项有： ● 文件夹：在新的或现有文件夹中创建未压缩文件的传递包 ● 自解压可执行文件：创建一个压缩的文件传递包 ● Zip：将文件传递包创建为一个压缩的 ZIP 文件
文件格式	指定传递包中包含的所有图形要转换的文件格式	可以从下拉列表中选择格式： ● 保存现有图形文件格式：保存为当前 AutoCAD 版本图形文件 ● AutoCAD 2004/LT 2004 图形格式：保存为 AutoCAD 2004 或 AutoCAD LT 2004 版本图形文件 ● AutoCAD 2000/LT 2000 图形格式：保存为 AutoCAD 2000 或 AutoCAD LT 2000 版本图形文件
传递文件文件夹	指定保存创建传递包的位置	单击"浏览"按钮可通过一个对话框查找并指定文件夹。如果保留此字段为空，AutoCAD 将在包含第一个指定的图形文件的文件夹中创建传递文件
传递文件名	指定命名传递包的方法	显示传递包的默认文件名。如果将传递包的类型设置为"文件夹"，此选项将不可用。下拉列表中的选项： ● 提示输入文件名：显示一个标准文件选择对话框，从中可以输入传递包的名称 ● 必要时输入增量文件名：使用逻辑默认文件名。如果文件名已存在，则会在末尾添加一个数字。每保存一个新的传递包，此数字就会增加 1 ● 必要时进行替换：使用逻辑默认文件名。如果文件名已存在，则自动覆盖现有文件
使用整理后的文件夹结构	复制要传递文件所在的文件夹的结构	根文件夹在层次结构文件夹树中显示在最顶层。如果将传递包保存到 Internet 位置，则此选项不可用
源根文件夹	定义图形相关文件的相对路径的源根文件夹	传递图纸集时，源根文件夹也包含图纸集数据（DST）文件。通过"浏览"按钮可打开一个标准文件选择对话框，从中可以指定一个源根文件夹
将所有文件放入一个文件夹	安装传递包时，所有文件都被安装到指定的目标文件夹中	此文件夹应当是事先存在的
保留文件和文件夹的原有结构	保留传递包中所有文件的文件夹结构	如果将传递包保存到 Internet 位置，则此选项不可用
包括字体	包括与传递包关联的所有字体文件	如果接收者没有所需的 TrueType 字体，将使用 FONTALT 系统变量指定的字体来代替
用传递发送电子邮件	设置使用传递发送电子邮件	创建传递包时启动默认的系统电子邮件应用程序，并将传递包作为附件通过电子邮件形式发送
将默认绘图仪设置为"无"	将传递包中的打印机/绘图仪设置更改为"无"	本地打印机/绘图仪设置通常与接收者无关
绑定外部参照	将所有外部参照绑定到所附着的文件	外部参照文件必须是真实的
提示输入密码	为传递包指定密码	操作时，屏幕上显示"传递－设置密码"对话框

选项	功能	使用特点
包含图纸集数据和文件	设置图纸集中的数据	在传递包中包含图纸集数据（DST）文件、标注和标签块（DWG）文件以及关联的图形样板（DWT）文件。这些文件必须是真实的
传递设置说明	输入传递设置的说明	此说明将显示在"创建传递"对话框的传递文件设置列表下，以便注释相关的设置与用途

此后，屏幕上还将按用户的设置显示相应的对话框，根据屏幕上显示的提示信息完成相关的操作，一份压缩打包文件就将创建好，并保存在指定的文件夹里。

9.8　在网上发布图形

在网上发布图形的目的是通过网络显示用户的设计结果。使用下述步骤可完成在网上发布图形中的创建网页工作。

步骤 1　在功能区的"输出"标签里打开"发布"面板，并从此面板中选择"网上发布"工具，如图 9-43 所示。

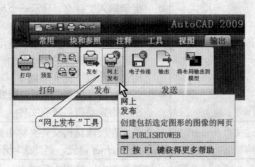

图 9-43　选择"网上发布"工具

步骤 2　进入"网上发布"向导，打开"创建新 Web 页"单选按钮，如图 9-44 所示。

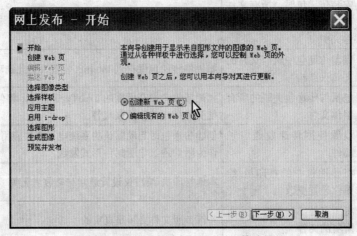

图 9-44　打开"创建新 Web 页"单选按钮

　　"网上发布"向导中的每一步操作都提供有说明其功能的文本，用户完全可以在这些文本的引导下完成操作。

　　步骤 3　在下一步操作对话框中指定 Web 页的文件名，以及保存它的文件夹、显示在 Web 页面上的文本，如图 9-45 所示。

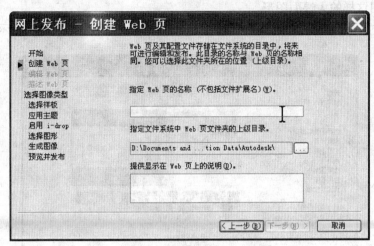

图 9-45　指定 Web 页的文件名

　　注意：Web 全称是 World Wide Web（WWW，全球宽域网），它能为用户提供一个可以轻松驾驭的图形化用户界面，以便很容易地查阅网上的文档，这些文档数目非常庞大，而且正在以前所未有的速度扩张着，它们之间的链接一起构成了一个庞大的信息网，这就是 Internet 的特点。Web 允许用户通过跳转或超级链接从某一张页面转至其他页面。用户可以把 Web 看作一个巨大的图书馆，各 Web 节点就像是一本本的书，Web 页面好比书中特定的页面。各页面可以包含新闻、图像、动画、声音、3D 世界以及其他任何信息，而且能存放在全球任何一个地方的计算机中。一旦与 Web 连接，用户就可以使用相同的方式访问全球任何地方的信息。

　　步骤 4　进入下一步操作对话框后，从图形文件格式下拉列表中选定一种图像格式，如图 9-46 所示，然后在"图像大小"下拉列表中选定一种图像大小选项。

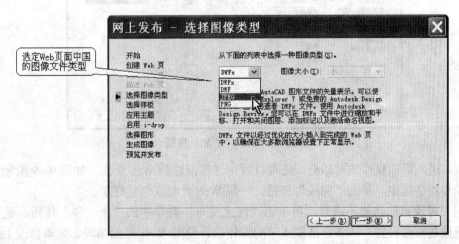

图 9-46　从图形文件格式下拉列表中选定一种图像格式

在 AutoCAD 中创建的 Web 页面通常会被其他的 Web 页面链接，因此最好在这里输入一个英文文件名。JPEG 是网页上常用的图形文件格式，由于它压缩处理了图形数据，在网页中打开的速度比较快，因此特别适用于大幅面的图形。PNG 是一种透明图形，透过它可看到图形后面的文字或别的图像。DWF 格式的图形在网页中的显示形式受当前视图的制约，因此不适合于总装配图这样的大幅面图形。

步骤 5 进入下一步操作对话框，选择好 Web 页面的样板，如图 9-47 所示。

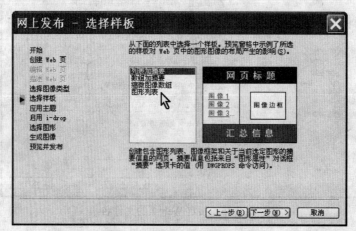

图 9-47 选择 Web 页面的样板

接着，进入下一步操作对话框，设置好主题、是否拖动。然后，进入再下一步操作对话框，如图 9-48 所示的"选择图形"对话框，从中选择好用于 Web 页面的图形后，单击"添加"按钮。

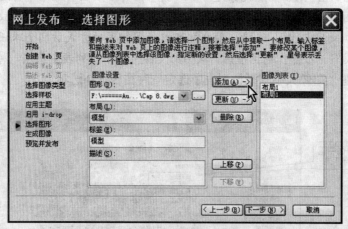

图 9-48 单击"添加"按钮

此后，进入后面操作的对话框，还可以预览这里创建的 Web 页面，如图 9-49 所示。在最后一步操作对话框中，单击"完成"按钮，一张 Web 页面就创建好了。

若用户对预览的结果不满意，可单击"网上发布"向导中的"上一步"按钮，返回前面的对话框做些修改设置，或者在结束本节的操作后，使用 Web 页面编辑器编辑修改上述操作创建的 Web 页面文件。

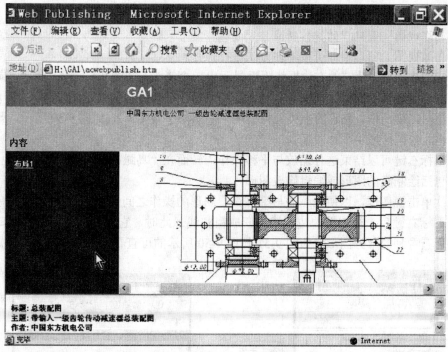

图 9-49　在网上的显示情况

9.9　复习

本章的内容多，但操作简单，理论也不复杂，初学者只需要从下述问题入手，即可掌握各小节的内容。

重点内容：

- 为输出图纸准备输出设备。
- 设置笔式绘图仪的物理笔参数。
- 将图形文件压缩打包。
- 使用图形文件中的图形制作 Web 页面。

熟练应用的操作：

- 准备用于输出图纸的设备。
- 指定笔式绘图仪中各笔颜色与线宽参数。
- 设置绘图比例与输出比例的关系。
- 打印输出图纸。
- 将图形文件压缩打包。

本章的重点是配置输出设备与输出图纸，复习时需要注意的问题如下。

1. 在 AutoCAD 中输出图形的方法有多种

绘制好图形后，可以使用多种方法输出，常用的方法是采用打印机、绘图仪输出图纸，将图形文件压缩打包、制作 Web 页面，以及向图纸集发布图形。

2. "鸟瞰视图"窗口中的操作特点

在"鸟瞰视图"窗口中，可按下述方法进行操作。

双击它的视图框，让它的右边框线附近显示出一个箭头，如图 9-5 所示。此后，向右拖动可缩小视图，向左拖动则放大视图，从而在绘图区域中缩小或放大显示图形。

再一次单击视图框，在它的中央处将出现一个斜十字架（×），如图 9-50 所示，此时可拖动该视图框在绘图区域中平移图形。

单击鼠标右键可以结束这种缩放与平移操作，转而在"鸟瞰视图"窗口外做其他的操作，这些操作包括绘制新的图形或编辑修改图形。

可多次单击视图框，以便在缩放与平移查看图形的操作之间切换。

单击鼠标右键后，视图框的边框线将变成粗实线。此时，它在"鸟瞰视图"窗口中表示的是当前可查看到的部分图形，如图 9-51 与图 9-50 所示的可查看范围就明显不一样。

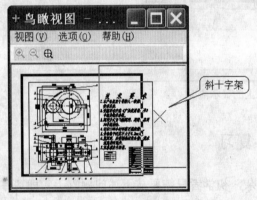

图 9-50　出现一个斜十字架

图 9-51　可查看到的部分图形

3. 电子传递是保存设计结果的一种方法

通过"电子传递"可将图形文件压缩打包，利用这一点可将设计蓝图归类保存在一个压缩文件包内。将图形存放在 Web 页面中对外发布可在一个广泛的领域内快速发散设计的图形信息，这些都是设计部门时常要做的工作。

4. 在 AutoCAD 系统中可配置多种输出设备

在 AutoCAD 系统中可配置多种输出设备。但只有配置的输出设备可用的那些选项与设置才会显示在"设备和文档设置"选项卡树型列表中。设置时，单击任意节点的图标以查看和修改指定设置。如果修改了设置，所做修改将出现在设置名旁边的尖括号（< >）中。修改过其值的节点图标上还会显示一个复选标记。此外，如果输出设备通过"自定义特性"处理的设置或不支持此功能，则可能无法在此选项卡中编辑它们。

只有在图形必须采用精确的比例，而打印机或绘图仪打印出的图形不准确时，才有必要执行绘图仪校准。

"笔速"用于调整每支绘图笔的移动速度。较小的笔速有利于减缓笔的跳动。AutoCAD 为不同类型的输出介质给出了推荐笔速，使用它即可取得最佳的移动效果。因此，工程师们通常不会在这里更改设置笔速参数。

5. 预览打印结果时可在预览窗口中使用工具栏进行操作

在这个工具栏中，"平移"用于在屏幕上移动所显示的图形，缩放则是放大或缩小显示图形（向左拖动放大，向右拖动则缩小），参见图 9-52。

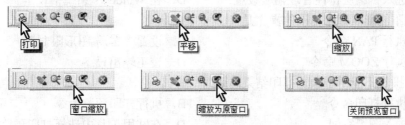

图 9-52　"预览"工具栏中的工具

关闭预览窗口将返回"打印"对话框。

若用户对预览的结果满意，就可以单击此对话框中的"确定"按钮，输出图纸。

9.10　作业

本章的作业需要花费的时间较多，其结果将作为用于工程设计的蓝图。

作业内容： 配置好输出设备，预览输出结果，打印输出图纸。

操作提示： 操作前应仔细阅读本章的操作实例。

9.11　测试

时间：45 分　满分：100 分

一、选择题（每题 4 分，共 40 分）

1. 不能用于放大显示图形的操作是（　　）。
　　A. 使用"鸟瞰视图"　　　　　　　　B. 转动鼠标器上的飞轮
　　C. 执行 ZOOM 命令　　　　　　　　D. 在"特性"选项板中设置参数
2. 为了结束"鸟瞰视图"中的操作，可采用的方法是（　　）。
　　A. 按一下键盘上的 Esc 键　　　　　B. 单击鼠标右键
　　C. 单击绘图区域中的某处　　　　　D. 执行其他 AutoCAD 命令
3. 下述操作与输出图纸无关的是（　　）。
　　A. 创建要打印的布局　　　　　　　B. 指定使用输出设备
　　C. 进入"绘图仪管理器"　　　　　　D. 校正输出设备
4. AutoCAD 将输出设备的配置信息存放在（　　）。
　　A. 扩展名为 PCP 或 PC2 的文件中　　B. 系统变量中
　　C. Windows 系统中　　　　　　　　D. 输出设备的内存中
5. 下述与打印速度无关的是（　　）。
　　A. 打印的布局方式　　　　　　　　B. 颜色深度

　　　C．分辨率　　　　　　　　　　　　　D．输出设备

6．使用光栅绘图仪时，控制图纸上线条宽度的方法是（　　　）。

　　　A．在添加绘图设备时指定　　　　　　B．在输出设备上指定

　　　C．进入"图层特性管理器"设置　　　　D．在 Windows 系统中设定

7．下述不能影响打印范围的操作是（　　　）。

　　　A．执行 PAN 命令　　　　　　　　　　B．设置"布局/图形限制"

　　　C．执行 ZOOM 命令　　　　　　　　　D．校正输出设备

8．下述操作不能用于预览打印结果的是（　　　）。

　　　A．执行打印命令　　　　　　　　　　B．执行打印预览命令

　　　C．进入图纸空间　　　　　　　　　　D．在常用工具中选择打印预览工具

9．在预览窗口中的"预览"工具栏里没有提供的工具是（　　　）。

　　　A．打印　　　　　　B．平移　　　　　　C．缩放　　　　　　D．保存

10．压缩打包图形文件时不能选择的参数是（　　　）。

　　　A．文件夹　　　　　　　　　　　　　　B．RAR 文件

　　　C．自解压可执行文件　　　　　　　　D．　ZIP 文件

二、填空题（每题 4 分，共 40 分）

1．在"鸟瞰视图"窗口中，可双击它的_____，让它的右边框线附近显示一个箭头。此后，_____拖动可以缩小视图，_____拖动则放大视图，从而在绘图区域中缩小或放大显示图形。再一次_____视图框，在它的中央处将出现一个斜十字架（×），此时可拖动该视图框在绘图区域中平移图形。

2．在"鸟瞰视图"窗口中单击鼠标右键，可以结束缩放显示与平移_____的操作，转而在_____窗口外做其他的操作，这些操作包括绘制新的图形或编辑修改图形。用户可多次单击视图框，以便在_____查看图形的操作之间做转换。单击鼠标右键后，视图框的边框线将变成粗实线。此时，它在"鸟瞰视图"窗口中所表示的是当前可_____到的部分图形。

3．准备要打印或发布的图形时，需要做一些与输出图形相关的设置操作，这就是创建要打印的_____，指定使用_____设备，以及图纸的外观和格式。工程设计中所用的输出设备是_____、打印机等。第一次输出图纸时可从"输出"标签的"打印"面板中选择"绘图仪管理器"命令，在 Plotters（绘图仪）窗口中双击"_____"项，然后在此屏幕上显示的提示信息引导下添加好绘图仪等设备。

4．PC3 文件用于存储绘图仪_____、_____信息、_____优化等级、图纸尺寸和_____。

5．在设置输出设备时，颜色深度值越大，使用的内存越多，打印时间_____。较高的分辨率将使用较多的内存，并比较低分辨率需要_____的打印时间。可平衡打印光栅图像和着色/渲染视口时的_____质量、内存使用和打印速度这三者的_____。

6．"笔速"用于调整每支_____的移动速度。较小的笔速有利于减缓笔的_____。AutoCAD 为不同类型的_____给出了推荐笔速，使用它即可取得最佳的_____效果。因此，通常不必更改笔速参数。

7. "布局/图形界限"所控制的打印范围是图纸尺寸的可_____区域。该区域的原点从布局中的_____点计算得出。从"模型"选项卡打印时，能包含打印栅格界限定义的整个图形区域。如果当前视口不显示平面_____，该选项与"范围"选项的效果相同。"范围"所控制的打印范围是包含对象的图形的部分，该部分空间内的_____几何图形都将打印。

8. 在默认状态下，AutoCAD 不使用_____打印输出图纸，默认的输出设备是系统_____中配置的打印机，在"打印"对话框的打印机/绘图仪"名称"下拉列表里，列出了当前可以使用的所有输出设备，以及绘图仪参数文件。从中选定一种输出设备后，还可以单击"_____"按钮，进入"绘图仪参数编辑器"修改相关的参数。在此按钮的下方是一个预览框，它以简图的形式显示了当前_____，以及图形将占用的大小范围。

9. 在默认状态下，AutoCAD 不会_____设置图纸尺寸，因此用户需要根据图形的绘制范围来选择适当的图纸尺寸。若设置了图形绘制范围，并将图形布满了该范围，可选择"_____"打印范围。若想让图纸的左边缘预留部分空白，以便与其他图纸一起装订成册，可设置一个不为 0 的_____，工程师们通常设置该值为 30～50mm。在打印绘图范围的设置下，"打印"对话框中的"_____"选项将变得可用，打开它将尽可能地将图形布满整张图纸。

10. 在 AutoCAD 中创建的 Web 页面通常会被其他的 Web 页面_____。JPEG 是网页上常用的图形文件格式，由于它压缩处理了_____，在网页中打开的速度比较快，因此特别适用于大幅面的图形。PNG 是一种_____，透过它可看到图形后面的_____或别的图像。

三、问答题（每题 5 分，共 10 分）

1. 什么时候需要执行绘图仪校准的操作？
2. 使用什么样的绘图仪需要设备笔参数？

四、操作题（每题 5 分，共 10 分）

1. 压缩打包图形文件。
2. 在网上发布图形。

第 10 章 绘制与应用三维图形

在 AutoCAD 中绘制三维图形的方法很多，不同的三维图形对象的用途也不同。要掌握 AutoCAD 的三维图形绘制与应用功能，用户需要学习的内容与相关概念很多，并需要熟记一些基本的操作步骤。

本章内容

- AutoCAD 的三维标高与拉伸概念。
- 定义三维正交投影视图。
- 定义与应用 UCS。
- 绘制、编辑三维图形。

本章目的

- 掌握三维正交投影的概念和应用方法。
- 掌握三维观察点的概念和应用方法。
- 掌握创建与应用 UCS 的方法与时机。

操作内容

本章将应用三维的方法绘制本书操作实例中的齿轮减速器机箱盖，结果如图 10-1 所示。

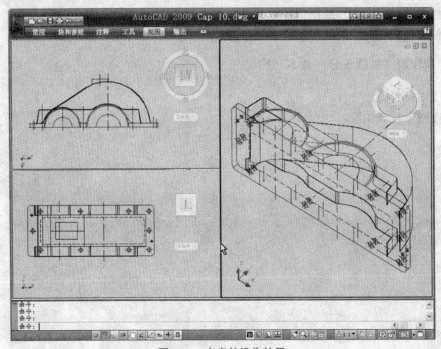

图 10-1 本章的操作结果

涉及的操作包括：

- 绘制三维图形、编辑三维图形。
- 定义与应用 UCS。
- 拉伸二维对象建立三维曲面。
- 在三维空间中应用 CAL 命令捕捉对象。

本章涉及的主要命令有：

- VPOINT，设置三维观察点。
- 3DROTATE，在三维空间中旋转对象。
- MIRROR3D，在三维空间中镜像对象。
- UCS，管理与定义 UCS。

10.1　绘制三维拉伸面

输入三维点来绘制三维直线与三维多段线，是最简单的三维对象绘制方法。使用"标高"与"厚度"来拉伸二维对象，将绘制一种三维拉伸面，这是最简单的三维曲面绘制方法。

标高与厚度可以由 ELEV 命令设置。例如，下面的操作将设置并应用一个新的标高，并绘制两个无"盖"无"底"的盒子。

步骤 1　按下述对话过程执行 ELEV 命令：

命令: ELEV

指定新的默认标高 <0.00>: 5

指定新的默认厚度 <0.00>: 8

ELEV 是一条为后面的操作设置标高与厚度的命令。在这一步操作中，对第一行提示回答 5，将使得随后绘制的图形自动使用 Z=5 的坐标值，即标高为 5，对第二行提示回答数字 8 后，随后绘制的图形对象的厚度将为 8，下面的操作将说明新的图形是如何绘制的。

在 AutoCAD 中，一个对象的"标高"是指它的构造平面（Construction Plane）在坐标系统中所处的 Z 坐标值。构造平面总是平行于当前坐标系统的 XY 平面，标高为 0 说明其构造平面与 XY 轴组成的平面处于同一个位置，或者说相重叠。正的标高值表明构造平面在 XY 平面之上，负的标高值则说明它在该平面之下。在 AutoCAD 中所有的对象绘制时都是基于当前构造平面来确定 Z 坐标值，刚开始绘制图形时，该平面所处的位置恰好与当前坐标系统的 XY 平面相重叠。

"厚度"是对象在构造平面上沿其标高方向拉伸的长度距离值，它类似于立方体的"高"。这种拉伸的目的通常是为了产生一个具有三维特征的对象，负的厚度值表示拉伸方向与 Z 轴的负方向一致，正的厚度值则沿 Z 轴的正方向拉伸。

注意：有些 AutoCAD 技术资料称标高为"高度"。

用户只可以为随后要绘制的图形对象设置标高或厚度。一旦图形绘制好了，就不能修改该对象绘制时所采用的标高，但可修改其厚度。

步骤 2　使用 LINE 命令绘制一个矩形。

这一步操作绘制的矩形如图 10-2 所示。如上所述，它的标高为 5，构造平面将在当前坐标系统的 XY 平面的上方。接下来更换一下标高，再绘制一个厚度为 4 的矩形，结果如图 10-3 所示。

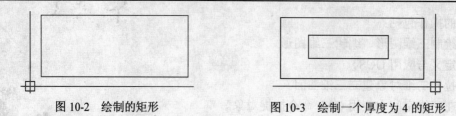

图 10-2　绘制的矩形　　　　　　　　图 10-3　绘制一个厚度为 4 的矩形

步骤 3　按下述对话过程再执行一次 ELEV 命令：

命令: ELEV
指定新的默认标高 <5.0000>: 13
指定新的默认厚度 <8.0000>: 4

步骤 4　使用 LINE 命令绘制另一个矩形。

完成上述操作后，两个矩形厚度的方向与 Z 坐标轴相平行，因此用户看到的矩形是垂直于 XY 平面观察到的结果，显示在屏幕上的图形与二维图形无异，为了观察到真实的三维情况需要更换一下观察角度，即设置一个三维观察点。

10.2　设置三维观察点

为了学习绘制 AutoCAD 的三维图形，以及在屏幕上观察这种图形对象的三维特性，初学者需要掌握设置三维观察点的方法，以及应用此观察点的概念与技巧。设置一个三维观察点也就是在三维空间中设置一个观察对象的角度，以便让 AutoCAD 在屏幕上显示出对象的三维特征。

为了设置三维观察点，可执行 VPOINT（观察点）命令，如下所示：

命令: VPOINT
当前视图方向:　VIEWDIR=0.0000,0.0000,1.0000
指定视点或 [旋转(R)] <显示指南针和三轴架>: -1,-1,1
正在重生成模型。

对话结束后，一个三维观察点就设置好了。此时，AutoCAD 将从该点向坐标原点建立一个观察方向，从而让屏幕上显示的三维拉伸面显示成图 10-4 所示的结果。通过该图可见，AutoCAD 绘图区域中的坐标轴图标也将随之发生变化，以便表现当前观察方向。

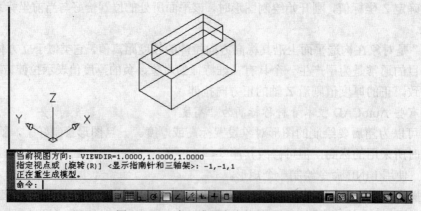

图 10-4　一个三维观察点就设置好了

如果要消除三维对象中的隐藏线（被三维面遮住的对象轮廓线），还可执行 HIDE 命令，结果如图 10-5 所示。

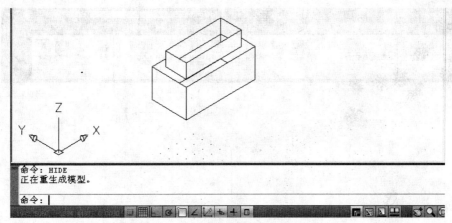

图 10-5　消除了隐藏线的三维对象

在 AutoCAD 的图形中，当前视口中只能存在一个三维观察点。每执行一次 VPOINT 命令都将更换三维观察方向。每次执行此命令对一个对象进行三维观察时，AutoCAD 都将把图形看成是非常小的一个"点"，而且不管图形有多大都把它看成是集中于坐标原点上的一个点，然后如上面的操作那样从三维空间中选择一个角度来观察该点，这样屏幕上就会显出该观察方向上看到的三维对象。这是 AutoCAD 对察三维对象的特殊形式。

注意： 设置好三维观察点后，还需要执行 HIDE 命令隐藏三维面后面的对象，这样才能真实地看到三维图形对象的三维特性。

10.3　VPOINT 命令

这是 AutoCAD 三维功能中的重要命令，也是 CAD 工程师一定要掌握的命令。执行该命令后，在屏幕上显示的提示信息是：

当前视图方向：　VIEWDIR=0.0000,0.0000,1.0000

指定视点或 [旋转(R)] <显示指南针和三轴架>：

提示行中显示的当前视图方向为上一次执行该命令的设置。提示行中的"旋转"选项用于使用指定角度值来指定观察方向。默认选项是"指定视点"，如上面所述的操作那样指定一个观察点，也就指定了这个视点。如果对该行提示回答一个空值，屏幕上将显示一个指南针与三角架，此时移动鼠标器也可以定义一个观察方向，如图 10-6 所示。

注意： 有些版本的 AutoCAD 将"指南针"称为"罗盘"。

当用户对三维观察点的使用非常熟悉后，还可以在命令行上输入 DDVPOINT 命令，通过"视点预置"对话框来设置三维观察方向，如图 10-7 所示。

进入"视点预置"对话框后，用户可首先打开"绝对于 WCS"或"相对于 UCS"单选按钮，确定好坐标系统，然后在"自"区域中设置观察方向与 X 轴的角度，以及与 XY 平面的夹角，或者在样例图像中指定并查看角度，单击"确定"按钮后即可预置好观察点。"视点预置"对话框中的黑色指针用于指示新角度，灰色指针指示当前角度，圆形图像用于指示与 X

轴的夹角，半圆形用于指定与 XY 平面的夹角。单击"设置为平面视图"按钮，可将观察角度设置为垂直于相对当前坐标系的 XY 平面。

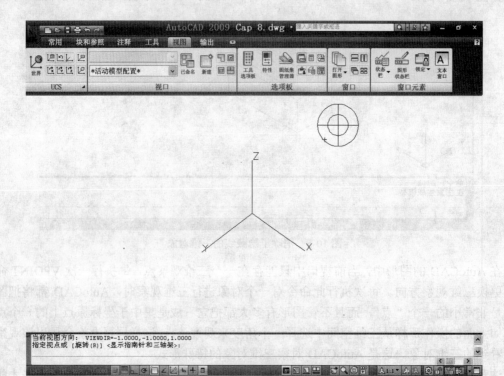

图 10-6　屏幕上将显示一个指南针与三角架

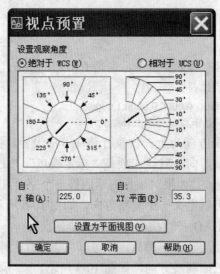

图 10-7　"视点预置"对话框

注意：WCS 是一种通用坐标系统，本书前面的所有操作都以它为参考系统。UCS 是用户定义的坐标系统，本书后面将详述它的定义与使用技术。

10.4　使用动态观察功能

使用 AutoCAD 的动态观察功能可以模拟摄像机的工作机制，以动态方式从不同角度观察三维图形对象。为了使用这个功能，可按下述步骤进行操作。

步骤 1　从"菜单管理器"中选择"视图"命令，进入"视图"子菜单后，右击"动态观察"菜单，然后从快捷菜单中选择"展开"命令，如图 10-8 所示。或者双击"动态观察"菜单组，也能展开该菜单组。

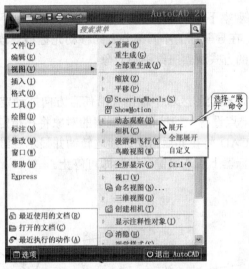

图 10-8　选择"展开"命令

步骤 2　从"动态观察"菜单组中选择一种观察方式，如图 10-9 所示。然后，按命令行中显示的提示信息进行操作。

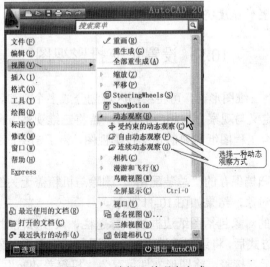

图 10-9　选择一种观察方式

在这个"动态观察"菜单组中，可以选择的三维动态观察方式与特点如下所述。

1. 受约束的动态观察

在当前视口中激活三维动态观察视图，参见图 10-10 中的左图。在此观察方式下，可以查看整个图形，或者事先选择一个或多个对象观察。执行此命令时，视图中的目标将保持静止，而相机的位置（或视点）将围绕目标移动，但是，看起来好像三维模型正在随着鼠标光标的拖动而旋转。用户可以此方式指定模型的任意视图。

此命令将显示自己的三维动态观察光标图案。如果水平拖动光标，相机将平行于世界坐标系（WCS）的 XY 平面移动。如果垂直拖动光标，相机将沿当前坐标系统中的 Z 轴移动。

2. 自由动态观察

在这种三维自由动态观察下，视图中显示一个导航球，被更小的圆分成四个区域，如图 10-10 的中图所示。此时，在导航球的不同部分之间移动光标将更改光标图标，以指示视图旋转的方向，可以三维动态的方式观察三维图形对象。

3. 连续动态观察

使用这种观察方式时，在绘图区域中单击并沿任意方向拖动定点设备，使对象沿正在拖动的方向开始移动，释放定点设备上的按钮，被观察的对象将在指定的方向上继续进行它们的轨迹运动。换句话说，AutoCAD 将在此后自动连续地转动并显示三维图形对象，如图 10-10 中的右图所示，再次单击鼠标器上的选取键，转动即可停止。

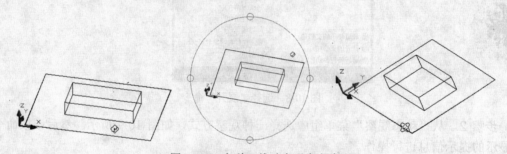

图 10-10　各种三维动态观察方式

注意：光标移动设置的速度将决定对象的转动速度。

10.5　设置正交投影视图

在 AutoCAD 中绘制三维图形前，可将绘图区域划分成多个视口，然后分别对各视口设置好三维观察方向，从而定义与观察方向相应的视图。若将三维观察方向设置成与当前坐标系统平面正交，即可得到符合工程图纸需要的正交投影视图。为了定义这种视图，可按下述步骤进行操作。

步骤 1　打开前面归档保存的"总装配图"。删除与机箱盖无关的线条，并适当做一些编辑修改，添加一些图形对象，结果如图 10-11 所示。

在这里，需要删除的对象包括图纸边框线、标题栏、尺寸标注对象、文本对象。

步骤 2　打开正交方式后，将绘图区域中的主视图与俯视图形对象移动至相互靠近一些的位置上，如图 10-12 所示。接着，将图形文件另存为"机箱盖.dwg"。

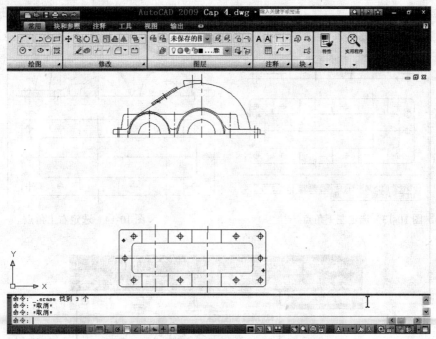

图 10-11　删除与机箱盖图形无关的线条

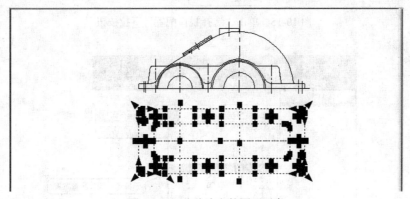

图 10-12　移动选定的图形对象

步骤 3　执行 LIMITS 命令，然后按下述过程与 AutoCAD 进行对话。

命令: LIMITS

重新设置模型空间界限:

指定左下角点或 [开(ON)/关(OFF)] <20.00,20.00>: 选定左下角点，如图 10-13 所示

指定右上角点 <1189.00,841.00>: 选定右上角点，如图 10-14 所示

命令: LIMITS

重新设置模型空间界限:

指定左下角点或 [开(ON)/关(OFF)] <272.00,128.00>: ON

步骤 4　在功能区中的"视图"标签里展开"视口"面板，然后单击"选择视口配置"下拉按钮，如图 10-15 所示。

此后，屏幕上将显示 AutoCAD 预置的视口配置方案下拉列表，从中选择"三个: 右"配置方案，如图 10-16 所示，即可得到用于三视图的视口配置。

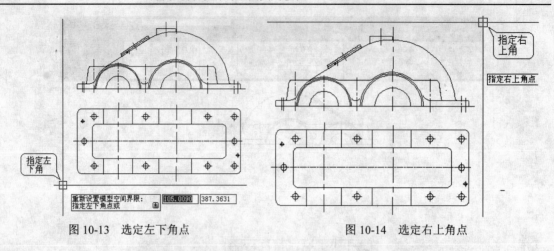

图 10-13　选定左下角点　　　　　　　　　图 10-14　选定右上角点

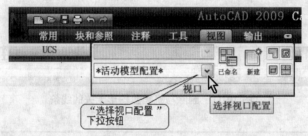

图 10-15　单击"选择视口配置"下拉按钮

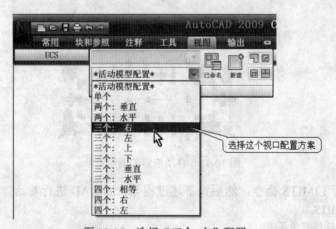

图 10-16　选择"三个　右"配置

　　在初始绘图时，屏幕上只有一个视口，若要绘制多个正交投影视图，就需要划分出多个视口，并布局好各视图，然后在各视图中分别绘制好正交投影图形。为了简化这种操作，AutoCAD 提供了图 10-16 所示的下拉菜单，完成这一步操作后，屏幕上将出现三个视口，如图 10-17 所示，它们将分别用于主视图、俯视图以及三维观察视图。三维观察视图仅用于在绘制三维图形期间观看操作的结果，或者帮助用户完成三维绘图与编辑操作。

　　由图 10-17 可见，上述操作创建的各视口已经设置好了三维观察方向，也就是相应投影方向上的视图，而且是正交投影方向上的视图。

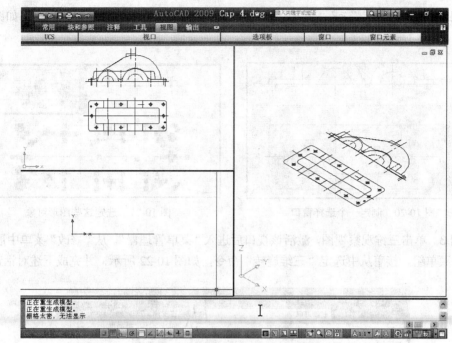

图 10-17　屏幕上将出现三个视口

10.6　三维旋转图形对象

完成上面的操作后，就可以基于前面绘制的二维图形来绘制三维图形。首先，需要做的就是三维旋转图形对象，可采用的操作方法如下所述。

步骤 1　单击主视图视口，让它处于活动状态后执行 PEDIT 命令，合并图 10-18 所示的各条线段，产生一条闭合的多段线，合并图 10-19 所示的各条线段，并产生第二条闭合的多段线。

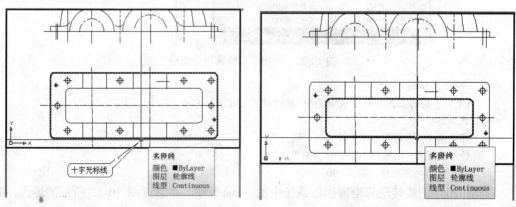

图 10-18　合并后产生一条闭合的多段线　　　　图 10-19　合并后产生第二条闭合的多段线

这一步操作仅为了便于完成本章后面的操作，与本节的操作结果无关。当用户对图形对象做了三维旋转后，它将不再是 XY 平面内的图形对象，因而不能完成那些只能在构造平面内才能执行的命令，如合并多段线的操作就只能在绘制时的 XY 平面内完成。

步骤 2　使用"窗口"或"交叉"方式，选定图 10-20 所示的图形对象，结果如图 10-21 所示。

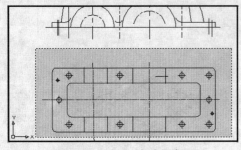

图 10-20　制定一个选择窗口

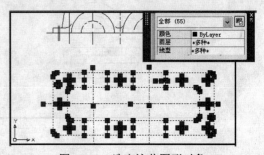

图 10-21　选定这些图形对象

步骤 3　单击三维观察视图，激活该视口后进入"菜单管理器"。从"修改"菜单中展开"三维操作"菜单组，接着从中选定"三维旋转"命令，如图 10-22 所示，并完成下述对话过程。

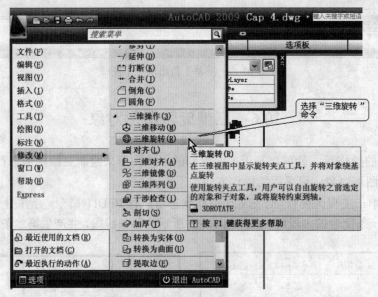

图 10-22　选定"三维旋转"命令

命令:_3drotate
UCS 当前的正角方向:　ANGDIR=逆时针　ANGBASE=0
找到 54 个
指定基点: 选定图 10-23 所示的"端点"
拾取旋转轴: 指定图 10-24 所示的 X 轴
指定角的起点或键入角度: 90

对话中指定的旋转轴与当前坐标系中的 X 轴平行，并通过图 10-23 所示的端点，其旋转角度为 90 度。旋转的结果如图 10-25 所示。

上述操作执行了 3DROTATE 命令。这是一条常用的三维编辑命令，可让用户在三维空间中指定一条旋转轴线与旋转角度，然后旋转选定的图形对象。执行此命令时，可选择使用多种方法来定义旋转轴。其中，使用得最多的旋转轴如下所列。

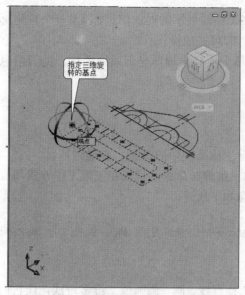

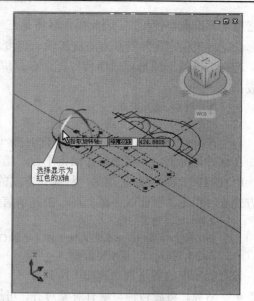

图 10-23　指定基点　　　　　　　　　　　　图 10-24　指定旋转轴

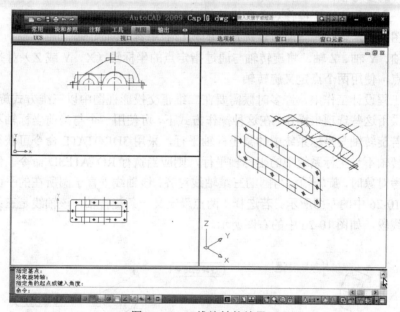

图 10-25　三维旋转的结果

- 与 X、Y、Z 这三条坐标轴平行的旋转轴。
- 选择使用该命令的"对象"选项，还可以将旋转轴与现有图形对象对齐。
- 使用"视图"选项可将旋转轴与当前视口的观察方向对齐，并定义其观察方向。
- 选择"两点"选项则可指定两个三维坐标点来定义旋转轴。

10.7　3DROTATE 与 ROTATE3D 命令

3DROTATE 是一条可以在三维工作方式与二维工作方式旋转视图的命令，上面的操作中将它用于三维观察视图中，因此操作时将是三维工作时显示的提示信息，以及一个球坐标系统图标。此时，指定旋转的基点与旋转轴、角度，即可完成操作。

　　若在二维线框图形视口中执行此命令，屏幕上不会出现球坐标系统图标，提示信息也将变成：

　　　　选择对象: 选定对象
　　　　指定基点: 指定一个点
　　　　指定旋转角度，或 [复制(C)/参照(R)] <90>:

在这种情况下，旋转的参考轴将平行于当前坐标系统中的 Z 轴，并通过基点。

　　ROTATE3D 命令是采用另一种操作方式的三维旋转命令，可以在三维工作方式与二维工作方式旋转视图，操作时屏幕上显示的提示信息如下所述。

　　　　选择对象: 选定对象
　　　　指定轴上的第一个点或定义轴依据 [对象(O)/上一个(L)/视图(V)/X 轴(X)/Y 轴(Y)/Z 轴(Z)/两
　　　　点(2)]: 指定点，或指定选项

该行提示中的各选项功能如下所列。

- 对象，将旋转轴与现有对象对齐。可选择直线、圆、圆弧或二维多段线，让它们作为旋转的参考轴。
- 上一个，将上一个操作对象作为旋转轴。
- 视图，将旋转轴与当前通过选定点的视口的观察方向对齐。
- X 轴、Y 轴、Z 轴，将旋转轴与通过指定点的坐标轴（X、Y 或 Z）对齐。
- 两点，使用两个点定义旋转轴。

　　在实际工程设计工作中，许多时候需要在二维正交投影视图中以三维方式旋转图形对象，此时就可以采用这些选项来操作。在这种操作方式下，可使用一个与当前坐标轴不平行的旋转轴。通常，若旋转轴与坐标系统中的某坐标轴平行，采用 3DROTATE 命令可获得较为便捷的操作。若旋转轴不与坐标系统中的坐标轴平行，则应当执行 ROTATE3D 命令。例如，选择圆为旋转的参考对象时，旋转轴将与圆的三维轴线对齐，该轴线垂直于圆所在的平面并通过圆的圆心，如图 10-26 中的左图所示。若选择"两点"定义一条旋转轴，该轴线是三维空间中的任意方向上的线段，如图 10-26 中的右图所示。

图 10-26　执行 ROTATE3D 命令的特点

10.8　三维移动与复制图形对象

　　AutoCAD 为三维移动或复制图形对象提供了专用工具。但仅使用 MOVE 或 COPY 命令即可完成这个工作，只是操作时需要指定三维的移动与复制的基点与目标点，下面的操作就将这么做。

步骤 1 接着上一节的操作，在功能区中的"常用"标签里展开"修改"面板，并从此面板中选择"移动"工具，如图 10-27 所示。然后，完成下述对话过程。

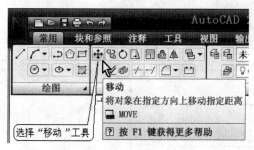

图 10-27 选择"移动"工具

命令: _move
选择对象: P 找到 xx 个
选择对象: Enter
指定基点或 [位移(D)] <位移>: CEN 于 选定图 10-28 所示的"交点"
指定第二个点或<使用第一个点作为位移>: 选定图 10-29 所示的"圆心"

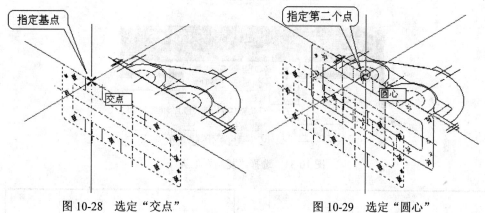

图 10-28 选定"交点"   图 10-29 选定"圆心"

这一段对话过程中使用 P（前一个）选择方式，此方式将选择上一条命令执行期间所使用的对象选择集，三维移动的结果将如图 10-30 所示。

注意：在编辑与修改图形的操作中，P 选择方式经常使用。

步骤 2 在功能区中的"常用"标签里展开"修改"面板，并从此面板中选择"复制"工具，如图 10-31 所示。然后，完成下述对话过程。

命令: _copy
选择对象: P
找到 xx 个
选择对象: Enter
当前设置: 复制模式 = 多个
指定基点或 [位移(D)/模式(O)] <位移>: 指定图 10-32 所示的"交点"
指定第二个点或 <使用第一个点作为位移>: 指定图 10-33 所示的"交点"
指定第二个点或 [退出(E)/放弃(U)] <退出>: Enter

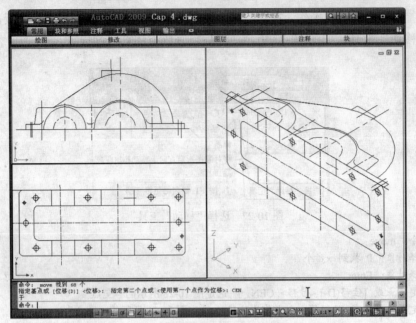

图 10-30　三维移动的结果

图 10-31　选择"复制"工具

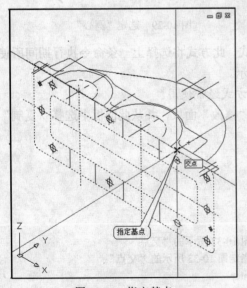

图 10-32　指定基点

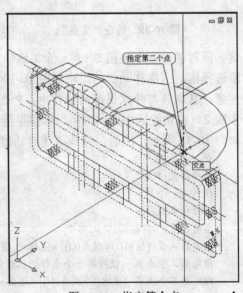

图 10-33　指定第个点

这一段对话过程中仍然使用了 P 选择对象方式，以便复制上一步操作所移动的那些图形对象。三维复制的结果如图 10-34 所示。

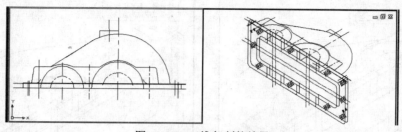

图 10-34　三维复制的结果

完成了上述三维旋转、三维移动与复制操作，本书前面绘制的二维图形就变成了三维空间中的物体轮廓线。这些轮廓线也将准确地出现在主视图正交投影面与俯视图正交投影面上，再进一步操作编辑修改它们，即可得到图 10-1 所示的结果。

10.9　三维镜像复制图形对象

三维镜像操作需要定义一个三维镜像面，下面的操作就将说明这一点。

步骤 1　接着上一节的操作，删除图形中位于机箱盖与机箱连接端面顶角等处多余的直线，结果如图 10-35 所示。然后，按下述对话过程执行 LINE 命令，绘制一条直线。

命令: _line
指定第一点: 选定图 10-36 所示的"中点"
指定下一点或 [放弃(U)]: 选定图 10-37 所示的"中点"
指定下一点或 [放弃(U)]: Enter

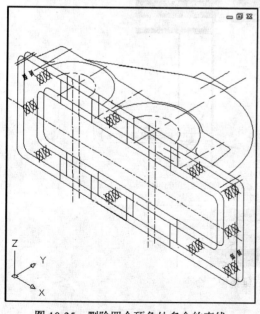

图 10-35　删除四个顶角处多余的直线

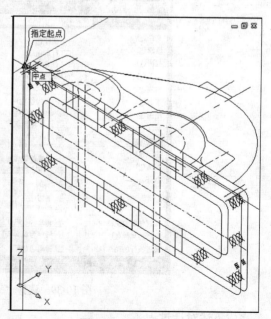

图 10-36　指定第一点

这一段对话绘制的直线将连接两段圆弧线的中点，结果如图 10-38 所示。

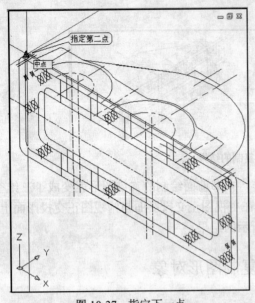

图 10-37　指定下一点

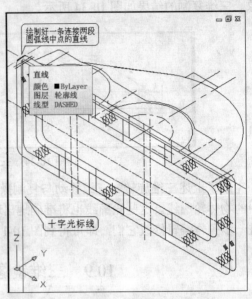

图 10-38　绘制的直线

注意：下面的操作将要使用的坐标系统的各坐标轴方向，应如图 10-38 中三维观察视图的坐标系统图标所示。

步骤 2　选定刚才绘制的直线。接着，在"菜单管理器"的"修改"菜单中展开"三维操作"菜单组，然后从此菜单组中选择"三维镜像"命令，如图 10-39 所示。

图 10-39　选择"三维镜像"命令

完成下述对话过程。

命令: _mirror3d

指定镜像平面 (三点) 的第一个点或

[对象(O)/最近的(L)/Z 轴(Z)/视图(V)/XY 平面(XY)/YZ 平面(YZ)/ZX 平面(ZX)/三点(3)] <三点>: XY

指定 XY 平面上的点 <0,0,0>: 'CAL

>>>> 表达式: MID

>>>> 选择图元用于 MID 捕捉: 在图 10-40 所示处选定多段线框，以便得到图 10-41 所示的结果

是否删除源对象？ [是(Y)/否(N)] <否>: Enter

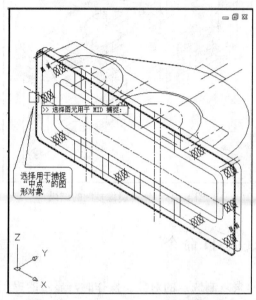

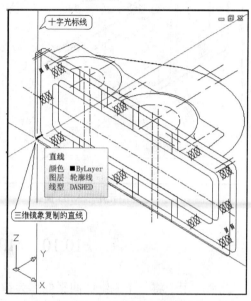

图 10-40　选择用于捕捉中点的多段线框　　　　图 10-41　三维镜像复制的直线

　　由上面的对话过程可见，操作中透明执行了 CAL 命令以及 MID 对象捕捉方式，因此轻易地定义了一个与当前 UCS XY 平面平行的镜像面。这是因为 CAL 命令的表达式可接受 MID 对象捕捉方式与所捕捉到的点，操作时在三维图形中选择一个多段线框，就将捕捉到选取点附近的，位于此多段线框上的一个"中点"，从而快速定义了这个三维镜像平面。

　　接下来，可选定上述操作得到的两条直线。然后，再一次执行三维镜像命令，并完成下述对话过程。

命令: _mirror3d

指定镜像平面 (三点) 的第一个点或

[对象(O)/最近的(L)/Z 轴(Z)/视图(V)/XY 平面(XY)/YZ 平面(YZ)/ZX 平面(ZX)/三点(3)] <三点>: YZ

指定 ZX 平面上的点 <0,0,0>: 'CAL

>>>> 表达式: MID

>>>> 选择图元用于 MID 捕捉: 在图 10-42 所示处选定多段线框

是否删除源对象？ [是(Y)/否(N)] <否>: N

对话结束后，三维镜像复制的三条直线与源直线如图 10-43 所示。

　　上述操作演示了三种操作：为三维镜像而执行 MIRROR3D 命令、透明执行 CAL 命令与使用特定的对象捕捉方式、定义三维镜像面，复制的各对象将用于绘制机箱盖与机箱的连接端面。

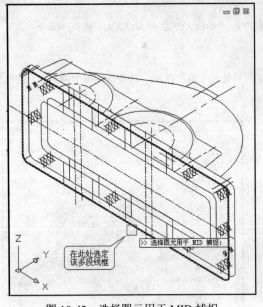
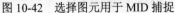

图 10-42　选择图元用于 MID 捕捉

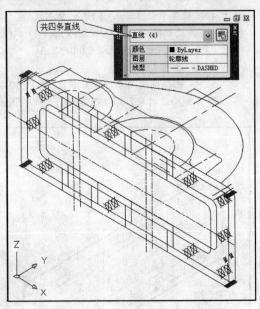

图 10-43　三维镜像复制的结果

10.10　MIRROR3D 命令

此命令用于将一个三维空间平面作为镜像面来复制选定的对象。操作时，显示的提示信息如下：

> 指定镜像平面的第一个点(三点) 或 [对象(O)/上一个(L)/Z 轴(Z)/视图(V)/XY/YZ/ZX/三点(3)]
> <三点>：

对此行提示回答对象的一个坐标点，将使用此提示行中的"三点"选项。若能从三维图形中快速选择到适当的坐标来定义镜像平面，就可以使用此选项。否则，就考虑使用其他的选项，它们的功能如下所述。

- 对象，使用选定平面对象的平面作为镜像平面。
- 上一个，相对于最后定义的镜像平面对选定的对象进行镜像处理。
- Z 轴，根据平面上的一个点和平面法线上的一个点定义镜像平面。
- 视图，将镜像平面与当前视口中通过指定点的视图平面对齐。
- XY/YZ/ZX，将镜像平面与一个通过指定点的 XY 或 YZ、ZX 标准平面对齐。

10.11　定义 UCS

定义 UCS（用户坐标系）的一个目的是要建立一个非正交构造平面。若要在三维对象的斜面上绘制二维图形对象，就需要建立平行该面的构造平面，该平面可能与 WCS（通用坐标系、世界坐标系）的坐标轴平面不相平行或垂直，即非正交。为此，就需要创建一个 XY 平面与该斜面相平行的 UCS，然后使用二维绘图命令在这个 UCS 中绘制图形。如下面的操作将定义一个新的 UCS，以便在机箱盖上绘制观察窗，使用的操作步骤如下。

步骤 1　使用 PEDIT 命令,合并图 10-44 所示的各段线条,让它们成为一条多段线,其结果如图 10-45 所示。

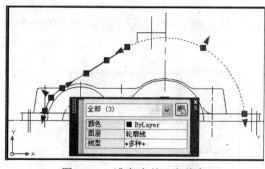

图 10-44　准备合并三段线条　　　　图 10-45　合并成一条多段线

注意: 操作时,应先选定主视图,让它处于活动状态后才执行 PEDIT 命令。

步骤 2　激活主视图。参照前面的操作,在功能区中的"常用"标签里展开"修改"面板,然后单击"移动"工具,完成下述对话过程。

```
命令:_move
选择对象:L  找到 1 个
选择对象: Enter
指定基点或 [位移(D)] <位移>: 选择图 10-46 所示的"圆心"点
指定第二个点或 <使用第一个点作为位移>: @0,0,-28
```

这一段对话将选定的多段线移动了 28 个绘图单位,并且是沿当前坐标系统 Z 轴的负方向移动。对话中采用的相对坐标值为@0,0,-28,在俯视图可看到其移动的结果,如图 10-47 所示。

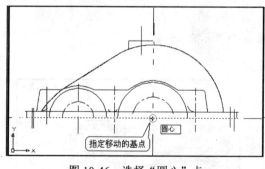

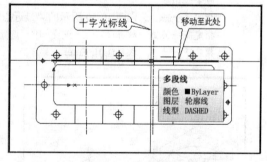

图 10-46　选择"圆心"点　　　　图 10-47　移动至此处

由图 10-47 可见,选定的多段线沿当前 Z 坐标的负方向移动 28 个绘图单位,即移至距机箱内壁 8 个绘图单位的地方。机箱与机箱盖连接端面宽度为 36mm,所以该距离值为:36mm-28mm=8mm。

注意: 只有当主视图中的坐标系统图标如图 10-46 所示时,才能得到上述结果。

步骤 3　激活三维观察视图,选定刚才移动的多段线,参照上面执行三维镜像操作的方法复制它,其对话过程如下所述。

```
命令:_mirror3d
指定镜像平面 (三点) 的第一个点或
[对象(O)/最近的(L)/Z 轴(Z)/视图(V)/XY 平面(XY)/YZ 平面(YZ)/ZX 平面(ZX)/三点(3)] <三点>: XY
```

指定 XY 平面上的点 <0,0,0>: 'CAL

>>>> 表达式: MID

>>>> 选择图元用于 MID 捕捉: 在图 10-48 所示处选定多段线框

是否删除源对象? [是(Y)/否(N)] <否>: Enter

对话框中定义的三维镜像面为一个 XY 平面,且通过图 10-48 所示多段线框中的一个"中点",操作结果如图 10-49 所示。

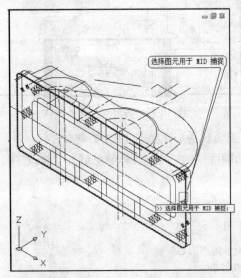

图 10-48　定义通过此点的 XY 平面

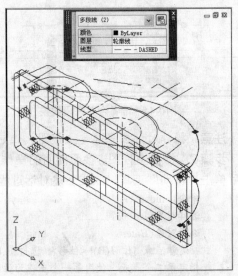

图 10-49　复制的多段线与源对象

步骤 4　按下述对话过程绘制一条直线。

命令: _line

指定第一点: 选定图 10-50 所示的"最近点"

指定下一点或 [放弃(U)]: <正交 开> 选定图 10-51 所示的"垂足"

指定下一点或 [放弃(U)]: Enter

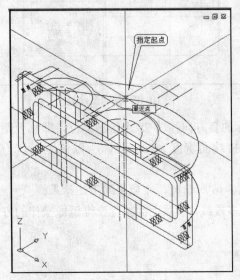

图 10-50　复制到"交点"处

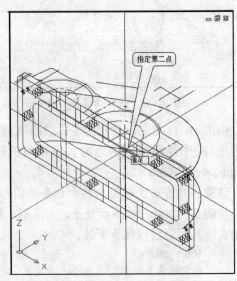

图 10-51　绘制两条等长直线

图 10-50 与图 10-51 中选定的两个点，分别位于图 10-49 中选定的两条多段线上，所绘制的直线将用于下面定义 UCS 的操作，在俯视图中可清楚地看到绘制的直线，如图 10-52 所示。操作时，由于三维观察视图中的线条多，图形内容复杂，为了顺利地完成取点操作，可采用下述实用操作技巧。

- 转动鼠标器上的飞轮，适当放大局部图形，以便于观察和捕捉点。
- 临时关闭那些不用的捕捉方式，仅打开当前需要的捕捉方式："最近点"或"垂足"。
- 可以在不同的视图中选择坐标点。

步骤 5　参照步骤 4，绘制一条直线，让它与图 10-52 所示的直线平行，并与图 10-49 中选定的两条多段线垂直相接，结果如图 10-53 所示。

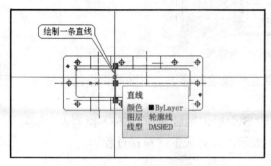

图 10-52　在俯视图中清楚地查看此直线

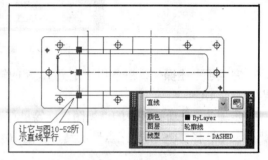

图 10-53　绘制一条新的直线

这一步操作也可以使用夹点移动复制的方法，在三维观察视图中复制图 10-52 所示直线来完成，并得到图 10-53 所示的结果。操作时，可先在三维观察视图中选定要复制的直线，以及位于端点处的夹点，如图 10-54 所示，然后完成下述对话过程。

```
** 拉伸 **
指定拉伸点或 [基点(B)/复制(C)/放弃(U)/退出(X)]: Enter
** 移动 **
指定移动点或 [基点(B)/复制(C)/放弃(U)/退出(X)]: C
** 移动 (多重) **
指定移动点或 [基点(B)/复制(C)/放弃(U)/退出(X)]: <正交 关> 选定图 10-55 所示的"最近点"
** 移动 (多重) **
指定移动点或 [基点(B)/复制(C)/放弃(U)/退出(X)]: Enter
```

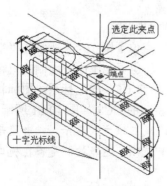

图 10-54　选定此夹点

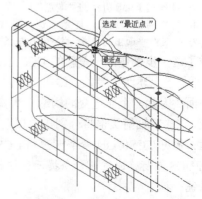

图 10-55　选定此"最近点"

步骤 6　绘制一条连接上面所绘制两条直线中点的直线，结果如图 10-56 所示。

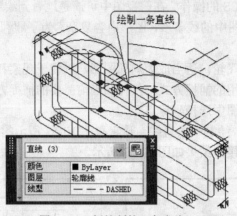

图 10-56　新绘制的一条直线

完成了上述操作，三条用于定义 UCS 的辅助直线就绘制好了，下面的操作就将使用"三点"定义 UCS。

步骤 7　在功能区中的"视图"标签里打开 UCS 面板，然后展开 UCS 下拉列表，接着从此列表中选择 UCS 的"三点"工具，如图 10-57 所示，并完成下述对话过程。

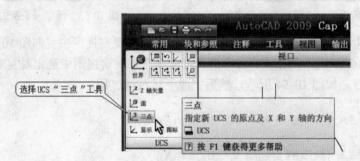

图 10-57　选择 UCS "三点"工具命令

命令: _ucs
当前 UCS 名称: *没有名称*
指定 UCS 的原点或 [面(F)/命名(NA)/对象(OB)/上一个(P)/视图(V)/世界(W)/X/Y/Z/Z 轴(ZA)]
<世界>: 选择图 10-58 所示的"端点"
指定 X 轴上的点或 <接受>: 选择图 10-59 所示的"端点"
指定 XY 平面上的点或 <接受>: 选择图 10-60 所示的"端点"

完成了这一步操作，一个新的 UCS 就定义好，其原点位于图 10-58 所示的"端点"处，XY 平面平行于上述两条等长直线所确定的平面。这个平面也正是下面要绘制的机箱盖观察孔所在的平面，因此一个非正交的构造平面就定义好了。当前 UCS 的坐标系统图标将出现在坐标原点处，X、Y 轴箭头也将分别指向自己的正方向，新建的 UCS 如图 10-61 所示。

注意: 使用 UCSICON 命令可控制 UCS 图标以二维或三维方式显示，或者显示为三维视图的有色 UCS 图标。通过此命令提示行中的 ON 与 OFF 选项，还能控制是否在视口中显示当前坐标系统图标。

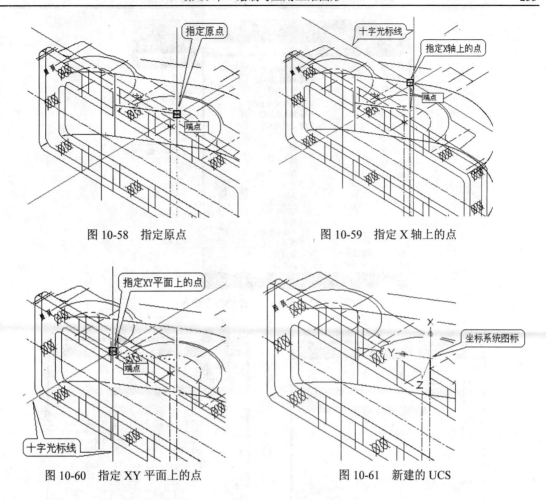

图 10-58　指定原点　　　　　　　　图 10-59　指定 X 轴上的点

图 10-60　指定 XY 平面上的点　　　　图 10-61　新建的 UCS

10.12　命名保存 UCS

定义好了新的 UCS，还应当将它命名保存起来，除非后面的操作不再需要它。这种命名保存将为以后需要使用某 UCS 确定的构造平面时，避免重复操作再次定义该 UCS。为了命名保存当前 UCS，可按下述步骤进行操作。

步骤 1　在功能区中的"视图"标签里打开 UCS 面板，然后从此面板中选择"命名 UCS"工具，如图 10-62 所示。

步骤 2　在 UCS 对话框中的"命名 UCS"选项卡里右击"未命名"项，如图 10-63 所示，从快捷菜单中选择"重命名"命令，或者双击该项。

注意：执行"命名 UCS"命令后，"未命名"项将变成一个文本编辑框，可将新建的 UCS 名称输入其内。与命名图层一样，UCS 也最好使用具有特殊含义的名称，以便于在 UCS 列表中标识它。

步骤 3　为新建立的 UCS 输入其名称，如图 10-64 所示。

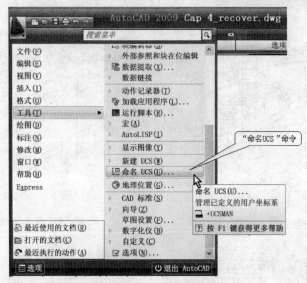

图 10-62 选择"命名 UCS"命令

图 10-63 选择"重命名"命令

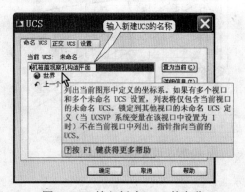

图 10-64 输入新建 UCS 的名称

最后，单击该对话框中的"确定"按钮，操作即可结束。

10.13 UCS 命令

在 AutoCAD 中引用的 UCS 概念简单，但使用方式与用途非常复杂。当用户刚开始使用 AutoCAD 时，确定空间位置的参照系统是 WCS（世界坐标系统，或称"通用坐标系统"），使用 UCS 命令可重新定位和旋转当前坐标系统（包括 WCS 或 UCS），从而产生一个新的坐标系统，并设置新的构造平面。也正是 AutoCAD 提供了这种变换坐标系统的功能，使得用户能够在非正交构造平面上执行二维绘图与编辑命令，从而绘制出各种复杂的三维图形。

在 WCS 中，X 轴是水平的，Y 轴是垂直的，Z 轴垂直于 XY 平面，构造平面是平行于 XY 平面的无数个工作面，一个构造平面即对应于一个 Z 坐标值。构造平面图没有大小范围限制，也就是说构造平面无限大。此外，由 WCS 可定义不同的 UCS，如表 10-1 所列，新的 UCS 坐标原点可定义在三维对象上，X 轴与 Y 轴或 Z 轴间的夹角也可以不是直角，甚至让 XY 平面与某一个图形对象对齐。

为了定义 UCS，AutoCAD 提供了一个名为 UCS 的命令，按上述操作执行它时使用此命令的"三点"选项。若在命令行上执行此命令，显示的提示信息为：

指定 UCS 的原点或 [面(F)/命名(NA)/对象(OB)/上一个(P)/视图(V)/世界(W)/X/Y/Z/Z 轴(ZA)]
<世界>:

提示行中各选项的功能如表 10-1 所列。

表 10-1　UCS 命令提示中的选项

选项	功能	操作说明
指定 UCS 的原点	使用三点法定义一个新的 UCS	指定 UCS 原点后，需要指定 X 轴与 Y 轴的方向，因而 X 轴与 Y 轴，或 Z 轴间的夹角可以不是直角
面	将 UCS 与三维实体图形的选定面对齐	要选择一个面，可在此面的边界内或面的边上单击，被选中的面将亮显，UCS 的 X 轴将与找到的第一个面上的最近的边对齐
命名	命名保存并恢复已经命名保存的 UCS	只有事先存在命名保存的 UCS，才能使用此选项恢复使用它
上一个	恢复使用上一个 UCS	AutoCAD 能保留用户创建的最后 10 个 UCS。重复使用此选项可逐步返回前一个 UCS
对象	根据选定三维对象定义新的坐标系。新建 UCS 的拉伸方向（Z 轴正方向）与选定对象的拉伸方向相同	该选项不能用于这些对象：三维多段线、三维网格和构造线。对于大多数对象，新 UCS 的原点位于离选定对象最近的顶点处，并且 X 轴与一条边对齐或相切。对于平面对象，UCS 的 XY 平面与该对象所在的平面对齐。对于复杂对象，将重新定位原点，但是坐标轴的当前方向保持不变
世界	将当前用户坐标系设置为世界坐标系	WCS 是所有 UCS 的基准，不能被重新定义
视图	以垂直于观察方向（平行于屏幕）的平面为 XY 平面，建立新的坐标系	UCS 原点保持不变
X、Y、Z	绕指定轴旋转当前 UCS	UCS 原点保持不变
Z 轴	用指定的 Z 轴正半轴定义 UCS	UCS 原点保持不变
应用	当其他视口保存有不同的 UCS 时，该选项能将当前 UCS 设置应用到指定的视口或所有活动视口	其他视口中的 UCS 将不再有效

由表 10-1 可见，执行 UCS 命令后可用六种方法定义新坐标系：

- 指定新 UCS 的原点。
- 用特定的 Z 轴正半轴定义 UCS。
- 指定新 UCS 原点及其 X 和 Y 轴的正方向。
- 根据选定三维对象定义新的坐标系。新建 UCS 的拉伸方向，即 Z 轴正方向与选定对象的拉伸方向相同。
- 将 UCS 与三维图形对象的选定面对齐。
- 绕指定轴旋转当前坐标系统来创建新的 UCS。

10.14　使用 UCS 绘制二维图形

定义好了 UCS，并将它设置为当前活动状态，即可按前面讲述的二维图形绘制方法，在这个 UCS 确定的构造平面内绘制图形。下面以绘制机箱盖上的观察孔图形为例来说明这一点。

步骤 1　先删除机箱盖上原有的观察孔图形，然后在俯视图或三维观察视图中绘制好图 10-65 所示的多段线。

步骤 2　使用镜像的方法复制此多段线，结果如图 10-66 所示。

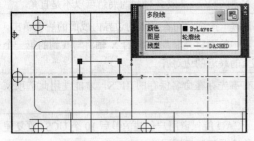

图 10-65　绘制一条多段线

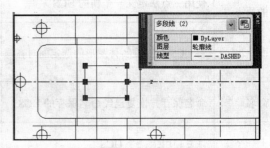

图 10-66　镜像复制此多段线后的结果

步骤 3　执行 PEDIT 命令，将两段多段线连接在一起。

此后，那些用于定义 UCS 的辅助直线，也就是图 10-56 所示的三条直线将不再有用，删除它后屏幕上的显示结果如图 10-67 所示。这样用于描述机箱盖的观察孔图形就绘制好了。

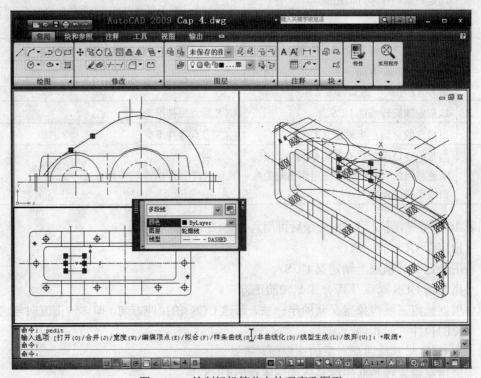

图 10-67　绘制好机箱盖上的观察孔图形

注意: 在上述操作中, 最好仅在指定多段线的起点与最后一点应用对象捕捉方式, 在指定其他坐标点时, 可通过键盘上的 F3 功能键临时关闭对象捕捉功能, 以免将坐标点捕捉到其他的图形对象上, 从而得到用户不想要的结果。

10.15　拉伸建立三维面

在 AutoCAD 中, 通过拉伸二维线条的办法可创建三维曲面。这种三维曲面是 AutoCAD 三维造型的一种对象, 可用来产生机械零部件的三维轮廓线, 这是工程设计实践中的一种绘图方法。接着上一节的操作, 单击主视图所在的视口, 让它成为当前活动视口。然后, 使用 PEDIT 命令合并图 10-68 中选定的多段线; 接着在"特性"面板中将合并后的多段线"厚度"值修改为-28, 如图 10-69 所示, 此多段线将被拉伸。

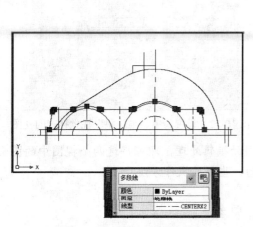

图 10-68　合并后的多段线

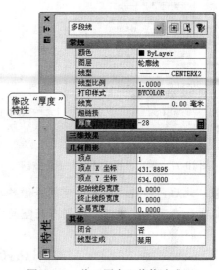

图 10-69　将"厚度"值修改成-28

这里将厚度值设置为-28, 将使得选定的多段线沿 Z 轴向负方向拉伸 28 个绘图单位, 其结果是创建了一个拉伸面。这种拉伸面可以是一种曲面, 也可以是一种平面。通过三维观察视图与俯视图可看到其拉伸的结果, 如图 10-70 所示。

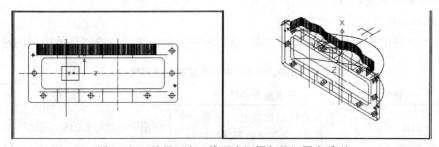

图 10-70　结果可在三维观察视图与俯视图中看到

这两步操作演示了使用拉伸的方法绘制三维曲面。这种拉伸产生的轮廓线可直接显示正交投影。在三视图中, 激活俯视图视口, 右击视口中的某一个对象, 然后从快捷菜单中选择"特性"命令,进入"特性"面板后按下键盘上的 Esc 键,取消对象的选定状态。此后,可在该面板中找到"视觉样式"项,将光标对准它的当前值,当出现一个下拉按钮后立即单击此按钮,如图 10-71 所示,接着从"视觉样式"下拉列表中选择"三维隐藏",视图中的拉伸曲面轮廓线就将清楚地显示出来。参照这个操作过程,设置好主视图的视觉样式,就能在屏幕上看到图 10-72 所示的结果。

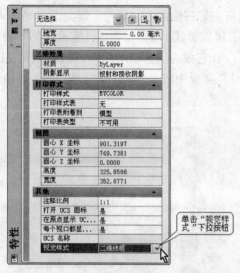 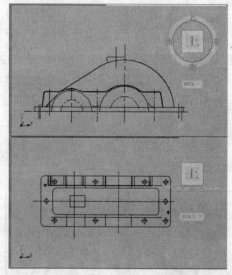

图 10-71　单击"视觉样式"下拉按钮　　　图 10-72　设置为"三维隐藏"视觉样式的视图

注意:此后,通过"布局"空间并做些适当的编辑处理,即可将这两个视图中的图形输出至图纸上,在下一章中可了解到布局空间中的一些相关操作方法。

10.16　总结

AutoCAD 的三维绘图与编辑功能非常强大,可以通过拉伸二维对象的方式来建立三维图形,也可以使用网格线来描述三维对象,以及建立并使用二维实心体与三维表面体。本章介绍了在三维方式下绘制图形的基本方法,以及拉伸建立三维曲面的操作特点,从下述几个方面可进一步理解与掌握 AutoCAD 的三维绘图功能。

1. **三维曲面的类型是多种多样的**

除了本章所述的内容外,还可以通过表 10-2 所列的命令学习与绘制其他类型的网格曲面。

表 10-2　在 AutoCAD 中可创建的三维网格曲面

类型	命令	三维曲面特征	注释
直纹网格	RULESURF	在两条直线或曲线之间创建一个表示直纹曲面的多边形网格曲面	可用于描述对象的单个表面
平移网格	TABSURF	创建多边形网格	该网格表示通过指定的方向和距离(称为方向矢量)拉伸直线或曲线(称为路径曲线)定义的常规平移曲面

续表

类型	命令	三维曲面特征	注释
旋转网格	REVSURF	旋转路径曲线或轮廓创建一个近似于旋转曲面的多边形网格	可旋转直线、圆、圆弧、椭圆、椭圆弧、闭合多段线、多边形、闭合样条曲线或圆环，描述圆弧类的对象表面
边界网格	EDGESURF	创建一个多边形网格	此多边形网格近似于一个由四条邻接边定义的孔斯曲面片网格

2. 三维曲面具有三维的特性

表 10-2 中的三维曲面与拉伸建立的三维面一样，都具有三维的特性，并可由 VPOINT、DDVPOINT、HIDE、DVIEW 命令观察到其三维对象的属性。其中，DVIEW 命令用于透视观察，其他的则用于平行投影观察。在透视观察方式下，不可以在屏幕上进行取点操作，因此通常使用平行投影观察，是室内装修、家具陈设、产品展示设计者的常用工具。

3. 执行三维隐藏命令时需要花费一些时间

消除三维对象隐藏线（HIDE 命令的功能）时，AutoCAD 需要花费一些时间来计算对象的三维特性，有时候甚至是比较长的时间。为了获得最佳的处理时间，可按下列方式进行处理。

- 尽可能在绘制期间省略去不必绘出的对象。
- 在使用 HIDE 命令之前，使用 ZOOM 命令将要观察的部分图形进行缩放处理，让没有必要观察的部分不在屏幕上显示出来。
- 尽可能避免处理表面大的对象。

4. 掌握设置与使用 UCS 的方法非常重要

值得初学者注意的是，为了绘制三维图形，用户必须熟练应用 UCS（用户坐标系统）。在三维方式下工作时，可以使用固定坐标系和可移动坐标系。可移动的用户坐标系对于输入坐标、建立绘图平面和设置视图非常有用。在 AutoCAD 中可使用两种坐标系统：一种是 WCS（世界坐标系），这就是固定坐标系，另一种称为 UCS 的就是可移动坐标系，它们的使用特点如下：

- 改变 UCS 并不改变视点，只会改变坐标系的方向和倾斜度。
- 创建三维对象时，可以重定位 UCS 来简化工作。例如，如果创建了三维长方体，则可以将 UCS 与要编辑的每一条边对齐来轻松地编辑六条边中的每一条边。
- 通过选择原点位置和 XY 平面的方向，以及 Z 轴，可在三维空间中的任意位置上定位和定向 UCS。
- 在任何时候都只有一个 UCS 为当前 UCS，所有的坐标输入和坐标显示都是相对于当前的 UCS。
- 如果当前绘图窗口中存在多个视口，这些视口将共享当前的 UCS。
- 打开 UCSVP 系统变量时，可以将 UCS 锁定到一个视口。这样，每次将该视口置为当前时，都可以自动恢复 UCS。

5. 注意在 AutoCAD 中分辨坐标轴的正方向与旋转的正方向

当坐标系统的某一个坐标平面正好与屏幕平行时，用户只能看到三维坐标系中两个坐标轴的方向，此时可用右手定则来确定 Z 轴的正方向：将右手手背靠近屏幕放置，大拇指指向 X 轴的正方向，伸出食指和中指，食指指向 Y 轴的正方向，中指所指示的方向即 Z 轴的正方向，如图 10-73 所示。通过旋转手，还可以看到 X、Y 和 Z 轴是如何随着 UCS 的改变而旋转的。使用右手法则还能确定在三维空间中绕坐标轴旋转的正方向：将右手拇指指向轴的正方向，卷曲其余四指，右手四指所指示的方向即为轴的正旋转方向，如图 10-74 所示。

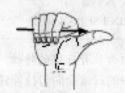

图 10-73   Z 轴的正方向   图 10-74   轴的正旋转方向

10.17   复习

本章通过绘制齿轮减速器机箱盖三维图形的操作步骤，说明了由基本二维图形建立三维图形模型的方法，所涉及的概念多而复杂，复习时除了要多做操作练习外，还需要注意下述问题。

重点内容：

- 标高与厚度的概念。
- 视口与视图的关系。
- 视口与三维正交投影视图的概念。
- WCS 与 UCS 的概念。
- 绘制、编辑三维图形。

熟练应用的操作：

- 设置多视口操作环境、设置与应用三维正交投影视图。
- 设置三维观察点的操作方法。
- 三维绘图、三维编辑、拉伸对象的方法与应用技巧。
- 定义与应用 UCS 的方法。
- 在复杂的图形中应用 CAL 命令与表达式来捕捉"中点"、"端点"等特定的坐标点。
- 复习时需要注意的内容如下所述。

1. 绘制三维图形时仍然需要捕捉对象

以本章通过总装配图中的二维图形来绘制三维图形为例，利用已经设计好的参数，以及图形可快速绘制一些三维图形。操作中也能使用对象捕捉功能。在复杂的图形中捕捉"中点"、"端点"等特定的坐标点时，还可以透明地执行 CAL 命令。

2. "视口"与"视图"是两种不同的对象

屏幕上用于绘制图形的区域称为"视口"，每一个视口都能成为一个"视图"。AutoCAD 允许同时在屏幕上配置和使用多个视图，并让用户使用这个软件预置的正交投影视图配置，甚至可以在另一种视图配置下绘制与编辑图形,以后又返回到指定视图配置下继续做在该配置中的操作。对于同一个屏幕上的每个视图,还可以使用不同的观察方向显示图形和进行移动与缩放等操作。为了绘制零件图,在 AutoCAD 的绘图区域中设置正交投影视图是最简便的操作方法,本节将首先做好视图配置工作。

为了建立工程设计中的三视图,需要将当前视口划分为若干个新的视口。然后,在这些视口中设置相应的正交投影方向,从而建立起实用的视图。

3. 绝大多数二维编辑命令可用于三维图形

像 MOVE 与 COPY 这种在 AutoCAD 中能用于编辑二维图形与三维图形的常用命令很多。它们可以接受三维坐标值进行操作,而且 AutoCAD 中的绝大多数二维编辑命令都有这个功能,而很少有二维绘图命令能使用三维坐标点,如常用的 PLINE 命令就不能使用三维坐标点,而 LINE 命令则可以用三维坐标点操作。

本章的实例说明了二维编辑修改图形命令在三维图形中的使用特点。初学者需要注意到,许多三维图形中不需要的图形实际上是指定坐标点的辅助操作对象,而有些来源于正交投影视图的图形对象,则需要适当移动一下位置后才变得有用,如螺栓孔的中心应移至螺栓孔的圆心处。此外,不是所有的二维绘图与编辑修改命令都可以应用于三维图形,如若要得到延伸、修剪之类的操作结果,就只能将现有三维图形作为辅助绘图对象,重新绘制相关的图形对象,然后删除这些辅助图形对象。

4. 注意三维镜像功能的使用特点

AutoCAD 的三维镜像功能比使用二维镜像功能的操作更加复杂,因为前者需要一个三维镜像面,而后者需要的是一条二维镜像线。

5. 在三维空间中捕捉对象操作是复杂的

图 10-52 与图 10-53 所示的两条等长直线难以定义起点与终点,与所在处的周边的图形关系复杂,操作时难以捕捉坐标点,因此还可采用下述对话过程来达到目的。

```
命令: _line
指定第一点: 'CAL
>>>> 表达式: MID
>>>> 选择图元用于 MID 捕捉: 选择捕捉的一条直线
正在恢复执行 LINE 命令。
指定第一点:xx,xx
指定下一点或 [放弃(U)]: 'CAL
>>>> 表达式: MID
>>>> 选择图元用于 MID 捕捉: 选择捕捉的另一条直线
正在恢复执行 LINE 命令。
指定下一点或 [放弃(U)]: xx,xx
指定下一点或 [放弃(U)]: Enter
```

此外,由于三维图形中的线条比较复杂,为了便于在操作中捕捉坐标点,可将那些不相干的图形对象放置在特定的图层上,然后关闭该图层后再来操作。这里利用 CAL 命令与“中点”捕捉方式轻易地达到了目的,这种操作技巧初学者应当注意到。

6. 拉伸二维线条可得到一种特殊的三维曲面

这种三维曲面只能在一个方向上表现弯曲。对于工程设计来说,三维曲面通常不属于产品设计图纸中的内容,但利用拉伸建立对象的轮廓线则是常用的操作方法,当用户绘制好了用于拉伸的二维线条，就可以通过修改其厚度的方法来拉伸它，并在正交投影视图中得到对象的轮廓线。

拉伸后，源对象将成为三维曲面的一部分，若此后的操作还需要应用该对象，可选定它以及它的一个夹点，按下述夹点移动复制对话过程在原地复制它。

　　** 移动 **
　　指定移动点或 [基点(B)/复制(C)/放弃(U)/退出(X)]: C
　　** 移动 (多重) **
　　指定移动点或 [基点(B)/复制(C)/放弃(U)/退出(X)]: 单击选定的夹点
　　** 移动 (多重) **
　　指定移动点或 [基点(B)/复制(C)/放弃(U)/退出(X)]: Enter

10.18　作业

本章的概念多，操作复杂，只有在花费较多的时间做好复习后，才能完成作业。

作业内容： 绘制好图 10-1 所示的图形。

操作提示： 操作前应仔细阅读本章的操作实例，先绘制好图 10-72 所示的图形，然后接着进行操作。

10.19　测试

时间：45 分钟　满分：100 分

一、选择题（每题 4 分，共 40 分）

1. 对象的"标高"指的是（　　　）。
　　A．构造平面所在处的 Z 坐标值　　　　B．图形对象的高度
　　C．图形对象的 Z 坐标值　　　　　　　D．坐标系统的原点高度

2. 对象的"厚度"指的是（　　　）。
　　A．构造平面的高度　　　　　　　　　B．图形对象沿其标高方向的拉伸距离
　　C．图形对象的 Z 坐标值　　　　　　　D．三维图形对象的高度

3. 设置标高的方法是（　　　）。
　　A．执行 ELEV 命令　　　　　　　　　B．执行 CHANGE 命令
　　C．在"特性"选项板中设置　　　　　　D．通过"图层管理器"设置

4. 设置三维观察点的用途是（　　　）。
　　A．在该点处建立构造平面　　　　　　B．在屏幕上显示出对象的三维特征
　　C．设置一个观察对象的角度　　　　　D．改变 XY 坐标平面图的角度

5. 下述不能用于消除三维对象的隐藏线的操作是（　　　）。
　　A．执行 HIDE 命令　　　　　　　　　B．执行下拉菜单中的"三维隐藏"命令
　　C．渲染三维图形　　　　　　　　　　D．执行 VPOINT 命令

6. 视图与视口的关系是（　　　）。
　　A．配置了多个视口方可使用多个视图　B．视口即为视图

　　C. 没有视口就没有视图　　　　　　　　D. 没有视图就没有视口

7. 下述关于 3DROTATE 与 ROTATE3D 命令的正确论述是（　　　）。

　　A. 这两条命令功能相同　　　　　　　　B. 执行时都使用球坐标图标

　　C. 执行时显示的提示信息不同　　　　　D. 不可用于二维视图中

8. 在三维对象的斜面上绘制二维图形对象不必做的是（　　　）。

　　A. 建立平行于该面的构造平面　　　　　B. 设置新的图层

　　C. 执行 UCS 命令　　　　　　　　　　D. 执行二维绘图命令

9. 下述不能控制显示坐标系统图标的操作是（　　　）。

　　A. 执行 UCSICON 命令　　　　　　　　B. 设置图层

　　C. 执行 UCS 命令　　　　　　　　　　D. 更改三维观察方向

10. 执行 UCS 命令不能完成的工作是（　　　）。

　　A. 重新设置构造平面　　　　　　　　　B. 产生一个新的坐标系统

　　C. 改变坐标系统图标的显示形式　　　　D. 更改视图的投影方向

二、填空题（每题 4 分，共 40 分）

1. 构造平面总是平行于当前坐标系统的＿＿＿＿＿＿平面，标高为 0 说明其构造平面与＿＿＿＿＿＿轴组成的平面处于同一个位置，或者说相＿＿＿＿＿＿。正的标高值表明构造平面在＿＿＿＿＿＿平面之上，负的标高值则说明它在该平面之下。

2. "厚度"是对象在构造平面上沿当前坐标系统＿＿＿＿＿＿轴拉伸的长度距离值，它类似于立方体的"＿＿＿＿＿＿"。这种拉伸的目的通常是为了产生一个具有三维特征的对象，负的厚度值表示拉伸的方向与 Z 轴的＿＿＿＿＿＿方向一致，正的厚度值则沿 Z 轴的＿＿＿＿＿＿方向拉伸。

3. 标高与厚度可以由＿＿＿＿＿＿命令来设置。而且只可以为＿＿＿＿＿＿要绘制的图形对象设置标高或厚度。一旦图形绘制好了，就＿＿＿＿＿＿修改该对象绘制时所采用的标高，但可修改其厚度。修改图形对象的厚度时，可采用的操作方法是执行 CHANGE 命令，或进入"＿＿＿＿＿＿"选项板进行操作。

4. 设置三维观察点的实质是在三维空间中设置一个观察对象的＿＿＿＿＿＿，以便让 AutoCAD 在屏幕上显示出对象的＿＿＿＿＿＿特征。设置好一个三维观察点，AutoCAD 将从该点向＿＿＿＿＿＿建立一个观察方向，绘图区域中的坐标轴图标也将随之发生变化，以便表现当前的＿＿＿＿＿＿。

5. VPOINT 命令的主要功能就是定义一个三维＿＿＿＿＿＿，并建立一个三维＿＿＿＿＿＿。从此三维坐标点指向坐标系统原点的连线即为＿＿＿＿＿＿。该三维坐标点只是观察方向上的一个点，不是＿＿＿＿＿＿所处的位置。

6. 在初始绘图时，屏幕上只有＿＿＿＿＿＿视口，若要绘制多个正交投影视图，就需要划分出＿＿＿＿＿＿视口，并在各＿＿＿＿＿＿中分别布局好视图、设置好适当的＿＿＿＿＿＿。此后，即可很方便地绘制正交投影图形，得到机械制图中的三视图。

7. ROTATE3D 命令可将旋转轴与现有对象对齐。或者将旋转轴与当前通过选定点的视口的观察＿＿＿＿＿＿对齐、与通过指定点的坐标＿＿＿＿＿＿（X、Y 或 Z）对齐，以及使用两个点定义旋转轴。它可使用一个与当前坐标轴＿＿＿＿＿＿的旋转轴。若需要旋转轴与坐标系统中的坐标轴相平行，采用_____命令可获得较为便捷的操作。

8. 若三维图形中的线条比较复杂，为了便于在操作中捕捉坐标点，可将那些不相干的图形对象放置在特定的_____上，然后_____该图层后再来操作。此外，利用 CAL 命令与某些_____关键字，如 MID（中点）、END（端点）、CEN（圆心）等，也能轻易地达到目的。采用这种操作方法，需要透明执行 CAL 命令，并在"_____"提示下输入捕捉坐标点的关键字。

9. 当前 UCS 的坐标系统图标可出现在_____原点处，X、Y 轴箭头也将分别指向自己的_____。使用_____命令可控制 UCS 图标以二维或三维方式显示，或者显示为三维视图的有色 UCS 图标。通过此命令提示行中的 ON 与 OFF 选项，还能控制是否在视口中_____当前坐标系统图标。

10. 在 WCS 中，X 轴的方向是_____的，Y 轴为_____方向，Z 轴的方向为垂直于_____平面，构造平面是平行于 XY 平面的无数个工作面，而且没有_____限制，也就是说构造平面无限大。

三、问答题（每题 5 分，共 20 分）

1. 使用 VPOINT 观察三维对象的特殊形式是什么？
2. 为什么说配置使用多个视图是绘制机械零部件三视图的便捷方法？
3. 用拉伸的方法绘制三维图形的操作特点是什么？
4. 什么时候需要定义 UCS？

第 11 章　绘制三维实体与程序化绘制图形

三维实体（Solids）是一种可以包含质量特性的三维物体模型。在工程设计中使用它可以很容易地建立起多视图蓝图以及三维剖面图。由于三维物体的外形多种多样，有些使用 AutoCAD 的绘图与编辑命令很难建立起模型体，如齿轮零件上的渐开线就需要借助于 AutoLISP 程序来绘制。

本章内容

- 设置三维绘图环境。
- 编写绘制渐开线齿廓线的程序。
- 在 AutoCAD 中装入与应用 AutoLISP 程序。
- 建立与应用"截面平面"。
- 应用图纸空间。

本章目的

- 了解三维实体的概念与这类图形的应用方法。
- 掌握设置辅助线绘制三维实体图形的操作特点。
- 学会应用 AutoLISP 程序。

操作内容：

本章将应用三维的方法设计与绘制机械零部件机箱盖，结果如图 11-1 所示。

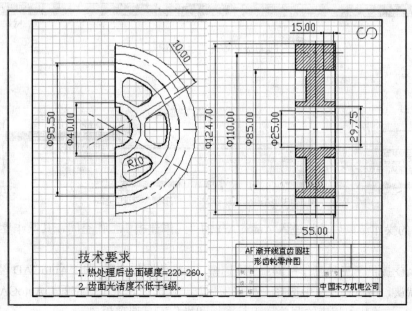

图 11-1　本章操作输出的图纸

涉及的操作包括：

- 绘制与编辑渐开线齿轮轮廓线。
- 绘制圆柱斜齿轮三维实体图形。
- 使用模型空间与图纸空间及输出图纸。

本章涉及的主要命令与功能有：

- VPORT，在绘图区域中划分与配置视口。
- ViewCube，动态观察三维图形。
- EXTRUDE，拉伸指定的二维对象，以建立三维实体图形或曲面。
- SUBTRACT，对选定的两个以上对象做布尔"差集"运算。
- UNION，对选定的两个以上对象做布尔"并集"运算。

11.1　设置与使用三维工作空间

AutoCAD 的三维工作空间提供了绘制三维图形的菜单、面板，以便于建立三维物体的模型图，以及绘制与编辑三维图形。

为了设置与使用三维工作空间，可按下述步骤操作。

步骤 1　在 AutoCAD 中建立一份新的图形文件。在状态栏中单击"切换工作空间"按钮，如图 11-2 所示。从"工作空间"菜单里选择"三维建模"，如图 11-3 所示。

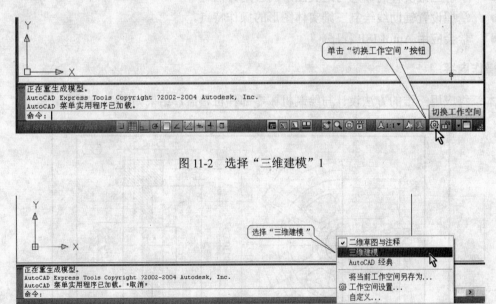

图 11-2　选择"三维建模"1

图 11-3　AutoCAD 的"三维建模"工作空间

这一步的操作结束后就将进入 AutoCAD 的"三维建模"工作空间，其操作界面如图 11-4 所示。

AutoCAD 提供了三种工作空间：三维建模、二维蓝图与注释（即"AutoCAD 经典"空间）、AutoCAD 默认，用户只能从中选择一种来使用。一旦选择好了工作空间，AutoCAD 就将按此工作空间运行，并装入相应的菜单、工具面板和操作工具选项板。

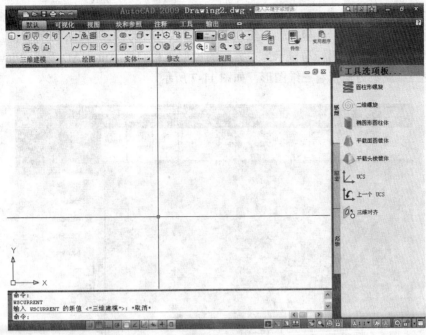

图 11-4 进入 AutoCAD 的 "三维建模" 工作空间

注意： "二维草图与注释" 工作空间采用的是 AutoCAD 经典工作空间，也就是 AutoCAD 早先版本所使用的操作界面（工具栏、菜单项有所不同），"AutoCAD 默认" 工作空间是上一次运行 AutoCAD 结束时的工作空间。

步骤 2 在功能区中的 "默认" 标签的 "视图" 面板里单击 "视觉样式" 下拉按钮，如图 11-5 所示。接着，在 "视觉样式" 下拉列表里选择 "概念"，如图 11-6 所示。

图 11-5 单击 "视觉样式" 下拉按钮

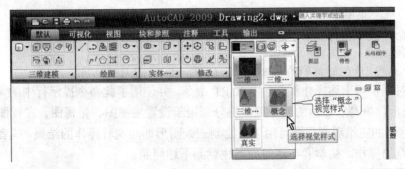

图 11-6 选择 "概念" 视觉样式

使用"概念"视觉样式，可让屏幕上显示的三维图形自动应用阴影与透视投影，其坐标系统图标用不同的颜色显示各坐标轴：红色表示 X 轴、蓝色为 Z 轴、绿色为 Y 轴。同时，视口中还将显示一个指南针图标与显示为正方体的模型，它们被 AutoCAD 称为 ViewCube，用于动态改变三维观察方向查看三维图形，如图 11-7 所示。

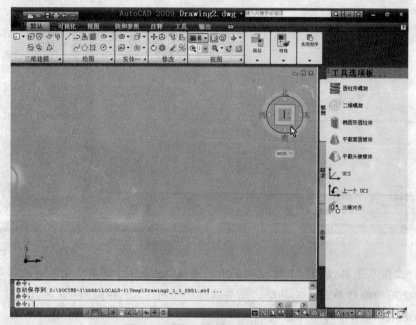

图 11-7　进入"概念"视觉样式

从图 11-6 所示的下拉列表中可选择的视觉样式如下所述。

- 二维线框：显示用直线和曲线表示边界的对象。光栅和 OLE 对象、线型和线宽均可见。
- 三维线框：显示用直线和曲线表示边界的对象。
- 三维隐藏：显示用三维线框表示的对象并隐藏表示后向面的直线。
- 真实：着色多边形平面间的对象，并使对象的边平滑化。将显示已附着到对象表面的材质。
- 概念：着色多边形平面间的对象，并使对象的边平滑化。着色使用古氏面样式，一种冷色和暖色之间的过渡而不是从深色到浅色的过渡，效果缺乏真实感，但是可以更方便地查看模型的细节。

步骤 3　从"菜单管理器"中选择"四个视口"命令，如图 11-8 所示。

此后，命令提示区将显示下述对话过程：

命令: -vports

输入选项 [保存(S)/恢复(R)/删除(D)/合并(J)/单一(SI)/?/2/3/4] <3>: _4

这一段对话说明上述操作执行了 VPORT 命令，并使用了此命令提示行中的 4 选项，结果如图 11-9 所示。屏幕上显示的四个视口将分别用于设置主视图、俯视图、左视图，以及三维观察视图。这里的三维观察视图可用于在绘制三维图形期间观看操作的结果，或者帮助用户完成定位坐标点的操作。初学者在这里应当注意到下述问题：

- 为了便于在不同视图中编辑对象，可以为每个视图定义不同的用户坐标系方向。

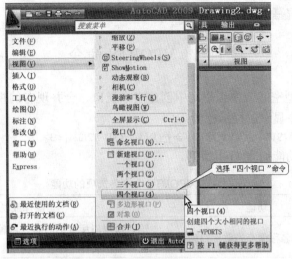

图 11-8　选择"四个视口"命令

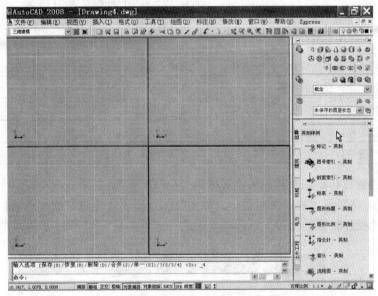

图 11-9　屏幕上将出现四个视口

- 多个视口提供模型的不同视图。例如，可以设置显示俯视图、主视图、右视图和等轴测视图的视口。
- 可为每个视图定义不同的 UCS，从而建立起多视图操作环境。
- 每次将视口设置为当前之后，都可以在此视口中使用它上一次应用于该视口的 UCS。
- 每个视口中的 UCS 都由 UCSVP 系统变量控制。如果某视口中的 UCSVP 设置为 1，则上一次在该视口中使用的 UCS 与视口一起保存，并且在该视口再次成为当前视口时被恢复。如果某视口中的 UCSVP 设置为 0，则该视口的 UCS 始终与当前视口中的 UCS 相同。

此后，AutoCAD 的操作界面将最大限度地适用于创建三维模型体，屏幕上也将包含三维操作所需要的工具栏、菜单、面板、选项板，那些三维建模操作时暂时不需要的操作控件处于隐藏状态，从而使得屏幕上的工作区域最大化。

11.2　VPORTS 命令

该命令用于在模型空间或图纸空间中创建多个视口、合并现有的视口、命名保存视口。在模型空间中，该命令显示的提示行为：

> 输入选项 [保存(S)/恢复(R)/删除(D)/合并(J)/单一(SI)/?/2/3/4] <3>:

提示行的各选项功能如表 11-1 所列。

表 11-1　VPORTS 命令各选项的功能

选项	功能	操作或说明
保存	使用指定的名称保存当前视口配置	输入新视口配置的名称，或输入一个问号（?）列出当前图形文件中保存的视口配置
恢复	恢复以前保存的视口配置	输入要恢复的视口配置名，或输入名称或输入一个问号（?）列出已经保存的视口配置
删除	删除已命名的视口配置	输入要删除的视口配置名，或输入一个问号（?）列出已经保存的视口配置
合并	将两个邻接的视口合并为一个视口	选择主视口与要合并的视口
单一	返回到单一视口的视图中	该视图使用当前视口的视图
2	将当前视口拆分为相等的两个视口	输入配置选项：水平、垂直
3	将当前视口拆分为三个视口	输入配置选项：水平、垂直、上、下、左、右
4	将当前视口拆分为四个视口	这四个视口大小相同

活动视口的数目和布局及其相关设置称为"视口配置"。如果在命令提示下输入 VPORTS 命令，AutoCAD 将显示"视口"对话框，如图 11-10 所示，通过它的"新建视口"选项卡可命名保存上面的操作配置的视口。该选项卡中的各选项与功能如表 11-2 所列。

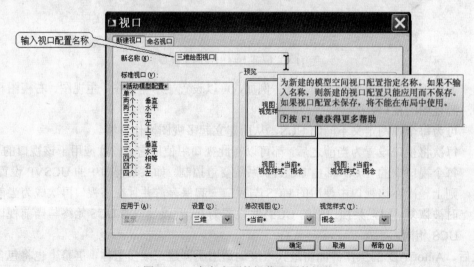

图 11-10　命名上面的操作配置的视口

表 11-2 "新建视口"中的选项与功能

选项	功能	说明
新名称	为新建的视口配置指定名称	如果不输入名称,则新建的视口配置只能应用而不保存。如果视口配置未保存,将不能在布局中使用
标准视口	列出并设置标准视口配置	列表中将包括当前配置
预览	显示选定视口配置的预览图像	并且显示在配置中被分配到每个单独视口的默认视图
应用到	将模型空间视口配置应用到整个显示窗口或当前视口	可使用的选项有: ● 显示:将视口配置应用到整个"模型"选项卡 ● 当前视口:仅将视口配置应用到当前视口
设置	指定二维或三维设置	可使用的选项有: ● 二维:通过各视口中的当前视图来创建视口配置 ● 三维:将正交三维视图应用到配置中的视口
修改视图	用从列表中选择的视图替换选定视口中的视图	可以选择命名视图,如果已选择三维设置,也可以从标准视图列表中选择。使用"预览"区域查看选择

11.3 使用 ViewCube

ViewCube 是以三维方式操作时,显示在视口中的三维导航工具,用于在标准视图和等轴测视图间切换。初始时,ViewCube 将显示在各视口内的左上角处,通过鼠标器对它进行操作,即可动态变换三维观察方向,操作停止时,此观察方向就将变为当前视图的三维观察方向。如图 11-11 中的左图,设置的三维观察方向将用于轴测图,右图则是主(正)视图。

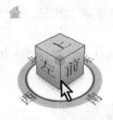 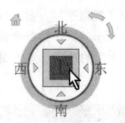

图 11-11 使用 ViewCube

ViewCube 的使用特点如下所述:

1. 激活 ViewCube

ViewCube 以不活动状态或活动状态显示于视口中,每一个视口中都可以显示一个 ViewCube。在不活动状态下,将以半透明的方式显示于视口中。使用鼠标器对它进行操作时将处于活动状态,此时将显示为不透明,并会遮挡住模型中对象的视图。

2. 控制 ViewCube 的外观

从"菜单管理器"中的"视图"菜单里,展开"显示"菜单组以及 ViewCube 菜单组后,选择"设置"命令(如图 11-12 所示),进入"ViewCube 设置"对话框(如图 11-13 所示),即可控制 ViewCube 处于不活动状态时的不透明度等外观特性。

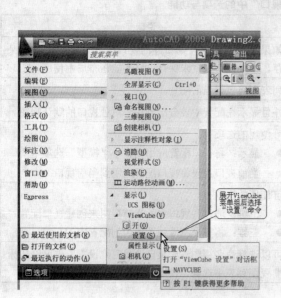

图 11-12　选择"设置"命令

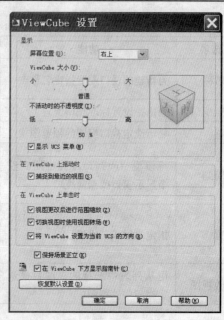

图 11-13　进入"ViewCube 设置"对话框

3. 使用指南针

ViewCube 的指南针用于指示为模型定义的"北向"。指南针指示的北向基于由模型的 WCS 定义的北向和向上方向。

11.4　设置三视图

按上述方法做好了视口配置方案，得到图 11-8 所示的视口配置，就可以按下述方法设置三视图，为绘制三维图形的操作做好准备。

步骤 1　激活左上角的视口，参见图 11-14，从功能区中"视图"面板里选择"前视"观察方向下拉按钮。

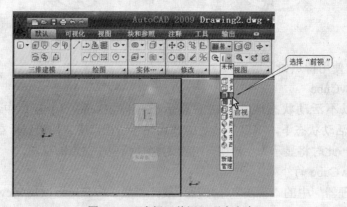

图 11-14　选择"前视"观察方向

步骤 2　在左上角的视口中右击 ViewCube，然后从快捷菜单中选择"平行模式"命令，如图 11-15 所示。

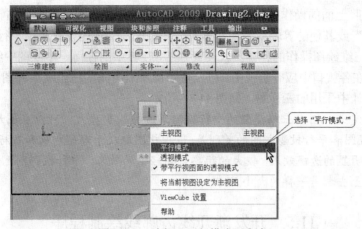

图 11-15 选择"平行模式"命令

ViewCube 快捷菜单提供了多个选项，它们用于定义 ViewCube 的方向、切换于平行和透视投影模式之间、为模型定义主视图以及控制 ViewCube 的外观，各选项的功能如下所述。

- 主视图：恢复随模型一起保存的主视图。
- 平行模式：将当前视图切换至平行投影。
- 透视模式：将当前视图切换至透视投影。
- 带平行视图面的透视模式：将当前视图切换至透视投影。
- 将当前视图设定为主视图：根据当前视图定义模型的主视图。
- 设置：进入"ViewCube 设置"对话框。

步骤 3 激活右上角的视口，从图 11-14 所示下拉列表中选择"左视"观察方向后，参照上一步操作，将该视口设置为"平行模式"。结果如图 11-16 所示。

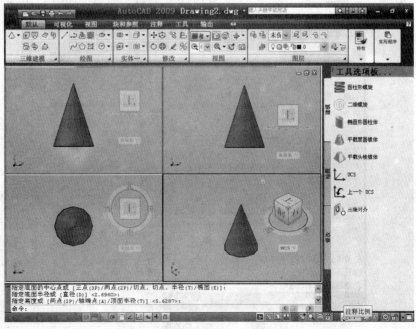

图 11-16 在各视口中应有的视图

接下来可参照上面的操作，将左下角视口设置成"俯视"观察方向、右下角视口设置成"东北等轴测图"或其他的等轴测图观察方向，并将这两个视图设置成"平行模式"。完成这些操作后，用于三维绘图操作的各视图就设置好了，在其中的任何一个视图中绘制一个三维图形，就能看到它在各视口中应有的视图，以及位于屏幕右下角的三维观察视图。这些正交投影视图正如工程设计中采用的三视图，如图 11-16 所示。

注意：通过定义视图内三维模型的平行投影或透视投影模式，可以在图形中创建真实的视觉效果。透视视图和平行投影之间的差别是：透视视图取决于理论相机和目标点之间的距离。较小的距离产生明显的透视效果，较大的距离产生轻微的效果。平行投影则无论远近，视图中的物体轮廓线看上去都是一样的大小尺寸。

11.5 开发渐开线齿廓线绘制程序

由于齿轮的齿廓线是用渐开线构成的，采用 AutoCAD 的绘图命令来绘制它的三维图形，操作将是非常复杂的，只有开发一个 AutoLISP 应用程序才能顺利地完成这项工作。下面就将为绘制齿廓线开发一个名为 GEAR.LSP 的程序。

注意：LISP 是 List Processor(表处理程序)的缩写，主要用于人工智能(AI)领域。AutoLISP 是人工智能语言 CommonLISP 的简化版本。作为通用 LISP 语言的一个小子集，AutoLISP 严格遵循其语法和惯例，但又添加了许多针对 AutoCAD 的功能。Autodesk 公司在 AutoCAD 2.1 版引入应用程序编程接口（API）来扩展和自定义 AutoCAD 功能，为借助 AutoLISP 编写宏程序和函数、开发各种应用软件提供了平台。由于 AutoLISP 易于使用，并且非常灵活，因而多年来一直是用户自定义 AutoCAD 功能的重要手段。

为了程序化地绘制渐开线齿轮齿廓线，编写 GEAR.LSP 程序，可按下述步骤操作。

步骤 1 从"菜单管理器"中选择"Visual LISP 编辑器"命令，如图 11-17 所示。

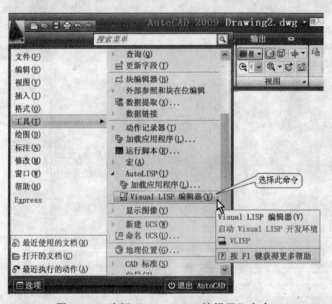

图 11-17 选择"Visual LISP 编辑器"命令

步骤 2　进入图 11-18 所示的"Visual LISP 编辑器"后，按下键盘上的 Ctrl+N 组合键，建立一个新的 LISP 程序文档窗口后，按下键盘上的 Ctrl+S 组合键。接着，将当前文档命名为 GEAR.LSP 保存在计算机系统中。

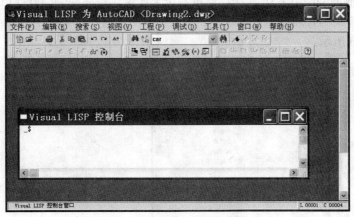

图 11-18　Visual LISP 编辑器

Visual LISP 编辑器是一个完整的 AutoLISP 程序集成开发环境，具有自己的窗口和菜单系统，以及开发程序所需要的文档窗口（用于编辑程序文本）和其他各种工具窗口。而且文本编辑窗口可以不止一个，也就是说可同时编写多个，以及使用 Microsoft Word 中大多数编辑文本的操作方法，如复制与粘贴、移动选定的文本等。

步骤 3　在 LISP 程序文档窗口中输入程序代码，结果如图 11-19 所示。

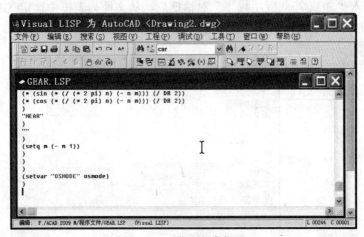

图 11-19　输入程序代码

注意：AutoLISP 程序代码由 ASCII 码构成。这一步输入的程序代码可在本书配套的辅导教材中找到，或者在网上下载 http://www.waterpub.com.cn/softdown。

AutoLISP 程序中的第一行代码是：(defun C:GEAR ()。字符 C 后面的字符串即为在 AutoCAD 中执行该程序的命令名。如这里的命令名是 GEAR，第一行代码为：

　　(defun C:GEAR ()

输入完程序代码，保存好程序文件，即可关闭 Visual LISP 编辑器，结束本节的操作。

11.6　绘制渐开线齿轮齿廓线

有了上面编制的 GREA.LSP 程序，就可以按下述操作步骤绘制渐开线齿廓线。

步骤 1　从"菜单管理器"中打开"工具"菜单，然后从此菜单中选择"加载应用程序"命令，如图 11-20 所示。

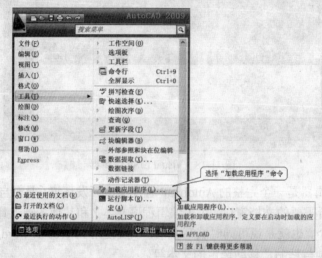

图 11-20　选择"加载应用程序"命令

步骤 2　进入"加载/卸载应用程序"对话框后，从文件列表框中选定 GEAR.LSP，如图 11-21 所示，单击"加载"按钮以及"关闭"按钮。

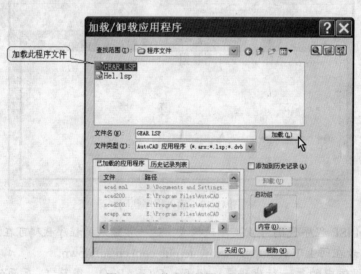

图 11-21　单击"加载"按钮

步骤 3　在"命令:"提示符后输入命令：GEAR，并完成下述对话过程。

命令: GEAR

输入齿数: 19

输入节圆直径: 95

输入安装轴直径: 35

对话结束后，渐开线齿轮轮廓线就将绘制出来，使用的中心点将是坐标系统原点。在各视口中分别执行 ZOOM 命令的 All 操作，或者转动鼠标器的滚轮后，即可看到图 11-22 所示的结果。

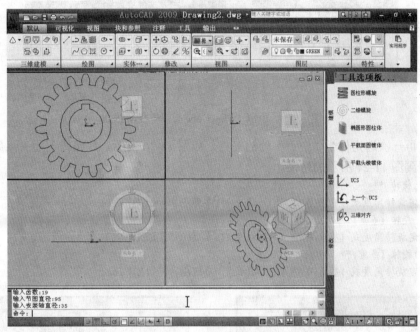

图 11-22　上述操作的结果

步骤 4 将当前图层设置为使用点划线的图层。激活主视图，按下述对话过程绘制一条中心线。

命令: _line

指定第一点: 指定图 11-23 所示的"圆心"点

指定下一点或 [放弃(U)]: @190<0

指定下一点或 [放弃(U)]: Enter

接着，选定刚才绘制的水平中心线，以及位于"中点"处的夹点，如图 11-24 所示，并完成下述夹点拉伸编辑对话。

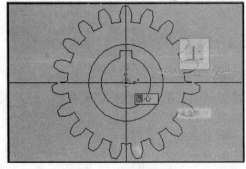

图 11-23　选定"圆心"

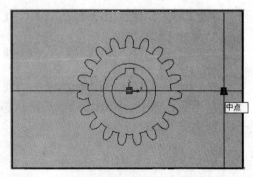

图 11-24　位于"中点"处的夹点

** 拉伸 **
指定拉伸点或 [基点(B)/复制(C)/放弃(U)/退出(X)]: 选定图 11-23 所示的"圆心"点

操作时,若不能捕捉到此"中点"处的夹点,可在"视图"面板中单击"ViewCube 显示"工具按钮,如图 11-25 所示,让 ViewCube 不再显示于当前视口中。

图 11-25　单击"ViewCube 显示"工具按钮

接着,再一次选定位于"中点"处的夹点,如图 11-26 所示,并完成下述夹点旋转复制编辑对话,得到图 11-27 所示的结果。

** 旋转 **
指定旋转角度或 [基点(B)/复制(C)/放弃(U)/参照(R)/退出(X)]: C
** 旋转 (多重) **
指定旋转角度或 [基点(B)/复制(C)/放弃(U)/参照(R)/退出(X)]: 90
** 旋转 (多重) **
指定旋转角度或 [基点(B)/复制(C)/放弃(U)/参照(R)/退出(X)]: Enter

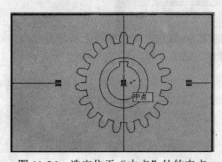

图 11-26　选定位于"中点"处的夹点

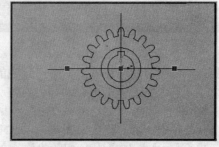

图 11-27　旋转复制的结果

步骤 5　将三维观察视图设为当前活动视图,并再一次选定水平中心线上位于"中点"处的夹点,如图 11-28 所示,然后完成下述夹点拉伸编辑对话。

** 拉伸 **
指定拉伸点或 [基点(B)/复制(C)/放弃(U)/退出(X)]: C
** 拉伸 (多重) **
指定拉伸点或 [基点(B)/复制(C)/放弃(U)/退出(X)]: 选定水平中心线位于"中点"处的夹点
** 拉伸 (多重) **
指定拉伸点或 [基点(B)/复制(C)/放弃(U)/退出(X)]: Enter

对话结束后,该中心线仍将处于选定状态。接着从"菜单管理器"中选择"三维旋转"命令,即能完成下述对话过程。

命令:_3drotate
UCS 当前的正角方向: ANGDIR=逆时针　ANGBASE=0
找到 1 个

指定基点：选定图 11-29 所示的"圆心"

拾取旋转轴：选定图 11-30 所示的 Z 轴图标（显示为蓝色）

指定角的起点或键入角度：90

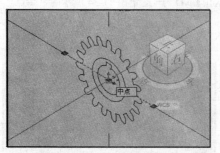

图 11-28　选定水平中心线位于"中点"处的夹点

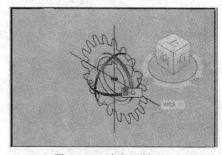

图 11-29　选定"圆心"

这一步操作将绘制好齿轮的水平、垂直、轴向三条中 a 心线，结果如图 11-31 所示。

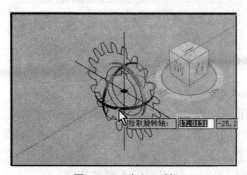

图 11-30　选定 Y 轴

图 11-31　齿轮的三条中心线

注意：这几条中心线的长度一致，这是使用布局空间的重要保证。否则，在图纸空间中将难以对准各视图中的正交投影关系。

步骤 6　参见图 11-32，执行 PEDIT 命令，分别将组成齿轮齿廓线的各条线段连接成一条闭合的多段线框。

完成了这一步操作，就绘制好了齿轮的齿廓线。下面的操作将绘制二维投影视图中的齿圆、齿根圆、节圆。

步骤 7　将主视图设置为当前活动视图，选定图 11-33 所示的圆，以及它的一个夹点后，完成下述夹点拉伸复制编辑操作。

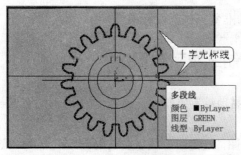

图 11-32　合并成一个多段线框

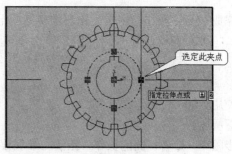

图 11-33　选定圆周上的一个夹点

** 拉伸 **

指定拉伸点或 [基点(B)/复制(C)/放弃(U)/退出(X)]: C

** 拉伸 (多重)**

指定拉伸点或 [基点(B)/复制(C)/放弃(U)/退出(X)]: END 于 选定图 11-34 所示的"端点"

** 拉伸 (多重)**

指定拉伸点或 [基点(B)/复制(C)/放弃(U)/退出(X)]: END 于 选定图 11-35 所示的"交点"

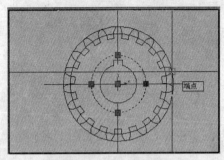 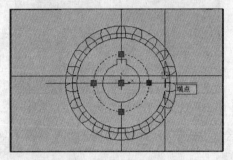

图 11-34　拖至此"端点"处　　　　　　　　　图 11-35　拖至此"交点"处

** 拉伸 (多重)**

指定拉伸点或 [基点(B)/复制(C)/放弃(U)/退出(X)]:@47.5<0

** 拉伸 (多重)**

指定拉伸点或 [基点(B)/复制(C)/放弃(U)/退出(X)]: Enter

上述对话中输入的@47.5<0 参数用于绘制节圆,对话结束后,将绘制出三个新的圆,如图 11-36 所示。它们与齿廓同处于一个 AutoCAD 的图形构造平面图上,通过三维观察视图可清楚地看到这一点,如图 11-37 所示。这三个圆在图形中将用于描述齿轮的齿顶圆、节圆、齿根圆,因此还需要将它们移至不同的图层上,以便于对这些圆应用不同的线型。

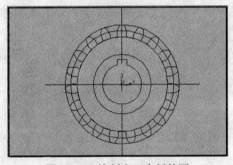 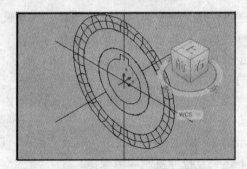

图 11-36　绘制出三个新的圆　　　　　　　　图 11-37　同处于一个构造平面图上

完成了上述操作,用于齿轮三维实体图形的准备工作就做好了。

11.7　"放样"绘制三维实体图形

使用 AutoCAD 提供的"放样"功能,可轻易地绘制出斜齿三维实体图形,采用的操作步骤如下所述。

步骤 1　接着上面的操作,激活三维观察视图,选定齿廓线以及它的一个夹点后,按下述对话过程做夹点移动复制操作,结果如图 11-38 所示。

** 移动 **
指定移动点或 [基点(B)/复制(C)/放弃(U)/退出(X)]: C
** 移动 (多重) **
指定移动点或 [基点(B)/复制(C)/放弃(U)/退出(X)]: @0,40,0
** 移动 (多重) **
指定移动点或 [基点(B)/复制(C)/放弃(U)/退出(X)]: Enter

完成这一步操作后，齿廓线仍将处于选定状态。下面的操作将在当前 UCS XY 平面内旋转它。

步骤 2　从"菜单管理器"中选择"三维旋转"命令，并完成下述对话过程。

命令:_3drotate
UCS 当前的正角方向:　ANGDIR=逆时针　ANGBASE=0
找到 1 个
指定基点: 选定图 11-39 所示的"圆心"
拾取旋转轴: 选定图 11-40 所示的 Y 轴（显示为绿色）
指定角的起点或键入角度: 15

图 11-38　复制齿廓线

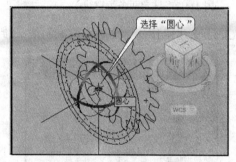

图 11-39　选定"圆心"

在指定基点时，需要将旋转夹点对准图 11-39 所示的圆心点上。该夹点位于旋转夹点工具的中央处。一旦指定了基点，还可以通过拖动的方法，拖动夹点工具来自由旋转对象或如上述对话那样指定将旋转约束到的轴上：将光标悬停在旋转夹点工具的轴控制柄上，直到光标变为黄色，并且黄色矢量显示为与该轴对齐，然后单击轴线。

在指定旋转角度时，可通过鼠标器在屏幕上指定，或输入其旋转的角度值。

三维旋转的结果可在主视图中直观地查看到，如图 11-41 所示，而在俯视图与左视图中是看不到的。

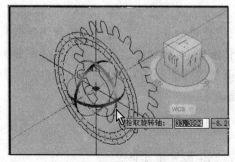

图 11-40　选定当前 UCS Y 轴

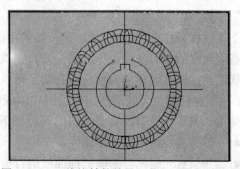

图 11-41　三维旋转的结果可在主视图中查看到

步骤3 在三维观察视图中选定两条齿廓线，如图 11-42 所示。然后，在"三维建模"面板中选择"放样"工具，如图 11-43 所示，并完成下述对话过程。最后，在"放样"对话框中单击"确定"按钮，如图 11-44 所示。

命令: _loft 找到 2 个

输入选项 [导向(G)/路径(P)/仅横截面(C)] <仅横截面>: Enter

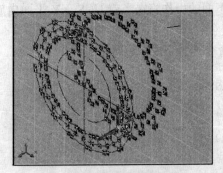

图 11-42 选定两条齿廓线

图 11-43 选择"放样"工具

完成了上述操作，一个用于绘制斜齿三维实体的图形就绘制好了，结果如图 11-45 所示。

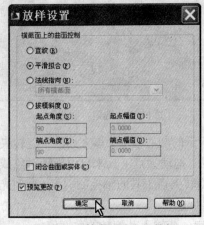

图 11-44 单击"确定"按钮

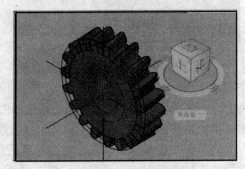

图 11-45 斜齿三维实体图形

11.8 LOFT 命令

上述放样操作使用的 LOFT 是一条常用的三维建模命令，它能通过对包含两条或两条以上横截面曲线的一组曲线进行放样来创建三维实体或曲面。横截面定义了结果实体或曲面的轮廓形状，而此横截面通常为曲线或直线，可以是开放的（如圆弧），也可以是闭合的（如圆），LOFT 用于在横截面之间的空间内绘制实体或曲面。

使用 LOFT 命令时，需要注意的问题如下：

- 至少必须指定两个横截面。
- 如果对一组闭合的横截面曲线进行放样，则生成三维实体。
- 如果对一组开放的横截面曲线进行放样，则生成曲面。

- 放样时使用的曲线必须全部开放或全部闭合。
- 不能使用既包含开放曲线又包含闭合曲线的选择集。
- 可以指定放样操作的路径。指定路径用户可以更好地控制放样实体或曲面的形状。
- 路径曲线始于第一个横截面所在的平面，止于最后一个横截面所在的平面。

仅使用横截面创建放样曲面或实体时，也可以使用"放样设置"对话框中的选项来控制曲面或实体的形状。该对话框中的选项与用途如表 11-3 所列。

表 11-3　"放样设置"对话框中的选项

选项	用途
直纹	指定实体或曲面在横截面之间是直纹，并且在横截面处具有鲜明边界
平滑拟合	指定在横截面之间绘制平滑实体或曲面，并且在起点和端点横截面处具有鲜明边界
法线指向	控制实体或曲面在其通过横截面处的曲面法线
起点横截面	指定曲面法线为起点横截面的法向
端点横截面	指定曲面法线为端点横截面的法向
起点和端点横截面	指定曲面法线为起点和端点横截面的法向
所有横截面	指定曲面法线为所有横截面的法向
拔模斜度	控制放样实体或曲面的第一个和最后一个横截面的拔模斜度和幅值。拔模斜度为曲面的开始方向。0 定义为从曲线所在平面向外
起点角度	指定起点横截面的拔模斜度
起点幅值	在曲面开始弯向下一个横截面之前，控制曲面到起点横截面在拔模斜度方向上的相对距离
端点角度	指定端点横截面拔模斜度
端点幅值	在曲面开始弯向上一个横截面之前，控制曲面到端点横截面在拔模斜度方向上的相对距离
闭合曲面或实体	闭合和开放曲面或实体。使用该选项时，横截面应该形成圆环形图案，以便放样曲面或实体可以形成闭合的圆管
预览更改	将当前设置应用到放样实体或曲面，然后在绘图区域中显示预览

11.9　拉伸建立三维实体图形

与上述"放样"操作相比，使用"拉伸"功能绘制三维实体图形，操作将会更加简单，下面的操作就将说明这一点。

步骤 1　新建　个用于保存二维实体图形的图层。然后，选定上面绘制的三维实体图形，通过快捷特性窗口，将该图形对象移至新建的图层上，参见图 11-46。接着，在"图层"面板中单击"开/关图层"图标，关闭该图层，如图 11-47 所示。

这一步操作的目的是要让已经绘制好的三维实体图形不再显示于屏幕上，以便于在后面的操作中选择对象与观察图形。

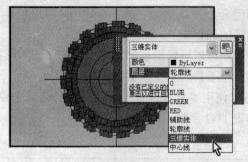

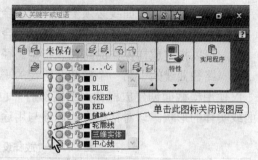

图 11-46　将该图形对象移至新建的图层上　　　　图 11-47　在"图层"面板中关闭该图层

在"图层"面板中，AutoCAD 提供了多种图标，它们的功能如下所述。

💡　关闭/打开图层。关闭时，显示为灰色。打开时，显示为亮色。

〇　在所有视口中冻结/解冻图层。冻结后，将不允许在此图层上操作。

🏠　在当前视口中冻结/解冻图层。

🔒　锁定/解锁图层。

■　显示图层的颜色。

步骤 2　执行 PEDIT 命令，合并图 11-48 所示的圆弧线段与直线段，让它们成为一条闭合的多段线框。然后，选定图 11-49 所示的圆，以及位于它圆周上的一个夹点，完成下述夹点拉伸复制对话。

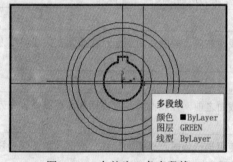

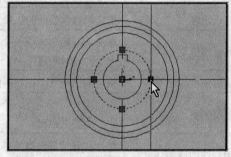

图 11-48　合并为一条多段线　　　　　图 11-49　选定这个圆与夹点

** 拉伸 **
指定拉伸点或 [基点(B)/复制(C)/放弃(U)/退出(X)]: C
** 拉伸 (多重) **
指定拉伸点或 [基点(B)/复制(C)/放弃(U)/退出(X)]: @40<0
** 拉伸 (多重) **
指定拉伸点或 [基点(B)/复制(C)/放弃(U)/退出(X)]: Enter

步骤 3　在主视图中选定刚才复制的圆，如图 11-50 所示。然后，从"三维建模"面板中选择"拉伸"工具，如图 11-51 所示，并完成下述对话过程。

命令: _extrude
当前线框密度: ISOLINES=4 找到 1 个
指定拉伸的高度或 [方向(D)/路径(P)/倾斜角(T)] <5.0000>: -5

这一段对话绘制的三维实体图形可在除主视图以外的视图中看到，如图 11-52 所示。

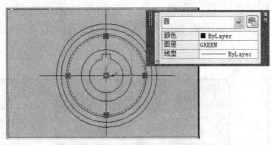

图 11-50　选定刚才复制的圆

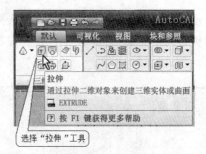

图 11-51　选择"拉伸"工具

步骤 4　选定刚才绘制的三维实体图形，以及它的一个夹点，如图 11-52 所示。接着，完成下述夹点移动复制对话过程。

```
** 移动 **
指定移动点或 [基点(B)/复制(C)/放弃(U)/退出(X)]: C
** 移动 (多重) **
指定移动点或 [基点(B)/复制(C)/放弃(U)/退出(X)]: @20<180
** 移动 (多重) **
指定移动点或 [基点(B)/复制(C)/放弃(U)/退出(X)]:Enter
```

此段对话复制的三维实体图形如图 11-53 所示。

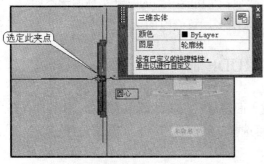

图 11-52　选定一个夹点

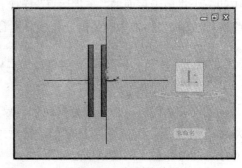

图 11-53　复制的结果

步骤 5　在左视图中制定一个"窗口"方式选择对象的窗口，如图 11-54 所示，以便于选定那些用于表示齿轮安装孔的图形对象，如图 11-54 所示。

接着，激活主视图，按住键盘上的 Shift 键后，单击图 11-55 所示的中心线，让它不再存在于这个"窗口"选择方式的选择集中。

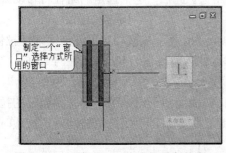

图 11-54　"窗口"方式选择对象的窗口

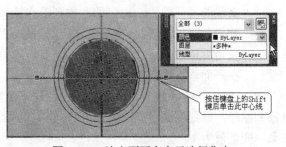

图 11-55　让它不再存在于选择集中

步骤6 从"三维建模"面板中选择"拉伸"工具，将当前选定的图形对象沿当前 UCS Z 轴的负方向拉伸 25 个绘图单位，在左视图与俯视图中看到的结果分别如图 11-56 与图 11-57 所示。

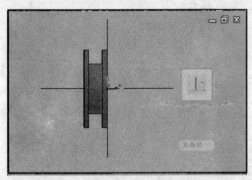

图 11-56 左视图中看到的结果

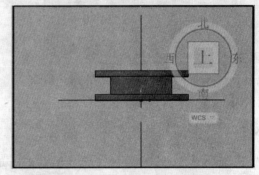

图 11-57 俯视图中看到的结果

注意：此处的拉伸创建的是三维实体图形，而不是一个三维拉伸面。这两种拉伸方法对被拉伸的对象的要求是不一样的。若拉伸的对象不是一个闭合的线框，只能拉伸为三维曲面。

图 11-57 所示的插图中共包含四个三维实体图形，它们都由 AutoCAD 的拉伸功能产生，其中的三个将用于后面的"布尔运算"操作。与"放样"功能得到的三维实体图形不同，在"特性"选项板中，"拉伸"产生的三维实体对象选项更多，可修改的选项也更多。

11.10 EXTRUDE 命令

使用此命令能按沿指定的方向拉伸对象或平面创建三维实体图形或曲面。执行时，在"选定对象:"提示下，按住键盘上的 Ctrl 键后，可选择三维实体对象上的面来拉伸它。一旦选定了对象，此命令显示的提示信息如下：

指定拉伸高度或 [方向(D)/路径(P)/倾斜角(T)] <默认值>:

对该行提示回答一个正值，将沿选定对象所在坐标系的 Z 轴正方向拉伸它。如果输入负值，将沿 Z 轴负方向拉伸对象。

- 方向，通过指定的两点指定拉伸的长度和方向。使用此选项，可定义一个与当前 Z 坐标轴不平行的拉伸方向。
- 路径，指定一个曲线对象，并将它用于拉伸路径。此后，这个选定的路径将移动到轮廓线的几何中心，选定的对象则沿它拉伸并创建三维实体对象或曲面。
- 倾斜角，按指定的角度拉伸选定的对象。正的角度值表示从基准对象逐渐变细地拉伸，负角度值则表示从基准对象逐渐变粗地拉伸。默认角度值为 0，表示在与二维对象所在平面垂直的方向上进行拉伸。

通过 DELOBJ 系统变量，还能控制创建三维实体或曲面图形时是否自动删除选定的拉伸对象和路径，或提示是否删除它们。表 11-4 说明了此系统变量可取用的值与功能。默认时，该系统变量值为 1。

表 11-4　DELOBJ 系统变量可选用的值

取值	说明
0	保留所有用于拉伸的对象与路径
1	删除用于拉伸的对象（cz 包括使用 EXTRUDE、SWEEP、REVOLVE 和 LOFT 命令的轮廓曲线）。还将删除使用 LOFT 命令的横截面
2	删除所有用于拉伸的对象、路径曲线
-1	提示删除用于拉伸的对象（包括使用 EXTRUDE、SWEEP、REVOLVE 和 LOFT 命令的轮廓曲线）。还将删除使用 LOFT 命令的横截面
-2	提示删除所有用于拉伸的对象与路径（包括使用 SWEEP 和 LOFT 命令的路径曲线）

11.11　使用"布尔运算"

AutoCAD 的"布尔"运算包括并集、差集、交集，下面的操作实例将使用其中的两种运算。

步骤 1　在"图层"面板中，单击图 11-47 所示的"开/关图层"图标，打开保存三维实体图形的图层。接着，在"实体"面板中单击"布尔运算"下拉按钮，然后从该下拉列表中选择"差集"工具，如图 11-58 所示，并完成下述对话过程。

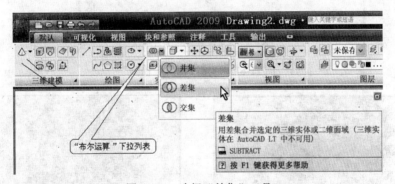

图 11-58　选择"差集"工具

命令: _subtract
选择要从中减去的实体或面域...
选择对象: 选择齿轮三维实体图形，如图 11-59 所示
找到 1 个
选择对象:Enter
选择要减去的实体或面域 ..
选择对象: 选择图 11-60 所示的三维实体图形
找到 1 个
选择对象: Enter

步骤 2　在"视图"面板中的"视图"下拉列表中选定"西北等轴测"，如图 11-61 所示。

步骤 3　参照上述步骤 1 的操作与对话过程做"布尔"差集操作。

与步骤 1 的操作相同，这里做差集运算要选定的操作对象也将是一样的。

步骤 4　在图 11-58 所示"布尔运算"下拉列表中选择"并集"工具，合并图 11-62 与图 11-63 所示的两个三维实体对象。

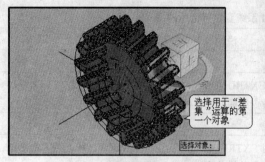

图 11-59　选择要从中减去的实体

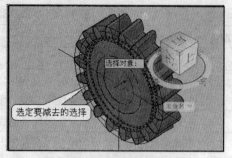

图 11-60　选择要减去的实体

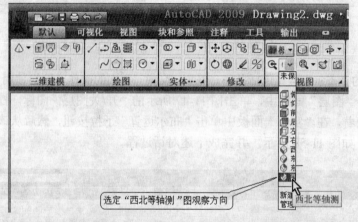

图 11-61　选定"西北等轴测"

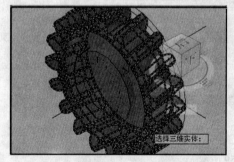

图 11-62　选定要合并的三维实体对象

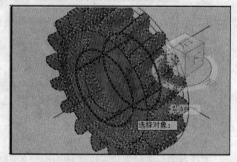

图 11-63　选定要合并的第二个

这一步操作执行的是 UNION 命令,在屏幕上显示的提示信息为"选择对象:",在绘图区域中选定要合并的三维实体来回答此提示,即可完成操作。

步骤 5　在图 11-58 所示"布尔运算"下拉列表中选择"差集"工具,并完成下述对话过程。

```
命令: _subtract
选择要从中减去的实体或面域...
选择对象: 选择齿轮三维实体图形,如图 11-64 所示
找到 1 个
选择对象: Enter
选择要减去的实体或面域 ..
```

选择对象: 选择图 11-65 所示的三维实体图形

找到 1 个

选择对象: Enter

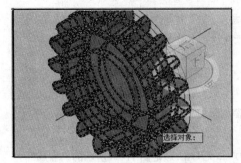

图 11-64 选择要从中减去的实体

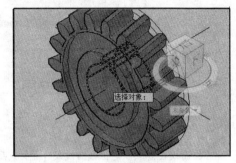

图 11-65 选择要减去的实体

完成了上面的操作，一个斜齿齿轮的三维实体图形就绘制好了，结果如图 11-66 所示。此后，还可以执行修剪、圆角这些编辑修改操作，进一步处理图形。

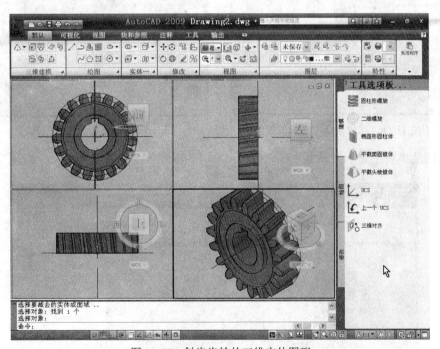

图 11-66 斜齿齿轮的三维实体图形

11.12 建立剖视图

基于图 11-66 所示的三维实体图形，可轻松地建立用于工程设计的剖视图，采用的操作步骤如下所述。

步骤 1 激活左视图，从"实体编辑"面板中选择"截面平面"工具，如图 11-67 所示，并完成下述对话过程。

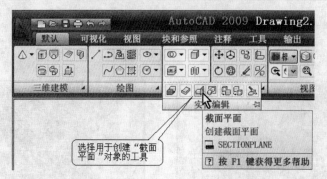

图 11-67 选择"截面平面"工具

命令: _sectionplane
选择面或任意点以定位截面线或 [绘制截面(D)/正交(O)]: 选定图 11-68 所示的"端点"
指定通过点: 选定图 11-69 所示的"端点"

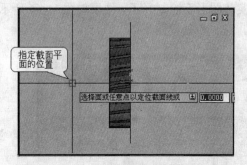

图 11-68 指定截面平面的位置

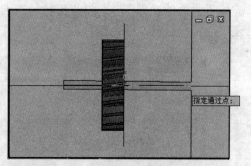

图 11-69 指定截面平面的通过点

对话的结果将创建一个截面平面对象，如图 11-70 所示。

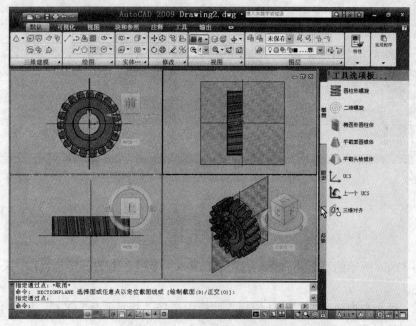

图 11-70 创建一个截面对象

步骤 2　在三维观察视图中选定截面平面对象。接着，右击它，从截面快捷菜单中选定"激活活动截面"命令，如图 11-71 所示。

此后，截面平面剖切三维实体图形的结果如图 11-72 所示。

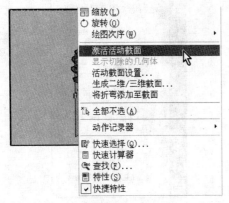

图 11-71　选定"激活活动截面"命令

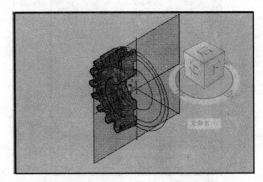

图 11-72　剖切三维实体图形的结果

由图 11-72 可见，截面对象能创建透明的剖切平面，将它放置在与三维模型体相交的位置上，即可从该模型体中创建截面视图，从而产生剖切的结果。

如果截面对象上的活动截面处于活动状态，则当截面平面在三维模型体中移动后静止于某处，就能查看到三维模型体内部各处的细节，并建立截面视图。使用活动截面还能动态更改相交三维实体图形的剖切面轮廓线，并选择建立三维模型体的剖视图。

截面对象的使用特点如下所述：

- 在当前图形中，可同时存在多个截面对象，每个对象拥有自己的特性。例如，一个截面对象可以在三维模型体相交处显示填充图案，而另一个截面对象则可以显示相交区域边界的不同线型。
- 截面对象可以复制、删除、移动。
- 每个截面对象均可以保存为工具选项板工具，从而可以被快速访问，而无须在每次创建截面对象时重置特性。
- 截面平面可以是直线，也可以包含多个截面或折弯截面。例如，包含折弯的截面线从圆柱体创建扇形楔体。

步骤 3　在截面快捷菜单中选择"活动截面设置"命令，进入"截面设置"对话框，按图 11-73 所示的内容设置各参数。

步骤 4　在截面快捷菜单中选择"特性"命令，进入"特性"选项板，按图 11-74 所示的内容设置好各选项。此后，在左视图中即可看到符合我国绘图标准的剖面线与剖面轮廓线，如图 11-75 所示。

在"截面设置"对话框中，首先需要打开"活动截面设置"单选按钮，这样才能为活动截面设置各参数。设置时，需要注意下述问题：

- 活动截面颜色指的是截面对象的颜色，应当将它设置为白色。
- 相交填充的颜色指的是由截面产生的剖切面填充对象的颜色。此填充对象通常是剖面线，应当设置为一种特定的颜色，如黑色。

图 11-73　设置"截面设置"对话框中的各参数　　　图 11-74　设置各选项

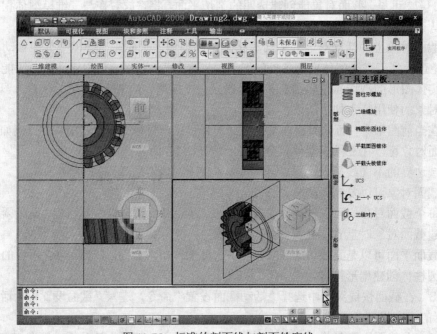

图 11-75　标准的剖面线与剖面轮廓线

- "面填充"选项用于设置剖面线,选定它后可通过一个下拉列表设置填充对象。"预定义/ANSI31"即为标准的剖面线。
- 相交填充分组中的"线宽"用于设置剖面轮廓线宽度。

11.13　输出图纸

输出图纸需要使用图纸空间,采用的操作步骤如下所述。

步骤 1　在状态栏中单击"布局 1"工具，如图 11-76 所示。

图 11-76　单击"布局 1"工具

此后，AutoCAD 将进入图纸空间，并显示出当前视口中的视图。为了输出特定的视图至图纸上，可选定图纸空间中现有视口的边界线，按下 Delete 键删除它。这样，就能完成下面的操作了。

步骤 2　从"菜单管理器"中选择"新建视口"命令，并按图 11-77 所示的内容，设置"新建视口"对话框中的各选项。单击"确定"按钮后，对屏幕上显示的提示信息回答"空"。

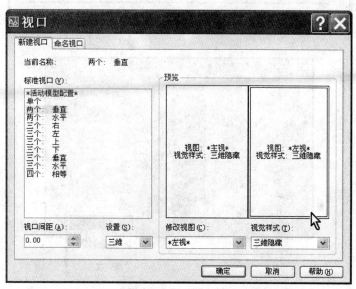

图 11-77　设置"新建视口"对话框中的各选项

在这个对话框中，可在"标准视口"列表中选定"两个：垂直"配置方案，以便在图纸空间中建立主视图与左视图。此后，预览区域中将显示该配置方案的视口布局，在此区域中单击某一个视口，从"设置"下拉列表中选定"三维"，即可在此视口中建立三维投影视图，在"修改视图"下拉列表中，可选择设置该视图的投影方向，在"视觉样式"下拉列表中可选择设置投影的结果。

注意：为了让输出的图纸上不显示那些隐藏的三维轮廓线，这里需要将视觉样式设置为"三维隐藏"。

如果需要的话，还可以在图纸空间中选定某视口的边框线，通过它的夹点，适当调整各视图中图形的位置，结果如图 11-78 所示。接着，适当编辑与修改各视图中的图形，在主视图中的齿轮前面绘制一个面域对象，将视口边框线移到关闭的图层上，结果如图 11-79 所示，即可标注好尺寸对象、图表和文字，并输出渐开线斜齿齿轮的零件图，结果如图 11-1 所示。

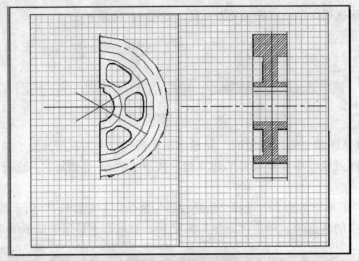

图 11-78   进入图纸空间

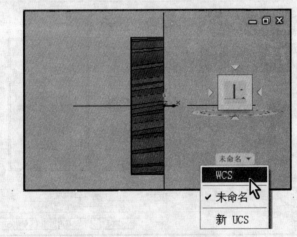

图 11-79   ViewCube 快捷菜单

绘制面域使用的命令是 REGION，能将一个封闭区域转换为一个面域对象。执行时，操作特点与可转换的对象如下所述。

● 面域是用闭合的形状或环创建的二维区域。闭合多段线框、直线和曲线都能被转换。其中，曲线包括圆弧、圆、椭圆弧、椭圆和样条曲线。

● 可对两个以上的面域做"布尔"操作，图 11-78 所示结果就需要使用"布尔"差集运算。

● 选择集中的闭合二维多段线和分解的三维多段线将被转换为单独的面域。如果有两个以上的曲线共用一个端点，得到的面域可能是不确定的。

● 面域的边界由端点相连的曲线组成，曲线上的每个端点仅连接两条边。所有交点和自交曲线都不能被转换。

● 如果要转换的多段线通过 PEDIT 命令中的"样条曲线"或"拟合"选项进行了平滑处理，得到的面域将包含平滑多段线的直线或圆弧。

- 如果将 DELOBJ 系统变量设置为非零值，该命令将在将原始对象转换为面域之后删除这些对象。如果原始对象是图案填充对象，图案填充的关联性将丢失。

11.14　复习

本章首先为绘制三维实体图形设置了 AutoCAD 三维工作空间，然后编写一个 AutoLISP 程序来设计和绘制直齿圆柱齿轮的齿廓线，进而绘制该齿轮的三维实体图形，最后通过图纸空间轻松地将设计结果输出图纸上。本章涉及的概念多而复杂，复习时除了要注意教材中的提示信息，以及认真做好操作练习外，还需要注意下述问题。

重点内容：

- 设置与使用三维工作空间与控制台。
- 应用已有的 AutoLISP 程序绘制图形。
- 绘制与编辑三维实体图形。
- 应用模型空间与图纸空间。

熟练应用的操作：

- 设置三维工作空间中的视口与视图。
- 执行 AutoLISP 程序绘制图形。
- 绘制建立三维实体图形所需要的二维图形。
- 拉伸二维闭合图形建立三维实体图形。
- 应用十字中心线使图纸空间中的各视图图形正交对齐。

复习本章时，也需要围绕上述内容进行。

1. 应用 Visual LISP

从 AutoCAD R14 开始，Visual LISP 被引入到 AutoCAD 中，它增强并扩展了 AutoLISP 语言，通过 Microsoft ActiveX Automation 接口与对象交互极大地扩展了 AutoLISP 响应事件的能力。作为开发工具，Visual LISP 提供了一个完整的集成开发环境（IDE），包括编译器、调试器和其他工具，可以提高自定义 AutoCAD 的效率。另外，Visual LISP 提供了发布用 AutoLISP 编写的独立应用程序的工具，而且对计算机硬件没有任何特殊需求，能运行 AutoCAD 系统即可运行 Visual LISP。

若要使用 Visual LISP 编写 AutoLISP 程序，需要用户学习相关的课程，这不是本书的范围。本章仅要求用户掌握运用已有的 AutoLISP 程序。

2. 在三维工作方式下观察图形

在三维工作方式下观察图形可采用“平行模式”与“透视模式”两种方式。从三维空间的角度来看，在“平行模式”下，若从一根机械传动轴的一端沿轴线看上去，看到的将是一些同心圆，这就是平行投影的结果；而在“透视模式”下，看到的结果将是一根由近而远变细的真实的轴。

3. 绘制三维图形的基础是编辑二维图形

由本章的实例可见，绘制三维图形的基础是编辑二维图形，因此掌握二维图形的绘制与编辑技术是非常重要的先期工作。如若要绘制渐开线圆柱形斜齿齿轮三维模型体，就需要先绘制二维的齿廓线，然后沿斜齿的径向拉伸建立三维实体图形，进而绘制并输出零件图。

　　4. 使用动态观察图形功能

　　AutoCAD 的动态观察图形功能非常强大，操作方法也是多种多样的。在"三维工作空间"中，当屏幕上显示出 ViewCube 后，通过鼠标器选取它并移动鼠标器，即可以动态方式观察三维图形，再次按下鼠标器上的拾取键，当前观察方向将确定新的视图。若右击 ViewCube 还能从图 11-79 所示的快捷菜单中选择一种视图平面。若从此快捷菜单中选择 WCS，视图平面将成为 WCS 中的正交投影平面，如图 11-80 中显示的"左"字，就表示当前视图为 WCS 下的左视图。

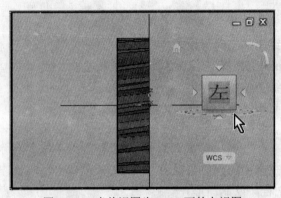

图 11-80　当前视图为 WCS 下的左视图

　　5. 应用"截面平面"建立剖视图

　　"截面平面"称为"截面对象"，通过它与三维实体相交的切面可以创建截面视图，即剖视图。只有将截面平面激活（参阅后面的内容）后，才能得到这个剖面。而且，当它在三维图形中静止或在三维模型中移动时，还能查看三维实体内部的细节，动态更改相交三维实体的剖切轮廓，创建穿过三维实体的横截面，从而得到表示截面形状的二维图形对象。

　　选定一个截面平面后，它的夹点就将出现在屏幕上，通过这些夹点，可更改截面平面的位置与大小尺寸。拖动截面平面的夹点，即可实时查看相交三维实体的剪切轮廓。使用截面平面生成二维或三维截面后，若不再需要可删除它。

11.15　作业

本章的概念多，操作复杂，因此只有在花费较多的时间做好复习后，才能完成作业。

作业内容：绘制图 11-1 所示的图形。

操作提示：操作前应仔细阅读本章的操作实例，并采用下述的处理方式。

- 在建立剖面图时，需要从图 11-71 所示快捷菜单中选择"生成二维/三维截面"命令，建立剖视面。此剖视面可作为一个独立对象应用，在左视图中将它放置在所有对象的前面，即可得到图 11-1 所示的结果。
- 在图纸空间中可以通过"面域"遮挡三维实体对象，以便满足图纸的需要。

11.16　测试

时间：45 分钟　满分：100 分

一、选择题（每题 4 分，共 40 分）

1. 设置与使用三维工作空间的目的是（　　）。
   A. 观察三维图形　　　　　　　　　　B. 绘制三维图形
   C. 使用多个视口与视图　　　　　　　D. 便于使用三维绘图与编辑功能

2. 控制显示面板的操作是（　　）。
   A. 进入工具栏快捷菜单　　　　　　　B. 进入"视图"下拉菜单
   C. 进入面板快捷菜单　　　　　　　　D. 进入"选项"对话框

3. AutoCAD 默认状态没有提供的工作空间是（　　）。
   A. 二维草图与注释　　　　　　　　　B. 三维工作空间
   C. AutoCAD 默认　　　　　　　　　　D. 三维建模

4. 布尔运算不包括（　　）。
   A. 差集　　　　　　B. 交集　　　　　　C. 和集　　　　　D. 并集

5. 执行 EXTRUDE 命令时不能定义拉伸路径的操作是（　　）。
   A. 设置当前 Z 轴方向与厚度　　　　　B. 指定一个拉伸高度值
   C. 指定两点确定一条直线　　　　　　D. 指定一条曲线对象

6. EXTRUDE 命令没有提供的选项是（　　）。
   A. 方向　　　　　　B. 指定高度　　　　C. 对象　　　　　D. 路径

7. DELOBJ 系统变量不能取用的值是（　　）。
   A. 3　　　　　　　　B. 2　　　　　　　　C. 1　　　　　　　D. 0

8. 截面对象的用途是（　　）。
   A. 从三维模型体中创建截面视图　　　B. 剪切并删除三维实体图形
   C. 创建剖视图并删除无用的部分图形　D. 动态观察三维模型体的内部结构

9. 激活活动截面的操作是（　　）。
   A. 连击截面对象　　　　　　　　　　B. 通过截面对象快捷菜单操作
   C. 通过"三维制作"面板操作　　　　　D. 通过下拉菜单操作

10. 在图纸空间中不可做的操作是（　　）。
    A. 编辑修改模型空间中绘制的图形　　B. 绘制新的图形
    C. 设置视口与视图　　　　　　　　　D. 标注尺寸

二、填空题（每题 4 分，共 40 分）

1. AutoCAD 提供了三种工作空间：三维建模、二维草图与注释、AutoCAD 默认，用户只能从中选择＿＿＿＿＿＿来使用。一旦选择好了工作空间，AutoCAD 就将按此工作空间＿＿＿＿＿＿，并装入相应的＿＿＿＿＿、工具栏和操作＿＿＿＿。

2. 右击功能区后，可从快捷菜单中的"＿＿＿＿＿＿"子菜单里选择打开"三维制作"面板、"视觉样式"、"图层"这些与三维绘图和编辑操作工作相关的面板，让它们_____在屏幕上。面板与选项板的功能一样，提供有用于操作的工具按钮、下拉菜单等控件，而且是按功能分组放置在一起的，通过它们即可快速调用 AutoCAD 的_____，并使用特定的_____与参数。

3．"二维草图与注释"工作空间采用的是 AutoCAD_____工作空间，所使用的是 AutoCAD 早先版本操作界面，"AutoCAD 默认"工作空间是_____运行 AutoCAD 结束时的工作空间。"三维建模"工作空间提供了绘制与编辑的操作环境。用户新建的工作空间，将与这些工作空间一起出现在工作空间下拉列表，其显示名称可由_____设置。

4．"并集"能_____两个或两个以上三维实体图形，"差集"则能从一组三维实体图形中_____与另一组三维实体图形的公共部分。"交集"的用途是用两个或两个以上_____的三维实体图形的公共部分创建新复合三维实体图形，并_____非重叠部分，即由各相交三维实体图形的公共部分创建这个新复合三维实体图形。

5．事先选定对象后执行 EXTRUDE 命令，对提示行回答一个值即指定了_____，将选定对象沿它所在坐标系的_____方向拉伸。回答一个正值，将沿 Z 轴的_____拉伸；负值则将沿 Z 轴的_____拉伸对象。

6．EXTRUDE 命令的"倾斜角"选项用于指定一个角度值并_____选定的对象。正的角度值表示从基准对象逐渐_____地拉伸，负角度值则表示从基准对象逐渐_____地拉伸。默认角度值为_____，表示在与二维对象所在平面垂直的方向上进行拉伸。

7．DELOBJ 系统变量用于控制创建三维实体或曲面图形时，是否_____选定的对象和路径，或提示是否_____它们。可取用的值有 5 个。其中，正的值与 0 值不显示提示_____的信息，负的值则_____这种提示信息。

8．截面对象用于创建透明剪切平面，并需要放置在与三维模型体_____的位置上，以便从该模型体中创建_____视图，达到_____的目的。在当前图形中，可同时存在_____截面对象，每个对象拥有自己的特性。

9．为了剖切实体图形，需要让截面对象处于_____状态。激活活动截面对象后，当截面平面在三维模型体中移动后静止于某处就能查看到三维模型体_____各处的细节，并建立截面视图。此外，使用活动截面还能动态更改与之相交三维实体图形的_____轮廓线，并选择建立三维模型体的_____。

10．在图纸空间中设置视口时，为了让输出的图纸上不显示那些隐藏的三维轮廓线，需要将_____设置为"_____"。一旦设置好了视口，还能在图纸空间中选定某视口的边框线，以便通过它的_____，使用_____编辑操作，调整各视图中图形的位置。

三、问答题（每题 5 分，共 10 分）

1．怎样保证图纸空间中将各视图图形的正交投影对齐？
2．执行 EXTRUDE 命令时如何将一条曲线对象作为拉伸路径？

四、操作题（10 分）

使用下述 AutoLISP 程序代码，以及 AutoCAD 的"扫掠"功能，绘制一截螺旋管，其设计尺寸不限。

```
;; HEL.LSP    功能：绘制三维螺旋线
(Defun C:Hel ()
    (SetQ p (GetPoint "\n 输入三维螺旋线的中心点: ") x (Car p) y (Cadr p) z (Caddr p)
       r (GetDist p "\n 输入三维螺旋线基面的半径: ")
       b (GetDist p "\n 输入三维螺旋线的总高度: ")
       a (GetAngle p "\n 输入三维螺旋线的起始角: ")
       m (GetInt "\n 输入三维螺旋线的圈数: ")
       n (GetInt "\n 输入三维螺旋线中每一圈的线段数: ")
       da (/ (* m 2 Pi) (* m n))
       dz (/ b (* m n))
    )
    (Command "3dpoly")
    (Repeat (1+ (* m n))
        (Command (Polar (List x y z) a r))
        (SetQ a (+ a da) z (+ z dz))
    )
    (Command "")
    (PrinC)
)
```

第 12 章　总结

本书前面的各章讲述了在 AutoCAD 中开展设计与绘制图形的方法，本章将把所有的相关概念与操作方法用于设计绘图实践工作。

本章内容

- 制定设计内容、要求、目的、项目。
- 策划设计与绘图步骤。
- 撰写设计说明书。
- 设计工程设计图。

本章目的

- 掌握应用 AutoCAD 开展机械产品设计的步骤。
- 绘制设计图形并输出图纸。
- 通过实际绘图操作掌握研习 AutoCAD 功能的方法。
- 撰写《设计报告书》与准备答辩。

总结内容与操作

- 选择绘制图 12-1 所示的两个机械部件之一。

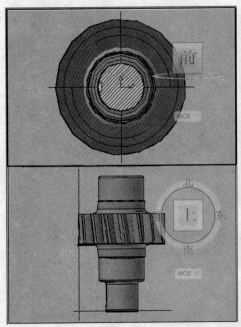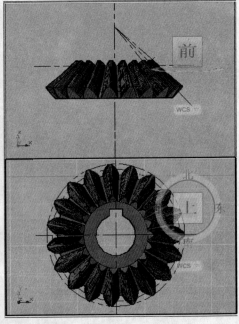

图 12-1　两个设计结果

- 通过绘图检验学习成果。
- 设置 AutoCAD 绘图环境。
- 应用 AutoCAD 二维绘图、编辑与修改功能。
- 应用 AutoCAD 三维绘图功能。
- 应用模型空间与图纸空间。
- 标注尺寸与使用文本信息。
- 输出图纸。

12.1　开始设计

在开始设计之前，需要回顾本书讲述的内容。只要认真完成了各章的"作业"并掌握了各章的所有内容，就可视为能应用 AutoCAD 开展设计了。其开始设计工作的顺序如下所述。

步骤 1　确定设计的项目。

本书的项目 1 为设计并绘制一个渐开线斜齿齿轮轴，如图 12-2 所示。项目 2 为设计并绘制一个渐开线圆锥齿轮，如图 12-3 所示。用户可根据自己的喜好选择。若对这两个项目没有兴趣，可自定一个项目，如绘制计算机所用的鼠标器、机箱体等。无论选项什么样的项目，都必须满足"设计要求"栏中所述的内容。

图 12-2　绘制斜齿齿轮轴三维实体图形　　　　图 12-3　绘制圆锥齿轮三维实体图形

步骤 2　了解要设计的机械零件的几何特点，以便思考怎样应用已经掌握的 AutoCAD 相关概念与绘图方法。

以渐开线圆柱形斜齿齿轮为例，这里首先要知道它的轮齿外型如图 12-4 所示。由此可见，绘制时可先按前面所述的方法绘制好齿廓线，然后沿斜齿的径向拉伸即可建立起三维实体模型，进而绘制与它相连接的轴模型体，并输出零件图。

步骤 3　确定技术要求与设计参数。

设计机械零件时需要按照我国的技术标准确定其技术要求与设计参数。如轴的长度、各断面的直径、倒角与圆角尺寸、联接键尺寸，以及公差值，这些都要做到心中有数，并以草图的形式绘制在一张图纸上（可徒手绘制），以便在绘图操作期间时常查看，避免反复查阅参考资料。本章要采用的部分技术参数如图 12-5 所示。

图 12-4　渐开线圆柱形斜齿齿轮的外型

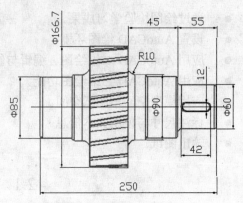

图 12-5　本实例要采用的部分技术参数

步骤 4　确定绘图操作方案。

绘图操作的具体步骤是不能确定的，但为了顺利地绘制好图形，绘图操作方案应当明确制定好，进而才能一步步地完成操作。如对项目 1 绘制斜齿齿轮轴而言，可制定下述绘图操作方案。

1．绘制斜齿齿廓线

● 使用一个 AutoLISP 程序绘制斜齿轮一个端面上的齿廓线。

● 复制并旋转齿廓线至另一个端面上。

2．建立斜齿齿轮轴三维模型

● 在两条齿廓线间做"放样"操作。

● 进一步绘制其他的三维实体图形。

3．输出斜齿齿轮轴零件图

● 通过模型空间与图纸空间建立用于图纸的图形对象。

● 在图形空间中标注尺寸。

步骤 5　对照绘图操作方案，查阅资料、梳理所学知识并检查需要的新知识，进一步学习还不熟悉的 AutoCAD 命令与功能。

AutoCAD 提供的命令与功能非常丰富，其中有些不常用的必须在操作前学会，如想了解"放样"功能的使用方法与相关概念，通过这个软件的在线帮助文档，即可很快地学会如何使用它。运行 AutoCAD 后，按下键盘上的 F1 功能键，即可运行 AutoCAD 的在线帮助功能，使用"放样"做搜索关键字，就能读到"放样"功能的相关信息。

步骤 6　按照设计参数绘制好图形，并输出至图纸上。

在绘图过程中，注意为随后使用 Microsoft Word 撰写《设计报告书》留下图形与文本素材。例如，关键步骤的操作结果可能需要作为文档中的插图，为此采用如下三种方法获取该插图。

● 参阅第 2 章所述的方法，通过 Windows 剪贴板从 AutoCAD 中复制图形。

● 若要如同本书插图那样显示当前光标图形，需要使用专业截图软件(如 FullShot)。安装好该软件后，按帮助文档所述内容设置好运行参数，即可用于从 AutoCAD 中截取带有光标图形的插图。

● 使用键盘上的 Print 键，可截取当前屏幕上的显示内容(光标图形除外)，按住 Alt 键后按下 Print 键，则可截取当前对话框图形。

步骤 7 撰写《设计报告书》。

《设计报告书》应当简略地讲述操作的大致步骤，不必讲述详细的操作过程。但关键的操作参数不可缺少，叙述文本中的操作步骤要明确。产品生产厂商的文案人员在撰写《产品说明书》时，通常是将阅读者假定为外行，并以此来组织文本内容与插图，这一点值得设计者效仿。

步骤 8 准备答辩。

答辩的内容将与 AutoCAD 的功能和应用密切相关，其准备工作如下所述：

- 整理好本次《设计报告书》中的内容，将它浓缩成答辩中的演讲内容。
- 认真回顾绘图过程，以便在答辩中对输出的图纸进行讲解。
- 查找并学会通过本教材没有掌握的内容。
- 全面掌握《同步练习与测试》的内容。
- 阅读与设计相关的参考资料。
- 熟悉答辩时所需要的各种资料内容。
- 向有过答辩经历的人请教要注意的问题。

步骤 9 答辩。

答辩是一种形式严肃的考试，事先做好了准备工作，精神放松，就能取得不错的成绩。这是设计的最后一项工作，为此设计者将经历许多天的艰苦努力做好上述各项工作，其中最艰难的将是绘制图形，下面将详细地讲述绘制斜齿齿轮轴的步骤，以供参考，预祝设计者顺利到达这一步。

12.2　绘制设计图形与输出图纸

做好了上面的工作，就可以绘制设计图形了。操作时，不但要遵照上一节步骤 4 确定的绘图操作方案，还要适时调整预定的绘图步骤，并注意下述问题。

- 绘图前准备好保存操作结果的文件夹，或者移动存储设备。
- 操作中需要的 AutoLISP 程序源文件可以在本教程配套的电子教案中找到，也可以使用其他的 AutoLISP 程序。
- 绘图操作中要及时编辑与修改图形，避免集中时间修改大量的图形对象，以便减少出错率。

参阅本书配套的辅助资料《计算机辅助设计与绘图实用教程学习指导与实践——AutoCAD 2009》，可查阅到设计项目 1 与设计项目 2 的详细绘图操作步骤，本节就不多说了。

12.3　撰写《设计报告书》

《设计报告书》是对设计工作的总结，也是对 AutoCAD 学习成果的展示。其内容自上而下应当包括：

- 目录，列出《设计报告书》中的内容目录。
- 设计目的，介绍设计的目的。
- 设计项目，介绍设计的项目。

- 设计要求，说明设计要求。
- 设计参数，介绍设计时采用的技术参数。
- 绘图过程，说明绘图思路与过程。
- 设计总结，讲述设计的心得与体会，学到的新知识与教训，今后需要注意的问题。
- 参考资料，列出参阅的教材与图书名、著作人、出版社；若有特别要求，应列出所参阅的网站名和链接文本、图片。

本章提供的范文如下，仿宋体部分的文本为本书加的注释。

AutoCAD 课 程 设 计 报 告 书

——四川大学 xx 工程院 机电设计与制造 2008 级（3）班 张伟明

AutoCAD 是由美国 AutoDESK（欧特克）公司开发的计算机辅设计软件，其绘图功能强大、用户界面好、操作简便，深受世界各地工程技术人员喜爱，可以说凡是有设计与绘图工作的地方，总能看到它的身影。这学期我们学习了 AutoCAD 这门课程，让人真切地体会到这个软件实用性强，作为机械设计与绘图的首选软件是当之无愧的，本次设计给了我使用它设计并绘制一个零部件的机会，经过近两周的工作，终于完成了设计项目，并绘制好设计蓝图，现在此给出设计报告书。

目　　录

一、设计目的

作为 AutoCAD 新手，本次设计的目的有如下四点。

- 独立制定设计与绘图方案，培养设计者独立分析与解决问题的能力。
- 学会查阅相关手册和资料。通过查阅手册和资料，进一步熟悉绘图方法与技巧，并解决实际问题。
- 掌握二维与三维绘图方法，进一步熟悉使用 AutoLISP 程序绘制图形的操作。
- 掌握三维建模过程，并应用三维模型快速建立和输出图纸。

二、设计项目

设计并绘制一个渐开线斜齿齿轮轴。

三、设计要求

按设计目的，设计要求为：

- 使用二维绘图与编辑、三维绘图与编辑操作绘制图形。
- 使用三维模型体建立正交投影视图，并输出图纸。
- 按规范写出《设计报告书》，而且内容层次分明、概念清楚、操作步骤正确。

- 《设计报告书》所用插图应全部取自 AutoCAD。
- 设计结果真实、实用，并合乎我国机械制图标准与机械零件设计标准。
- 设计的答辩内容准确、演讲流畅。

四、设计参数

设计参数如表 1 所列，参阅图 1 可了解到这些参数的含义。

表 1 设计参数 （略）

图 1 设计参数

五、绘图过程

按下述预定的绘图操作方案，绘图过程如下所述。

1.绘制斜齿齿廓线

步骤 1　编制好 GEAR.LSP 程序，并将它装入 AutoCAD 中。

步骤 2　在"命令:"提示符后输入命令: GEAR，并完成下述对话过程。

　　　　命令: GEAR

　　　　输入齿数: 17

　　　　输入节圆直径: 150

　　　　输入安装轴直径: 60

步骤 3　将当前图层设置为使用点划线的图层。激活主视图后绘制一条通过图 2 所示圆心点的中心线，然后用夹点旋转复制编辑的方法，旋转 90° 并复制它。

步骤 4　将三维观察视图设为当前活动视图，在原地复制一条中心线后，用三维旋转的方法旋转它，得到图 3 所示的三条等长中心线。

请注意：这是在图纸空间中将各视图中的图形的正交投影对齐的根本保证。

步骤 5　执行 PEDIT 命令，分别将组成齿轮齿廓线的各条线段连接成闭合的线框。

（下面的操作步骤可参照上面的范文撰写）

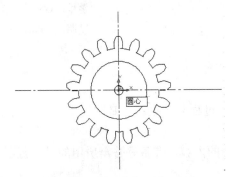
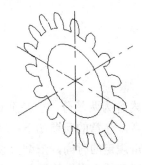

图 2　中心线通过此"圆心"点　　　　图 3　三条等长的中心线

2.绘制斜齿三维实体模型

略

3.输出斜齿齿轮轴零件图

略

六、设计总结

完成了本次设计，我的最大收获就是学会了独自参阅我国的机械设计标准制定斜齿齿轮轴的技术参数，用三维模型体建立设计蓝图和输出图纸。尤其令我记忆深刻的是绘制三维实体图形的操作看似复杂，但可以轻易地在图纸空间中得到三视图所需要的交投影轮廓线。

在开始绘制图形时，没有想到操作中需要预置一个选择集。经过阅读 AutoCAD 的在线帮助文档，以及反复在 AutoCAD 做练习操作，最终完全理解了相关的概念和此功能的应用方法，明白了若后面的操作难以选择到相关的对象，就可以考虑将这些对象预置在对象选择集中。为此，可以在操作前执行 SELECT 命令，将选定对象置于"上一个"选择集中。操作时，当该项命令提示"选择对象:"时，可使用任何一种对象选择方法回答它，即可预置对象选择集，并在以后的操作中对"选择对象:"提示回答关键字 P 来使用预置选择集中的对象。如果想要定义一个对象选择集并且将它命名保存起来，可执行 GROUP 命令，进入"对象分组"对话框，并按下述步骤进行操作。

步骤 1　输入对象编组名。

步骤 2　单击"新建"按钮。

步骤 3　在绘图区域中选择对象组中的对象。

步骤 4　单击"确定"按钮。

此后，一个新的对象组就建立起来了，对屏幕上显示的"选择对象:"提示回答对象编组名，即可引用这个对象分组选择集。

（略）

总之，如果要用三个字来表达对本次设计的感受，那就是"快、准、美"。使用 AutoCAD 设计绘图速度快、图形准确、输出的图纸美！今后，我还将继续学习这个软件，进一步掌握使用它的技巧，做到能得心应手地运用它。同时，也要培养良好的绘图习惯，保持严谨的态度，运用科学的学习方法，排除学习上的困难，设计出一个又一个的零部件。

七、参考资料

（略）

报告人：张明伟

学号：xxx

日期：2008.10.11

12.4　设计答辩

设计答辩内容为两部分，一是演讲设计内容、过程与结果；二是回答答辩老师的提问。初次经历答辩者，注意的问题如下：

- 按答辩规定的时间，浓缩《设计报告书》的内容，准备好答辩所用的设计蓝图。
- 保持平和的心态，答辩前不宜暴饮共食。
- 答辩前，注意训练自己的语言表达方式，不可向答辩老师抛去大段大段的文字，要一点一点地道出要说的话。
- 按规定的时间，结合自己的讲话节奏拟定答辩中的演讲内容。
- 答辩前一天，可与同学预演自己的答辩方式，或者自己对自己做演练，直到能在预定的时间内，如同讲故事那样娓娓道来要讲述的内容。
- 答辩时注意把握讲话中的适当停顿时机，并掌握节奏，让答辩老师感觉到设计者头脑清醒，思维敏捷。

- 答辩时若要配合手势进行讲解，手臂不宜频繁舞动，幅度要适当，切忌全身抖动。
- 认真凝听答辩老师提出的问题。若必须重新听一遍，应当有礼貌地提出请求。

完成了设计答辩，本书的内容也就全部结束了。

12.5　期末总结

CAD 的特点是使用方便、精确、快速、节省人力与财力。在用于 CAD 的软件族群中，通过学习本教程，读者应当看到美国 Autodesk 公司开发的 AutoCAD 是全世界使用最普遍的，而且它具有智能化，用户可以根据自己的需要自定义系统。经历了二十多年来的演变，AutoCAD 软件的版本更换了数十次，现在 AutoCAD 已经不再是一个基于二维图形工作和绘图的软件了，而是一个能基于三维工作空间设计产品，并按正交投影方式自动生成二维工程来设计三视图以及局部剖视图的高性能的设计与绘图工具，几乎所有与计算机图形打交道的人，包括美术、广告设计者都在使用它。本书使用的 AutoCAD 2009 更是大大地提升了三维工作功能，增强了图表处理能力与操作界面，从而成为 AutoCAD 各版本的分水岭，这一点在本书的实例中得到了充分的体现。

我国对 CAD 用户的操作技能做了严格的分类，高级绘图员的专项技能水平相当于达到高级技术工人等级，能以交互方式独立工作。AutoCAD 2009 不仅能让高级绘图员的这些技能轻松发挥，还能更加便捷与快速地得到设计蓝图。如前所述，学完本书的实例，并完成了课程设计，读者就具备了独立使用 AutoCAD 软件开展设计与绘图工作的能力，本书要求达到下述要求，并顺利通过期末考试：

- 掌握基本图形生成及编辑的基本方法和知识。
- 掌握对复杂图形（如块的定义与手稿图案填充等）、尺寸、复杂文本等的生成及编辑的基本方法和知识。
- 掌握图形的输出及相关设备的使用方法和知识。
- 掌握三维图形生成及编辑的基本方法和知识。
- 掌握三维图形到二维视图的转换方法和知识。
- 掌握 AutoCAD 软件的安装与系统配置方法和知识。
- 具有基本的计算机操作系统使用能力。
- 具有基本图形的生成及编辑能力。
- 具有图形的输出及相关设备的使用能力。
- 具有三维图形的生成及编辑能力。
- 具有软件提供的相应的定制工具的使用能力。
- 能使用计算机辅助绘图与设计软件（AutoCAD）及其相关设备以交互方式独立、熟练地绘制产品的二维工程图。
- 生成产品的三维立体图。
- 利用 AutoCAD 提供的相应的工具实现用户化的工作环境。
- 输出设计蓝图。

在结束本书前，读者应当认真思考自己的学习结果是否达到了上述要求，否则将难以应对未来的 CAD 工作。

12.6　期末考试

（时间：120 分钟　满分：120 分）

一、选择题（每题 2 分，共 30 分）

1．在 AutoCAD 的捕捉方式中，以下哪一种为捕捉交点方式？_____
　　A．INT　　　　　　B．MID　　　　　　C．CEN　　　　　　D．END

2．AutoCAD 系统中，CIRCLE 命令是用来画圆的，其中 TTR（切点+切点+半径）方式可画出与其他两实体（直线、弧或圆等）相切的圆。如果要画任意三角形的内切圆则要用_____方式。
　　A．圆心+半径　　B．2P（两点）　　C．3P（三点）　　D．TTR

3．执行 ARRAY 命令时，如需使矩形阵列中的图形自左下角向右上角排列，则_____。
　　A．行间距为正，列间距为正
　　B．行间距为负，列间距为负
　　C．行间距为负，列间距为正
　　D．行间距为正，列间距为负

4．如用户坐标系的某点在世界坐标系中的坐标为(10,10,10)，那么用户坐标系中的点(-5,10,5)在世界坐标系中的坐标应为_____。
　　A．(-5,10,5)　　　　　　　　　B．(15,29,15)
　　C．(5,20,15)　　　　　　　　　D．（15,0,5）

5．执行 ZOOM 命令时，以下_____选项用于尽可能大地显示图中的所有对象。
　　A．ALL　　　　　　B．Window　　　　C．Extents　　　　D．Previous

6．在 AutoCAD 中，每一个图形对象都必须有_____属性。
　　A．层，线型　　　　　　　　　　B．层，颜色
　　C．层，颜色，线型　　　　　　　D．层，字形，颜色

7．回答"选择对象："提示时，使用_____回答可以选中刚才绘制的对象。
　　A．A　　　　　　　B．P　　　　　　　C．M　　　　　　　D．L

8．用_____命令可以偏移复制对象。
　　A．MOVE　　　　　B．ARRAY　　　　C．OFFSET　　　　D．COPY

9．用_____命令可以修剪对象。
　　A．ERASE　　　　　B．TRIM　　　　　C．BREAK　　　　D．UNDO

10．在 UNDO 命令执行之后，立即键入_____命令可以将 UNDO 命令取消的命令重新执行一次。
　　A．ERASE　　　　　B．REDO　　　　　C．OOPS　　　　　D．REDRAW

11．切换文本和图形窗口的功能键为_____。
　　A．F2　　　　　　　B．F6　　　　　　　C．F9　　　　　　　D．F8

12．用_____命令可把直线、圆弧的端点延长到指定边界。
　　A．MOVE　　　　　B．ROTATE　　　　C．EXTEND　　　　D．TRIM

13. 在"选择对象:"提示下，选择上一次选定的对象时可用_____选择方式。

    A. W　　　　　　B. M　　　　　　C. L　　　　　　D. P

14. 用_____命令可以在多处复制选择的对象。

    A. MOVE　　　　B. ARRAY　　　　C. OFFSET　　　　D. COPY

15. 正交方式的开、关功能键是_____。

    A. F6　　　　　　B. F7　　　　　　C. F8　　　　　　D. F9

二、问答题（每题 2 分，共 10 分）

1. 使用 TRIM 命令时，被选取的对象既可以作为修剪的目标，同时也可以当作切割边，可能吗？_____（回答"可能"或"不能"）

2. 用_____功能可以快速将（a）图编辑成（b）图。

         （a）　　　　　　　　　　　　　　（b）

3. 假定当前图层的颜色是红色，线型是中心线，而却能在此层上保存白色的实线对象，可能吗？_____（回答"可能"或"不能"）

4. 可在 0 图层上绘制任何对象吗？_____（回答"对"，或"不对"）

5. 属性是否必须同图形对象一起定义？_____（回答"是"，或"不是"）

三、判断题（每题 2 分，共 30 分）（正确：√，错误：×）

（　　）1. 使用 ERASE 命令删除目标时，在选中对象后，它被立即删除。

（　　）2. 通过任意三维空间中的三点都可以画一个圆。

（　　）3. 由键盘输入命令的操作只能在"命令:"提示下完成。

（　　）4. 网格线是绘图的辅助线，也能输出在图纸上。

（　　）5. 图形编辑时用窗口（Window）方式来选对象，可选择窗口中出现的所有对象。

（　　）6. AutoCAD 中编辑对象时，先选定对象再执行编辑命令，这种做法是允许的。

（　　）7. 使用 TRIM 命令时，被选取的对象可以作为修剪的目标与修剪的边界线，也可以另外指定后者。

（　　）8. 图层被锁定后，它上面的对象既不能编辑，又不可见。

（　　）9. 在 AutoCAD 中，状态行中的绝对坐标是以直角坐标表示，相对坐标是以极坐标表示。

（　　）10. LIMITS 命令可用于设定图形范围的大小，即屏幕显示的最大区域。

（　　）11. BREAK 命令可将用 LINE，CIRCLE、ARC 命令绘制的一个对象一分为二。

（　　）12. 只有处于打开状态的图层才能设置为当前图层。

（　　）13. MIRROR 命令可以绘出对称的图形，但源对象不再保留。

（　　）14. 拉伸建立具有厚度的对象时，不会修改源对象的线型。

（　　）15. 当前层不能被冻结，但可被关闭。

四、填空题　（每小题 2 分，共 30 分）

1．FILLET 命令是用来倒圆角的。如果不平行的两条直线不相交，现要用 FILLET 命令将其连到一起，选项 Radius 的值为应设置为＿＿＿＿＿＿。

2．输入相对坐标值时，需要使用符号＿＿＿＿＿＿。

3．打开一个已存在的图形文件可用＿＿＿＿＿＿命令。

4．CAD 英文全称是＿＿＿＿＿＿。

5．在实现图形窗口与文本窗口之间切换的功能键是＿＿＿＿＿＿。

6．初始绘图时，需要使用＿＿＿＿＿＿来建立新的图形文件。

7．已知点的坐标 P1 为(0,20)，P2 为(40,20)，则 P2 点相对于 P1 点的直角坐标为＿＿＿＿＿＿。

8．AutoCAD 图形文件名的后缀是＿＿＿＿＿＿。

9．如果画完一条直线后退出了 LINE 命令，按＿＿＿＿＿＿键可再次执行此命令，

10．删除对象可选定它后按下键盘上的＿＿＿＿＿＿键。

11．外部图形文件可插入为＿＿＿＿＿＿。

12．使用多个视口的目的是要在屏幕上看到三维对象的不同＿＿＿＿＿＿。

13．在"三维工作"空间中所显示的控制台可便于绘制＿＿＿＿＿＿图形。

14．"拉伸"一个对象可为它建立厚度，或者绘制一个＿＿＿＿＿＿图形。

15．"放样"功能用于绘制＿＿＿＿＿＿图形。

五、根据下列命令序列，请在右边的网格内绘制相应的图形　（10 分）

（此网格右上角的坐标点为(50,50)，网格线间距为 10）

```
命令：line
起点：10,10
下一点：@10,30
下一点：@10,-20
下一点：30,40
下一点：@10,-40
下一点：@10<180
下一点：C
```

六、写出 PLINE 与 LINE 命令的主要区别　（10 分）